高职高专"十二五"规划教材

# 机械设计基础

李忠刚　左云波　孟玲霞　主　编
梁　峰　副主编

经济科学出版社

图书在版编目(CIP)数据

机械设计基础/李忠刚,左云波,孟玲霞主编.—北京:经济科学出版社,2010.5
高职高专"十二五"规划教材
ISBN 978-7-5058-9353-5

Ⅰ.①机… Ⅱ.①李… ②左… ③孟… Ⅲ.①机械设计—高等学校:技术学校—教材 Ⅳ.①TH122

中国版本图书馆 CIP 数据核字(2010)第 081181 号

责任编辑:王东萍　杨　林
责任校对:王肖楠
技术编辑:李长建

## 机械设计基础

李忠刚　左云波　孟玲霞　主　编
梁　峰　副主编

经济科学出版社出版、发行　新华书店经销
社址:北京市海淀区阜成路甲 28 号　邮编:100142
教材编辑中心电话:88191344　发行部电话:88191540

网址:www.esp.com.cn

电子邮件:espbj3@esp.com.cn

北京市密兴印刷厂印装

787×1092　16 开　17.5 印张　430000 字
2010 年 7 月第 1 版　2010 年 7 月第 1 次印刷
ISBN 978-7-5058-9353-5　定价:31.80 元

(图书出现印装问题,本社负责调换)

(版权所有　翻印必究)

# 前 言

本书是根据新形势下高职院校教学的实际情况，结合新时期高职院校机械设计基础课程教学大纲的基本要求编写的。本书精选了专业课程中必须掌握的知识、技能，由简到繁、由浅入深展开讲解，不仅介绍了相应的理论知识，还通过一些实例来介绍生产中的实际应用，使学生在有限的学时内既能学到电工基础的知识，又能与实际工作相结合，达到学以致用的目的。

本书主要包括静力学、材料力学、螺纹连接与螺旋传动、带传动与链传动、齿轮传动、蜗杆传动、轮系、轴系零部件、轴承、回转体的平衡、平面连杆机构、凸轮机构及步进运动机构等内容。

本书从高职教育的特点出发，其特点主要有如下几个方面：

(1)突出基本概念、基本原理和基本分析方法的讲解，采用较多的实例代替理论分析。

(2)淡化器件内部结构分析，重点介绍器件的符号、特性、功能及应用。

(3)尽量降低理论分析、公式推导和计算难度，加大应用实例的篇幅。对一些公式，直接给出结论，忽略推导过程，重点介绍结论的实际意义和应用，以符合高职教育的特点。

(4)为培养学生的动手能力，拓宽知识面，本书还增加了技能模块，以突出高等职业教育的特色。

(5)采用任务驱动编写形式，适合老师教学及相关人员自学。

本书由李忠刚、左云波和孟玲霞担任主编，梁峰担任副主编。由于时间仓促，书中难免存在不足，请广大读者批评指正，在此表示感谢。

编 者
2010 年 5 月

# 目 录

## 第一篇 工程力学

**项目一 静力学** ............................................................. 1
    课题一 构件的受力分析、受力图绘制 ............................................................. 2
    课题二 平面汇交力系 ............................................................. 12
    课题三 平面力偶系 ............................................................. 17
    课题四 平面任意力系 ............................................................. 24
    课题五 空间力系 ............................................................. 30

**项目二 材料力学** ............................................................. 37
    课题一 拉伸与压缩 ............................................................. 37
    课题二 剪切与挤压 ............................................................. 41
    课题三 圆轴扭转 ............................................................. 45
    课题四 弯曲变形 ............................................................. 51

## 第二篇 机械传动及机械零件

**项目三 螺纹连接与螺旋传动** ............................................................. 65
    课题一 螺纹连接 ............................................................. 66
    课题二 螺旋传动 ............................................................. 83

**项目四 带传动与链传动** ............................................................. 88
    课题一 平带的传动 ............................................................. 88
    课题二 V带传动 ............................................................. 92
    课题三 链传动 ............................................................. 105

**项目五 齿轮传动** ............................................................. 114
    课题一 设计直齿圆柱齿轮传动 ............................................................. 114
    课题二 设计斜齿圆柱齿轮传动 ............................................................. 133

**项目六 蜗杆传动** ............................................................. 143
    课题一 设计蜗杆传动 ............................................................. 143

  课题二 蜗杆传动的维护 …………………………………………………… 156

## 项目七 轮系 …………………………………………………………………… 160
  课题一 定轴轮系 ………………………………………………………… 160
  课题二 周转轮系 ………………………………………………………… 167

## 项目八 轴系零部件 …………………………………………………………… 171
  课题一 轴 ……………………………………………………………… 171
  课题二 键连接 …………………………………………………………… 180
  课题三 联轴器与离合器 …………………………………………………… 188

## 项目九 轴承 …………………………………………………………………… 196
  课题一 滑动轴承 ………………………………………………………… 196
  课题二 滚动轴承 ………………………………………………………… 208

## 项目十 回转体的平衡 ………………………………………………………… 224
  课题一 回转体的静平衡 …………………………………………………… 224
  课题二 回转体的动平衡 …………………………………………………… 227

## 项目十一 平面连杆机构 ………………………………………………………… 233
  课题一 认识铰链四杆机构 ………………………………………………… 233
  课题二 设计平面连杆机构 ………………………………………………… 241

## 项目十二 凸轮机构 …………………………………………………………… 248
  课题一 认识凸轮机构 …………………………………………………… 248
  课题二 设计凸轮轮廓曲线 ………………………………………………… 253

## 项目十三 步进运动机构 ………………………………………………………… 263
  课题一 棘轮机构 ………………………………………………………… 263
  课题二 槽轮机构 ………………………………………………………… 269

# 第一篇 工程力学

# 项目一 静 力 学

静力学是研究物体在力系作用下的平衡规律的科学。静力学不涉及物体运动状态的改变,重点解决刚体在满足平衡条件的基础上如何求解未知力的问题。

物体的平衡是物体机械运动的特殊形式,是指物体相对地球处于静止或匀速直线运动状态。力系是指同时作用于物体上的一群力。要使物体处于平衡状态,则作用于物体上的力系必须满足一定的条件,这些条件称为力系的平衡条件。平衡时的力系称为平衡力系。

如图1-1所示,吊灯通过绳子挂在天花板上,吊灯尾部 $A$ 点在吊灯自身重力(地球引力)$G$、绳索拉力 $T_1$ 和 $T_2$ 作用下处于平衡状态。

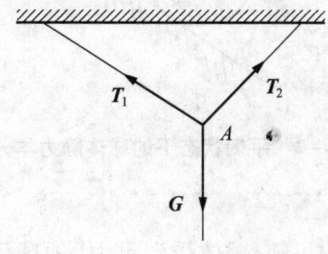

**图1-1 吊灯受力平衡**

事实上,物体的绝对静止状态是不存在的,万事万物皆处于永恒的运动中,如在地面上静止的小车,实际上仍随着地球的自转和公转而运动。因此,物体是静止的还是运动的,随着参照物不同也可能有所不同,我们平时所说的物体是静止的还是运动的,是以地球为参照物的,即相对于地球而言是静止或运动的。

此外,并不是只有静止的物体才是处于平衡状态,做匀速直线运动的物体也处于一种受力平衡的状态。

# 课题一 构件的受力分析、受力图绘制

## 任务1 分析球体的受力并画受力图

【学习目标】

1. 掌握静力学中平衡、力、刚体、约束等基本概念;
2. 掌握静力学基本公理;
3. 熟悉柔性约束、光滑面约束的性质及约束反力的特征;
4. 掌握平衡状态下物体的受力分析方法;
5. 能够准确画出物体的受力图。

### 任务引入

如图1-2所示,一匀质球体,球心为 $O$,重力为 $G$,用绳索系在天花板上,同时靠在光滑的墙面上(不计其与球体之间的摩擦力),试分析球体的受力情况,并画出受力图。

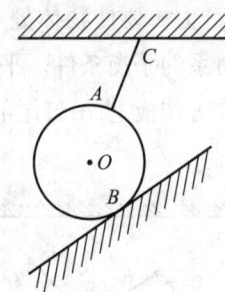

图1-2 平衡状态下的球体静力学分析

### 任务分析

确定球体为研究对象,从题中可知,球体受到重力(地球引力) $G$ 的作用,有向下运动的趋势,但由于受到光滑墙面的支撑及绳索向上的牵引力作用,不能向下移动;同时,在墙面的支撑作用下,受到绳子的牵引力的作用,也不能沿水平方向滑动。显然,绳索和墙面对球体有限制作用,失去了绳索和墙面的限制作用,球体将不能保持原来的静止状态。那么,如何将周围物体对球体的限制作用通过图形清楚地表达出来呢?首先来了解有关静力学的基本知识和受力图的画法。

### 相关知识

一、静力学的基本概念

1. 刚体

刚体是一种理想化的力学模型,是指在受力状态下能保持其几何形状和尺寸不变的物体。

实际上,任何物体在力的作用下,都会产生不同程度的变形。在静力学研究中,通常这些变形都非常微小,对于研究物体的平衡影响极小,为了简化问题的研究,通常忽略不计。

2.力

(1)力的定义。力是物体相互间的机械作用,如图1-1中绳索对吊灯产生拉力,同时吊灯也对绳索施加拉力。力的作用结果是使物体的形状和运动状态发生改变。力的效应包括外效应和内效应,使物体的运动状态发生变化的效应称为外效应,使物体产生变形的效应称为内效应。由于静力学是以刚体为研究对象的,因此,只研究力的外效应。

(2)力的三要素。不同大小的力作用在相同位置会产生不同的效应,同样,大小相同的力作用在物体的不同位置也会产生不同的效应,大小相同的力沿不同方向作用在物体上相同的位置也会产生不同的效应。因此,在研究力的效应时,既要考虑力的大小,又要考虑力的方向和作用点,这就是力的三要素。

(3)力的表示。我们将既有大小又有方向的物理量称为矢量,力就是典型的矢量。在物体的受力图中,力一般用带箭头的线段来表示。

线段的长度表示力的大小,力的国际单位是牛顿N或千牛顿kN。如图1-3所示,用线段的长度$AB$表示推力的大小,用线段$CD$的长度表示重力$G$的大小。

线段的方位及箭头指向表示力的方向。

线段的起点或终点表示力的作用点。如图1-3中所示,推力$F$的作用点为线段$AB$的终点$A$,重力$G$的作用点为线段$CD$的起点$C$。该线段的延伸称为力的作用线。

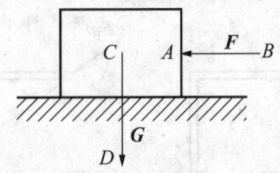

图1-3 力的表示

一般用黑体的大写英文字母,如$\boldsymbol{F}$、$\boldsymbol{N}$、$\boldsymbol{P}$、$\boldsymbol{G}$等表示力矢,用非黑体大写字母,如$F$、$N$、$P$、$G$表示力矢的大小。

3.受力图

在实际工程中,为了便于对物体的受力进行分析,常常把物体从限制其运动的周围物体中分离出来,画出其简图,然后在图中用矢量的表示方法画出物体的受力情况,这样的图称为受力图。

**二、静力学基本公理**

静力学基本公理,是人们在长期的生活和生产实践中发现并总结出的一些最基本的力学规律,又经过实践的反复检验,证明是符合客观实际的普遍规律。在静力学分析中,通常把这些规律作为研究的基本出发点。

1.二力平衡公理

若刚体仅受两个力的作用,处于平衡的充分必要条件是:两个力大小相等,方向相反,并作用在同一条直线上。这是静力学中最基本的平衡条件,它揭示了作用于物体上的最简单的力系在平衡时所必须满足的条件。

如图1-4所示,一个带环的匀质球状物体在秤钩上受重力 $G$ 及秤钩的拉力 $F$ 且平衡,则重力 $G$ 与拉力 $F$ 必然大小相等,方向相反,即 $F = -G$,并且作用在同一条直线上。因此,拉力 $F$ 的方向必然沿重心与环的连线方向竖直向上。

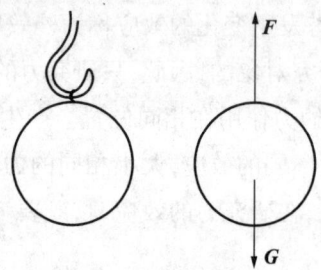

图1-4 二力平衡

仅受两个力作用而平衡的物体称为二力体,机械或建筑中的二力体常称为二力构件。应用二力平衡公理,对于二力体,两个力必然作用在同一条直线上,这条直线即为二力的作用线。力的作用线分别经过这两个力的作用点,由两点确定一条直线可知,两个力的方向必在二力作用点的连线上。因此,应用该公理,可以方便地判定二力体的受力方向。如图1-5所示为一连杆机构,由杆件 $AB$ 和 $BC$ 组成,不计杆件自重,杆件 $BC$ 只能通过 $B$、$C$ 两点受力,是一个二力体,因此,$B$、$C$ 两点的作用力必沿 $B$、$C$ 两点的连线方向。

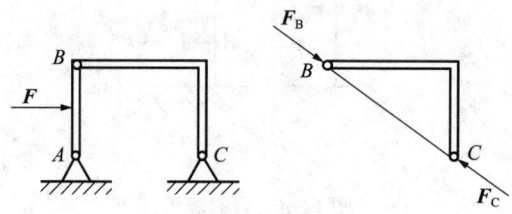

图1-5 二力体

**2. 加减平衡力系公理**

在作用于刚体上的已知力系中,再加上或从其中减去任意一个平衡力系,并不改变原来力系对物体的作用效果。

根据这一公理,可以得到一个重要的推论:力的可传递性原理,即可以将作用在刚体上某点的力沿其作用线移到刚体内任一点,并不会改变此力对物体的作用。

如图1-6(a)所示,小车在 $A$ 点受到推力 $F$ 的作用,根据加减平衡力系公理,在小车上加上一个平衡力系 $F_1$ 和 $F_2$,如图1-6(b)所示,其大小与 $F$ 相等,并不改变原来 $F$ 对小车的作用效果;而 $F_1$ 和 $F$ 作用在同一点且大小相等,方向相反,因此也是一个平衡力系,根据加减平衡力系公理,从原来的力系中减掉这个平衡力系,也不会改变原来力系对小车的作用效果;从而得到小车在 $F_2$ 的作用下与在原推力 $F$ 的作用下等效,即力从 $A$ 点沿力的作用线传递到 $B$ 点,并不改变对小车的作用效果,如图1-6(c)所示。

注意:本公理只适用于刚体,不适用于绳索。

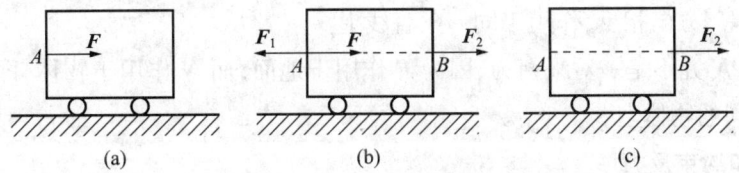

图1-6 力的传递性原理

3. 力的平行四边形法则

作用在物体上同一点的两个力可以合成一个合力,合力也作用在该点上,其大小和方向由这两个力为边所构成的平行四边形的对角线来确定。如图1-7所示,物体在A点受到$F_1$和$F_2$的作用,可以由$R$来代替,$R$作用点在$A$点,方向和大小由$F_1$和$F_2$作为邻边的平行四边形的对角线来确定。我们将合力矢$R$称为两个分力的矢量和,即$R = F_1 + F_2$。

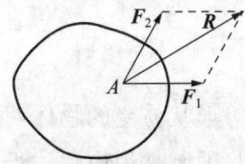

图1-7 力的平行四边形法则

根据力的平行四边形法则很容易求得两个力的合力,只需要作出力的平行四边形,然后画出其对角线即可。为了简化作图,并使图形清晰,常采用力的平行四边形的一半,即一个三角形。例如,要求图1-7中$F_1$和$F_2$的合力$R$,只需在图形外任意一点$O$先画出力矢$F_1$,然后以$F_1$的终点为起点画出力矢$F_2$,最后从$O$点画至$F_2$的终点,标上箭头即可得到合力矢$R$,如图1-8(a)所示。在画图的过程中,分力矢的先后顺序可以改变,只要首尾相连,然后从起点画至最后力矢的终点即可得到合力矢,即图1-8(b)与图(a)等效。为了使图形清晰,可以不在原图中画力的合力,因此得到的合力矢$R$只代表合力的大小和方向,并不能准确表示合力的作用点。

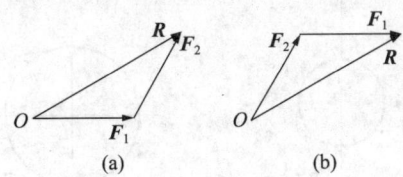

图1-8 力的三角形法则

4. 作用和反作用定律

一物体对另一物体有一作用力时,另一物体对此物体必有一反作用力,这两个力大小相等,方向相反,作用在同一条直线上。

自然界的物体间总是相互作用的,即作用力和反作用力总

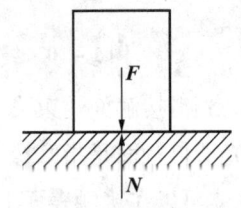

图1-9 作用力与反作用力

是成对出现的。如图1-9所示,在物体向地面施加压力 $F$ 的同时,地面也对物体施加支撑力 $N$,二者大小相等,方向相反,作用于同一条直线上。

注意:$F$ 与 $N$ 并不是一对平衡力,因为 $F$ 作用于地面,而 $N$ 作用于物体,即作用力与反作用力作用于不同的物体上。

### 三、约束和约束反力

如果物体在空间沿任何方向的运动都不受限制,这种物体称为自由体。凡是限制物体运动的其他物体称为约束,如图1-9所示的物体受到地球引力有向地心运动的趋势,但是地面阻止物体的这一运动趋势,则称地面为约束,该物体称为被约束物体。被约束物体受到的来自约束的力称为约束反力,如地面对物体的支撑力即为约束反力,其方向与约束所限制物体的运动或运动趋势方向相反。

根据约束的性质及特点不同,可将约束分为柔性约束、光滑接触面约束、铰链约束和固定端约束等。

1. 柔性约束

柔性约束是指诸如绳索、传动带等形状易变的物体对其他物体施加约束反力时所构成的约束。柔性约束的约束力只能是拉力,限制被约束物体沿着柔性约束的中心线背离约束的运动或运动趋势,且作用在与物体的连接点上,作用线沿着绳索背离被约束物体,通常用 $T$ 表示。如图1-10所示,物体用绳索系在天花板上,物体在重力作用下有向下降落的趋势,但受到绳索的拉力约束而达到平衡。其中,绳索即为柔性约束,绳索对物体的约束反力 $T$ 作用在连接点 $A$,作用线沿绳索背离物体竖直向上。图1-11为传动轮在传动带约束下分别在切点 $A$、$B$、$A'$、$B'$ 处受到柔性约束反力 $T_1$、$T_2$、$T_1'$、$T_2'$。

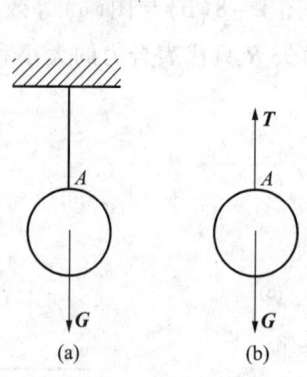
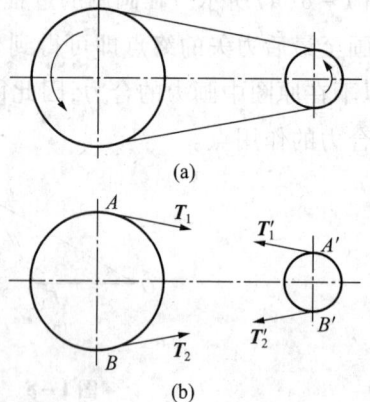

图1-10 绳索柔性约束　　　图1-11 传动带柔性约束

2. 光滑接触面约束

光滑接触面是指摩擦力非常小的接触表面,静力学分析中可以忽略接触面对物体的摩擦力,物体可以在接触表面上自由滑动,并且可以向背离支撑面的方向运动,只限制物体沿接触面向其法向的运动及运动趋势。因此,光滑接触面对物体施加的约束力作用在接触点处,作用线沿公法线方向指向物体。

如图 1-12(a)所示球体下面为接触面,只限制其上的球体在 A 点向下的运动趋势,不能限制其左右移动或滚动的运动,对其在 A 点施加的是沿接触面法线方向的约束反力 $N$;图 1-12(b)所示杆状物靠在墙体上,若不计摩擦力,墙体在 A 点和 B 点施加沿墙体法线方向的约束反力 $N_A$、$N_B$,在 C 点对其施加的是与 C 点沿垂直于杆件方向的约束反力 $N_C$。

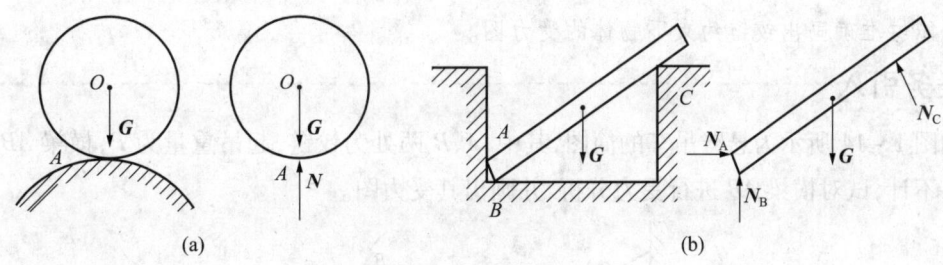

图 1-12 光滑面约束

### 任务实施

(1)取球体为研究对象,把球体从周围的约束中分离出来。

(2)球体受力分析。

①球体受到自身重力(地球引力)$G$,作用点为重心,方向沿铅垂线向下。

②在 A 点,球体受到绳索的约束,被限制向下及向左的运动趋势,属于柔性约束。因此,球体在 A 点受到约束反力 $T$ 的作用,方向沿绳索背离球体的方向。

③在 B 点,球体受到斜面的支撑约束,限制其向下及向右的运动,因不计摩擦力,属于光滑接触面约束。因此,球体在 B 点受到约束反力 $N$ 的作用,并且沿 B 点处的公法线背离接触面的方向。

(3)画球体的受力图。先画出球体的简图,依次准确画出球体受到的重力 $G$、来自绳索的约束反力 $T$、来自斜面的约束反力 $N$,并清楚标注各力矢的作用点,如图 1-13 所示。

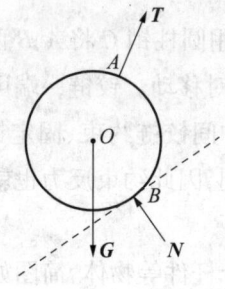

图 1-13 球体的受力

## 任务2　分析杆件的受力并画受力图

【学习目标】

1. 熟悉铰链约束的性质及约束反力的特征;
2. 掌握铰链约束下物体平衡状态的受力分析方法;
3. 能够准确画出铰链约束下物体的受力图。

### 任务引入

如图1-14所示为悬臂吊车的简图,其中,A、B两处为铰链,起吊重量为P,横梁AB的自重忽略不计,试对横梁AB进行受力分析,并画出其受力图。

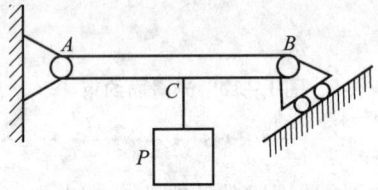

图1-14　悬臂吊车的受力分析

### 任务分析

根据任务描述,要求分析横梁AB的受力情况,因此确定横梁AB为研究对象。横梁AB在C点受到货物的拉力P,因此有向下的运动趋势;但由于其在A、B两处分别受到铰链的约束,限制了其向下的运动趋势,从而达到平衡。那么什么是铰链?A、B两处的铰链有什么不同?其对物体的约束反力如何表示?如何分析在拉力P及铰链约束下横梁AB的受力平衡情况?如何绘制其受力图呢?

### 相关知识

#### 一、铰链约束

如图1-15(a)所示,铰链约束采用圆柱销C将A、B两构件连接在一起,如图1-15(b)所示,构件可以绕圆柱销转动,但不能相对移动。铰链一端可以采用支座与墙体、箱体、支架等连接。根据支座的不同,这类约束包括中间铰链约束、固定铰链支座、活动铰链支座等。支座不同,铰链约束所能限制的运动趋势不同,因此约束反力也就有所不同。

1. 中间铰链约束

中间铰链没有支座,用来连接两个杆件等物体,简图如图1-15(c)所示,被约束体可以绕圆柱销转动,但不能相对圆柱销移动。约束反力作用于铰链接触连接处K,沿被约束体与圆柱销的接触面公法线方向指向压紧接触面的方向,如图1-15(d)所示。但由于该约束接触点随着被约束体的受力情况不同而不同,因此其大小及方向不能由约束本身的性质确定,需要根据被约束体的具体受力情况确定。在画受力图时,约束反力的作用点取圆柱销的中心,采用互相垂直的两个约束分力矢表示,如图 1-15(e)所示。

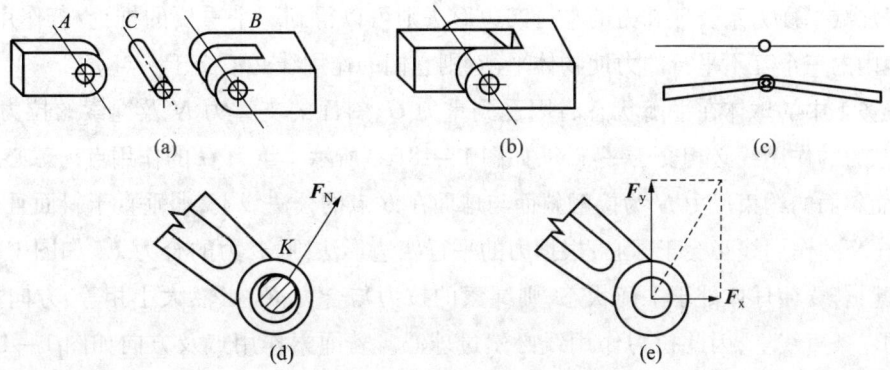

图 1-15 中间铰链约束

2. 固定铰链支座

固定铰链支座的支座与支撑面采用固定连接,即支座固定不动,被约束体通过圆柱销与支座连接,如图 1-16(a)所示,固定铰链约束简图如图 1-16(b)所示,该种约束可以限制被约束体的移动,但不能限制其绕圆柱销的转动。约束反力作用点位于圆柱销的中心,大小及方向不能由约束本身的性质确定,需要根据被约束体的具体受力情况确定。在画受力图时,采用互相垂直的两个约束分力矢 $F_x$ 和 $F_y$ 来表示,如图 1-16(c)所示。

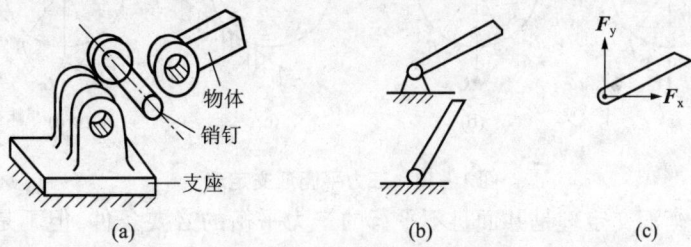

图 1-16 固定铰链支座

3. 活动铰链支座

活动铰链支座的支座与支撑面采用活动支座连接,即支座可以沿支撑面移动,但不能垂直于支撑面移动。被约束体通过圆柱销与支座连接,如图 1-17(a)所示,活动铰链支座约束简图如图 1-17(b)所示。该种约束可以限制被约束体沿垂直于接触面的方向移动,但不能限制其绕圆柱销的转动以及沿支撑面方向的移动。约束反力作用点位于圆柱销的中心,方向垂直于支撑面并背离支撑面,如图 1-17(c)中 $N_A$ 所示。

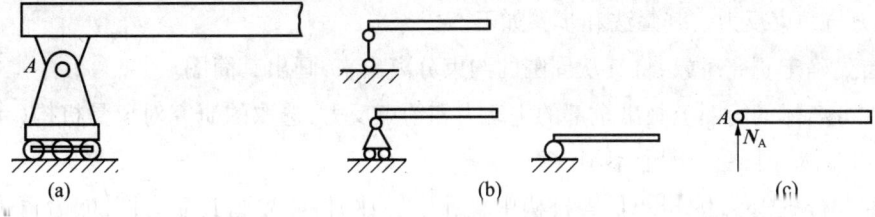

图 1-17 活动铰链支座

## 二、三力平衡汇交定理

根据加减平衡力系公理和力的平行四边形法则可以得到一个重要的推论:若作用于物体同一平面内的三个互不平行的力使物体平衡,则它们的作用线必汇交于一点。

如任务1中的球体在平衡状态时因受到重力 $G$、斜面的支撑力 $N$ 及绳索的拉力 $T$ 而平衡,因此三力的作用线必相交于一点 $O$,如图1-18(a)所示。重力 $G$ 的作用点为球心,方向铅直向下;而斜面的约束反力 $N$ 为接触斜面与球面在 $B$ 点的公法线上,即垂直于斜面且过球心,因此 $G$ 与 $N$ 的作用线必交于球心;根据力的平行四边形法则,二力的合力 $F_R$ 如图1-18(b)所示,因此,若要使球体处于平衡状态,则绳索的拉力与合力 $F_R$ 必然大小相等,方向相反,且作用于同一条直线上,因此拉力作用线必然过球心。若绳索作用点及方向如图1-18(c)所示,则球体受到的重力 $G$ 与斜面的约束反力 $N$ 如图1-18(d)不变,但来自绳索的柔性约束沿绳索方向,显然与合力 $F_R$ 不能相交于球心 $O$ 点,即不能构成一对平衡力,球体便不能处于平衡状态。因此,平面内刚体所受三力作用线若不汇交于一点,必然不能使球体处于平衡状态。

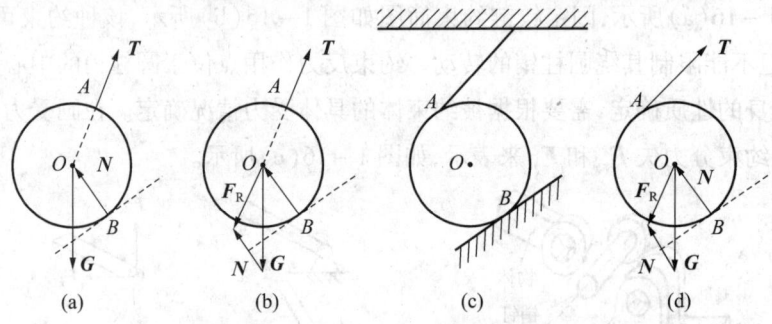

图1-18 三力平衡汇交定理

注意,三力平衡汇交定理是共面且不平行的三力平衡的必要条件,但不是充分条件,即同一平面内作用线汇交于一点的三个力不一定都是平衡的。任务一与本任务中的分析对象皆在三个力的作用下处于平衡状态,则三个力之间存在一定的关系。

## 三、物体受力分析及受力图的画法

物体受力分析即是将研究对象从周围的约束中分离出来,分析其所受到的主动力(使研究对象产生某种运动或运动趋势的力)与约束反力(周围限制研究对象运动或运动趋势的物体对其施加的限制力),分析各力的作用点、方向及大小的过程。

在画受力图时,将研究对象用简图表示,周围的约束不画,使其成为自由体,只在简图上画出各主动力与约束反力。其画法和步骤如下。

(1)首先确定研究对象,将其从周围的约束分离出来,画出其简图。

(2)在分离体的简图上画出全部的主动力和约束反力,选取的研究对象是机构(由几个构件组成的组合体)时,受力图上不画内力。

(3)在进行机构受力分析时,若机构中存在二力体时,应先画其受力图,然后再进行其他构件的受力分析。

注意:在受力图上要标明各力的名称及作用点的位置,不要任意改变力的作用位置。另外,画受力图时,要注意应用二力平衡公理、三力平衡汇交定理及作用力与反作用力公理。

一定要根据约束类型画约束力,约束类型与约束力记忆口诀如下。

柔索约束——绳带拉力  
光滑约束——法向压力 } 约束力有确定的指向。

固定铰链——两个分力  
二力杆件——钉孔连线 } 约束力没有确定的指向。  
活动铰链——垂直一力

### 任务实施

(1)根据任务分析,横梁 AB 为研究对象,画出其简图。

(2)对横梁 AB 进行受力分析。

①横梁 AB 在 C 点受到货物的拉力 $P$,方向铅直向下。

②从图 1-14 中可以看出,横梁 AB 在 A 端受到固定铰链支座的约束。约束反力作用点为 A,但大小方向未知,可以用水平和垂直的两个分力 $F_{Ax}$、$F_{Ay}$ 来表示。

③从图 1-14 中可以看出,横梁 AB 在 B 端受到活动铰链支座的约束。约束反力作用点为 B,其方向为垂直于支撑面背离支撑面的方向,用 $F_B$ 表示。

(3)画横梁 AB 的受力图。根据受力分析,依次准确画出 C 点的拉力 $P$、A 端的约束反力 $F_{Ax}$ 和 $F_{Ay}$ 以及 B 端的约束反力 $F_B$,如图 1-19(a)所示。

(4)横梁 AB 受到 C 点的拉力 $P$、A 端的约束反力 $F_A$ 和 B 端的约束反力 $F_B$ 而处于平衡,根据三力平衡汇交定理,可知三力作用线必汇交于一点。因此,可以在画出研究对象 AB 的简图后,先在图中画出 C 点的拉力 $P$ 与 B 端的约束反力 $F_B$(其方向垂直于支撑面背离支撑面的方向);而 A 端的约束反力 $F_A$ 方向不确定,先用辅助线画出 $P$ 与 $F_B$ 力矢的作用线交点 D,根据三力作用线汇交于一点,则 A 端的约束反力作用线必然过交点 D,因此,可以确定约束反力 $F_A$ 沿 AD 连线方向,即可以画出 A 端的约束反力,如图 1-19(b)所示。

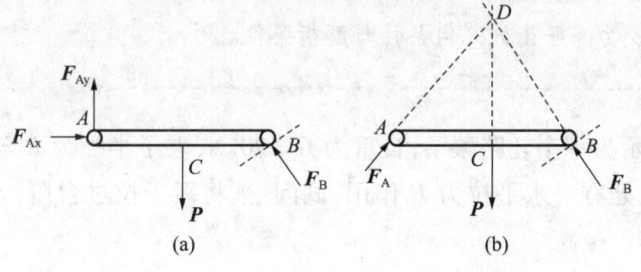

图 1-19 悬臂吊车横梁 AB 受力分析

(1)如图 1-20 所示为一悬臂吊车简图,图中 A 处为固定铰链支座,BC 为绳索,横梁 AB

的自重忽略不计,在 D 点起吊重量为 P 的货物,试对横梁 AB 和绳索 BC 进行受力分析,并画出受力图。

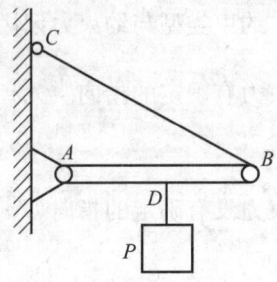

图 1-20　悬臂吊车受力分析

(2)如图 1-21 所示,一匀质杆件自身重量为 G,靠在墙面上的 A、B、C 点,试分析其平衡状态下的受力情况,并画出其受力图。

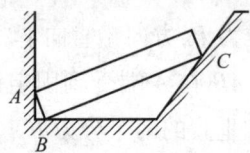

图 1-21　杆件受力分析

## 课题二　平面汇交力系

### 任务　分析碾子压过障碍物时所需的拉力

【学习目标】

1. 能够对平面汇交力系进行合成与分解;
2. 理解合力投影定理;
3. 掌握平面汇交力系平衡的几何条件与解析条件。

### 任务引入

如图 1-22 所示为一个轧路碾子,自重为 $G = 20\text{kN}$,碾子半径为 $R = 0.6\text{m}$,台阶高 $h = 0.08\text{m}$,碾子中心 O 处有一水平拉力 F 作用,试问:欲将碾子拉过台阶,水平拉力至少应为多大?

由图 1-22 可分析,碾子存在四个作用力,即拉力 F,重力 G,地面支撑力 $F_A$ 和台阶边缘反作用力 $F_B$,这四个作用力作用在同一个平面内且过碾子中心 O。我们将这样作用在同一个平面内且汇交于一点的力系称为平面汇交力系。那么,我们能否将这平面汇交力系简化呢?简化后,碾子静止平衡的条件又将是什么呢?

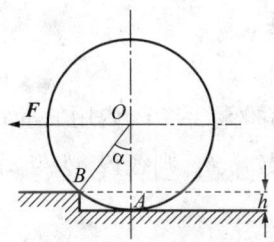

图 1-22 轧路碾子

## 🔒 相关知识

### 一、平面汇交力系合成的几何法

设有一个汇交力系 $F_1$、$F_2$、$F_3$ 及 $F_4$ 作用于某刚体,在同一平面上且汇交于 $O$ 点,则其合力 $F_R$ 可连续使用力的三角形合成法则来求得,即:

$$F_R = F_1 + F_2 + F_3 + F_4$$

如图 1-23 所示,求合力 $F_R$,只需将各力首尾相接,最后连其封闭边,从共同的出发点 $O$ 指向末端所形成的矢量即为合力 $F_R$,这个方法称为力的多边形法则。若推广到任意一个汇交于一点的力的合成,则存在:

$$F_R = F_1 + F_2 + F_3 + \cdots + F_n = \sum_{i=1}^{n} F_i \tag{1-1}$$

应用力的多边形法则求合力时,首先要确定各分力的大小所对应的比例尺,合力为封闭边时,则由所量得的线段长短来确定合力的大小,其次应注意力的多边形法则的合力大小和方向与各力相加的顺序无关。

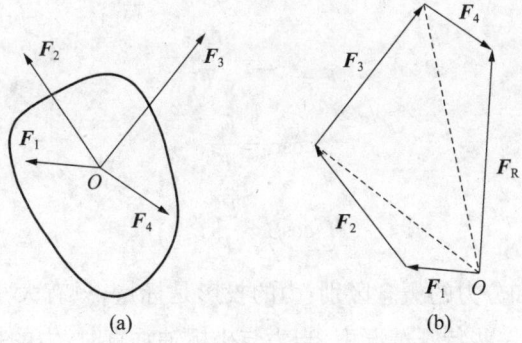

图 1-23 平面汇交力系合成的几何法

利用几何法对平面汇交力系进行合成,并不要求力系中各分力的作用点位于同一点,因为根据力的可传性原理,只要它们的作用线汇交于同一点即可。此外,几何法只适用于平面汇交力系,而对于空间汇交力系来说,由于作图不方便,用几何法求解是不适宜的。

对于简单的平面汇交力系,用几何法进行简化显得直观且方便,但是,这种方法作图精度要求较高,并且不能表达各个分力间的函数关系。因此,对于平面汇交力系的合成,还常采用解析法。

## 二、平面汇交力系合成的解析法

### 1. 力在坐标轴上的投影

如图 1-24 所示，设力 $F$ 在直角坐标系 $Oxy$ 内用矢量 $\overrightarrow{AB}$ 表示。过力 $F$ 的两端点 $A$ 和 $B$ 分别向 $x$、$y$ 轴作垂线，得到垂足 $a$、$b$ 及 $a_1$、$b_1$，则线段 $ab$ 与 $a_1b_1$ 分别称为力 $F$ 在 $x$、$y$ 轴上的投影，记作 $F_x$、$F_y$。

力的投影是代数量，它的正负规定如下：如由 $a$ 到 $b$（或由 $a_1$ 到 $b_1$）的方向与 $x$ 轴（或 $y$ 轴）的正向一致，则力 $F$ 的投影 $F_x$（或 $F_y$）取正值；反之，取负值。

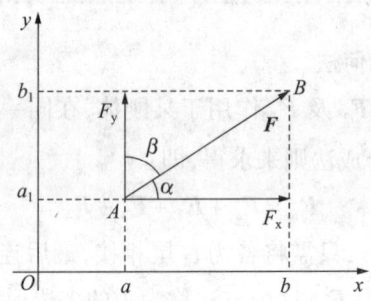

图 1-24 力在坐标轴上的投影

力的投影的值与力的大小及方向有关，设力 $F$ 与 $x$ 轴的夹角为 $\alpha$，与 $y$ 轴的夹角为 $\beta$，则有：

$$F_x = F\cos\alpha$$

$$F_y = F\cos\beta$$

相反地，如果已知力 $F$ 在坐标轴上的投影 $F_x$ 和 $F_y$，则由几何关系便可求出力 $F$ 的大小与方向，即：

$$F = \sqrt{F_x^2 + F_y^2}$$

$$\cos\alpha = \frac{F_x}{F}$$

$$\cos\beta = \frac{F_y}{F}$$

应当注意力的投影和分力的概念区别：力的投影是标量，只有大小和正负；而力的分力是矢量，有大小和方向。在一些特殊情况下，当力与坐标轴垂直时，力的投影为零；而力与坐标轴平行时，力的投影大小的绝对值等于该力的大小。

### 2. 合力投影定理

平面汇交力系中的分力 $F_i$ 在直角坐标系 $x$ 轴和 $y$ 轴上投影可分别表示为 $F_{ix}$ 和 $F_{iy}$，而合力 $F_R$ 在坐标轴上投影是 $F_{Rx}$ 和 $F_{Ry}$，因此由公式（1-1）可知：

$$F_{Rx} = \sum_{i=1}^{n} F_{ix}$$

$$F_{Ry} = \sum_{i=1}^{n} F_{iy}$$

上式表明合力在任一轴上的投影等于各分力在同一轴上投影的代数和,这就是合力投影定理。

当平面汇交力系为已知时,我们可选择直角坐标系,先求出力系中各分力在 $x$ 轴和 $y$ 轴上的投影,再根据合力投影定理求得合力在 $x$、$y$ 轴上的投影 $F_{Rx}$ 和 $F_{Ry}$,而合力 $F_R$ 的大小和方向由下式确定,合力的作用线通过力系的汇交点,则:

$$F_R = \sqrt{F_{Rx}^2 + F_{Ry}^2} = \sqrt{\left(\sum_{i=1}^n F_{ix}\right)^2 + \left(\sum_{i=1}^n F_{iy}\right)^2}$$

$$\cos\alpha = \frac{F_{Rx}}{F_R}$$

$$\cos\beta = \frac{F_{Ry}}{F_R}$$

### 三、平面汇交力系的平衡条件

从平面汇交力系合成的几何法与合力投影定理可推知,要保持物体平衡,必须满足如下两个条件:

(1) 几何条件:力多边形自行封闭,即 $F_R = \sum_{i=1}^n F_i = 0$。

(2) 解析条件:$\sum_{i=1}^n F_{ix} = 0$ 且 $\sum_{i=1}^n F_{iy} = 0$      (1-2)

如上所述两个平衡条件的意义是相同的,只不过是几何法与解析法的不同表述而已。在几何法中,平面汇交力系的合力是由力多边形的封闭边来表示的,如果物体平衡,则它所受的合力为零,即力多边形的封闭边变为一点,因此平面汇交力系平衡的几何条件是力多边形自行封闭。同样,当物体所受合力为零而平衡时,各分力必满足解析条件,即在直角坐标系两个坐标轴上的投影的代数和必等于零,即满足平衡方程(1-2)。

利用平衡方程求解实际问题时,受力图中未知力的指向可以任意假设。若计算结果为正值,表示假设的力的指向就是实际的指向;反之,若计算结果为负值,表示假设的力的指向与实际指向相反。在实际计算中,适当地选取投影轴,可使计算简化。

### 📝 任务实施

作用在碾子上的四个力为拉力 $F$、重力 $G$、地面支撑力 $F_A$ 和台阶边缘反作用力 $F_B$,它们在同一个平面内且过碾子中心 $O$,是一个平面汇交力系,因此可应用几何法与解析法分析此任务。

1. 几何法

欲将碾子拉过台阶,水平拉力至少应使地面支撑力 $F_A$ 为零,且保持碾子平衡,此时碾子满足平衡几何条件:力多边形自行封闭,合力 $F_R$ 为零,封闭边为一点。作图分析如图 1-25 所示。

由图有:

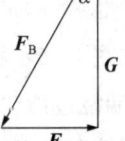

图 1-25 碾子平衡几何法分析

$$\boldsymbol{F}_R = \boldsymbol{F} + \boldsymbol{G} + \boldsymbol{F}_B = 0$$

又由图 1-22 的几何关系知：

$$\cos\alpha = \frac{R-h}{R} = 0.866$$

即：

$$\alpha = 30°$$

所以，有：

$$F = G\tan\alpha \approx 11.5 \text{kN}$$

2. 解析法

欲将碾子拉过台阶，应当满足地面支撑力 $F_A$ 为零，再根据平面汇交力系（图 1-26）平衡方程可以得到：

$$F_{Rx} = F_B\cos\alpha - F = 0$$
$$F_{Ry} = F_B\sin\alpha - G = 0$$

由上可知 $\alpha = 30°$，则可求得最小拉力应当为：

$$F = G\tan\alpha \approx 11.5 \text{kN}$$

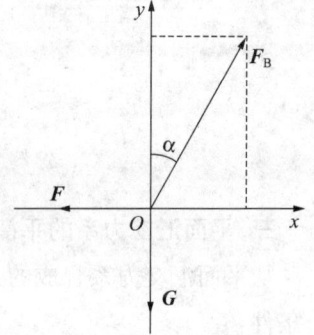

图 1-26 碾子平衡解析法分析

习 题

1. 如图 1-27 所示，圆柱形容器搁在 $A$、$B$ 两个滚子上，$A$、$B$ 处于同一水平线，已知容器重 $G = 30$kN，半径 $R = 500$mm，滚子半径 $r = 50$mm，两滚子中心距离 $l = 750$mm，求滚子 $A$、$B$ 所受的压力。

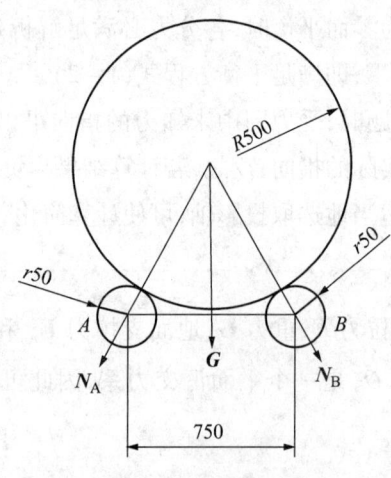

图 1-27 习题 1 图

2. 如图 1-28 所示为简易起重机，$B$、$C$ 为固定铰链支座。钢丝绳的一端缠绕在卷扬机 $D$ 上，另一端绕过滑轮 $A$ 将重为 $W = 20$kN 的重物匀速吊起。杆件 $AB$、$AC$ 及钢丝绳的自重不计，各处的摩擦不计，试求杆件 $AB$、$AC$ 所受的力。

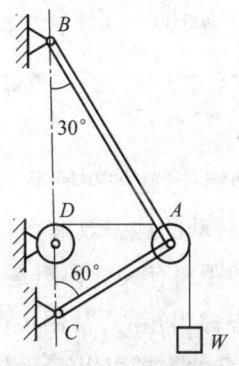

图 1-28 简易起重机

## 课题三 平面力偶系

### 任务 1 计算踏力对制动踏板转动中心的力矩

【学习目标】

1. 掌握力矩的概念；
2. 掌握合力矩定理；
3. 掌握力矩的计算方法。

**任务引入**

如图 1-29 所示为一个汽车制动的操纵机构，驾驶员脚的踏力 $F$ 与水平成 $\alpha = 30°$ 角，在脚踏力的作用下，制动踏板 $ABC$ 绕 $B$ 点转动，从而使 $C$ 点右移，推动液压缸进行制动。已知：$F = 300$N，初始时 $a = 0.25$m，$b = 0.05$m，求踏力产生的力矩。

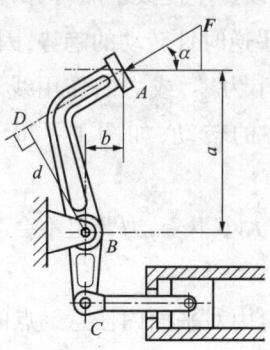

图 1-29 踏力对刹车踏板转动中心的力矩

**任务分析**

根据任务描述，踏力 $F$ 可以使踏板绕 $B$ 点转动，如何衡量踏力对踏板产生的这一转动效果呢？任务要求踏力 $F$ 对 $B$ 点产生的力矩，那么，什么是力矩？力矩的大小与哪些因素有关？

力矩是否与力一样是矢量？如何计算力矩呢？

## 相关知识

### 一、力矩的概念

如图 1-30(a)所示，用扳手转动螺栓，施加在扳手上的力会产生力矩，促使扳手带动螺栓转动，我们用力矩来描述力促使物体转动的这一效果。力矩的作用效果与力的大小有关，同时还与转动中心到该力的作用线之间的距离有关。力矩是一个代数量，我们将转动中心到力作用线的垂直距离称为力臂。转动中心称为矩心，常用字母 $O$ 表示矩心，例如，用板手拧螺栓，转动中心 $O$ 即为矩心。力 $\boldsymbol{F}$ 对矩心 $O$ 的力矩可以表示为：

$$M_O(\boldsymbol{F}) = \pm F \cdot d$$

其中，$M$ 表示力矩（非黑斜体），$O$ 为矩心，( ) 表示产生力矩的力，$F$ 表示力的大小，$d$ 为力臂，± 表示正或负号，规定逆时针转动力矩为正；顺时针转动力矩为负。力矩的单位为 N·m、kN·m 和 N·mm 等。

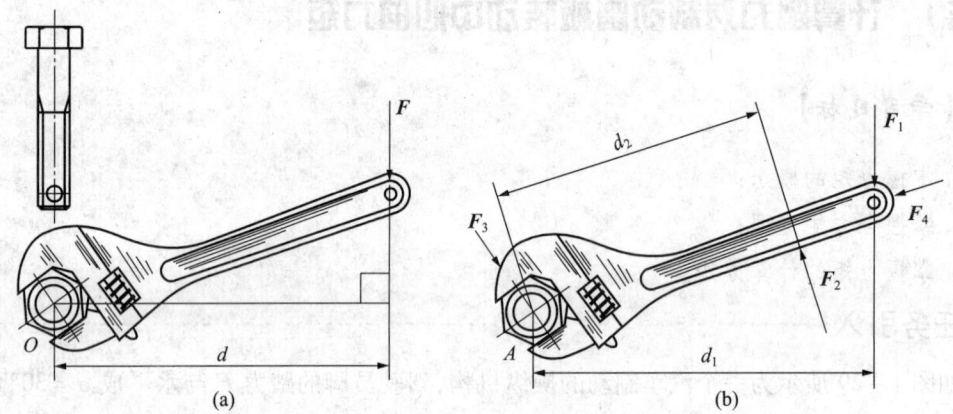

图 1-30 用扳手转动螺栓

如图 1-30(b)所示的力 $\boldsymbol{F}_1$ 可以产生使扳手顺时针转动的趋势，因此 $\boldsymbol{F}_1$ 对 $A$ 的力矩 $M_A(\boldsymbol{F}_1)$ 为负；相反，$\boldsymbol{F}_2$ 可以产生使扳手逆时针转动的趋势，因此 $\boldsymbol{F}_2$ 对 $A$ 的力矩 $M_A(\boldsymbol{F}_2)$ 为正。

由力矩的定义可知，若力的大小为零，或力的作用线通过矩心（力臂为零），则力矩等于零，即该力不会使物体产生绕矩心的转动，如图 1-30(b)中的 $\boldsymbol{F}_3$、$\boldsymbol{F}_4$，对 $A$ 产生的力矩 $M_A(\boldsymbol{F}_3)$、$M_A(\boldsymbol{F}_4)$ 均为零。

此外，若力沿作用线移动，力的大小不变，力臂也不会改变，则力矩不变。

### 二、合力矩定理

合力矩定理：平面汇交力系的合力对平面内任意一点的力矩，等于各分力对该点力矩的代数和。

如图 1-31 所示，$\boldsymbol{F}_R$ 对任意一点 $O$ 的力矩为：

$$M_O(\boldsymbol{F}_R) = -F_R \cdot d = -F_R \cdot l \cdot \sin(\beta - \alpha)$$

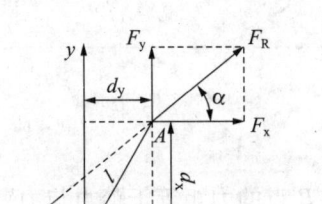

**图 1 – 31 力矩的合成**

根据力的平行四边形法则,力可以等效为两个分力矢和,则:

$$M_O(F_x) = -F_x \cdot d_x = -F_x \cdot l \cdot \sin\beta$$

$$M_O(F_y) = F_y \cdot d_y = F_y \cdot l \cdot \cos\beta$$

$$F_x = F_R \cdot \cos\alpha$$

$$F_y = F_R \cdot \sin\alpha$$

$$\begin{aligned}
M_O(F_x) + M_O(F_y) &= -F_x \cdot l \cdot \sin\beta + F_y \cdot l \cdot \cos\beta \\
&= -F_R \cdot \cos\alpha \cdot l \cdot \sin\beta + F_R \cdot \sin\alpha \cdot l \cdot \cos\beta \\
&= -F_R \cdot l \cdot (\cos\alpha \cdot \sin\beta - \sin\alpha \cdot \cos\beta) \\
&= -F_R \cdot l \cdot \sin(\beta - \alpha) \\
&= M_O(F_R)
\end{aligned}$$

同理,图 1 – 32 所示,$F_1$、$F_2$ 两力的合力 $F_R$ 可以采用力的平行四边形法则得到,合力 $F_R$ 对所在平面上任意一点 $O$ 的力矩等于 $F_1$ 和 $F_2$ 对该点的力矩的代数和,即:

$$M_O(F_R) = M_O(F_1) + M_O(F_2)$$

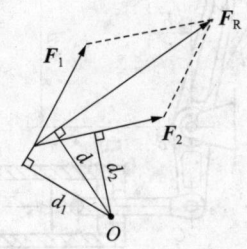

**图 1 – 32 合力矩定理**

平面汇交力系 $F_1, F_2, \cdots, F_n$ 对矩心的合力矩等于其合力对矩心的力矩的代数和,即:

$$\begin{aligned}
M_O(F) &= M_O(F_1) + M_O(F_2) + \cdots + M_O(F_n) \\
&= \sum_{i=1}^{n} M_O(F_i)
\end{aligned}$$

> 任务实施

(1) 选取踏板为研究对象。

(2) 求力矩。

根据力矩的定义,踏力 $F$ 对 $B$ 点的力矩等于踏力与力臂的乘积,力臂为 $B$ 到踏力 $F$ 作用线的距离 $BD = d$,即:

$$M_B(F) = F \cdot d$$

踏力的大小为已知,只需要知道力臂 $d$ 即可计算出力矩。但根据图上的标注,可见距离 $d$ 的计算比较麻烦。

任务中给出了力 $F$ 的作用点与矩心 $B$ 的竖直距离 $a = 0.25\text{m}$,水平距离 $b = 0.05\text{m}$。踏力可以分解为水平和铅直方向的两个分力矢 $F_x$ 和 $F_y$,如图 1-33 所示,这两分力矢的力臂就是 $a$ 和 $b$,根据合力矩定理,力矩等于分力对 $B$ 的力矩的代数和,即:

$$M_B(F) = M_B(F_x) + M_B(F_y)$$

因此,可以先计算 $F$ 其在水平和竖直方向的分力对 $B$ 的力矩,再求其代数和即可,即

$$M_B(F_x) = F_x \cdot a = F \cdot \cos\alpha \cdot a = 300 \times \cos 30° \times 0.25 = 64.95\text{N} \cdot \text{m}$$

$$M_B(F_y) = -F_y \cdot b = -F \cdot \sin\alpha \cdot b = -300 \times \sin 30° \times 0.05 = -7.5\text{N} \cdot \text{m}$$

$$M_B(F) = M_B(F_x) + M_B(F_y) = 64.95 - 7.5 = 57.45\text{N} \cdot \text{m}$$

因此,踏力对 $B$ 的力矩为 $57.45\text{N} \cdot \text{m}$,方向为逆时针。

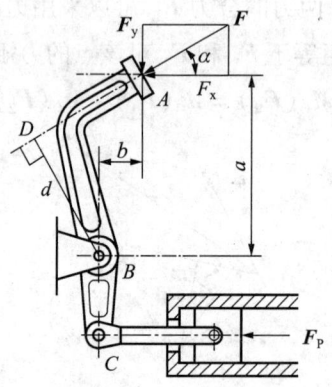

图 1-33 力矩计算

## 任务2 分析箱体所受的约束反力

【学习目标】

1. 掌握力偶的概念及性质;
2. 熟悉力矩与力偶矩的区别;
3. 掌握平面力偶系的平衡条件;
4. 能够对平面力偶系进行合成与分解。

## 任务引入

如图 1-34 所示,箱体通过螺栓与地面连接,箱体上装有三根轴,对箱体产生的力偶分别为 $M_1$、$M_2$、$M_3$,若已知 $M_1=100\mathrm{N\cdot m}$,$M_2=50\mathrm{N\cdot m}$,$M_3=80\mathrm{N\cdot m}$,$l_1=0.4\mathrm{m}$,$l_2=0.8\mathrm{m}$,$h_1=0.5\mathrm{m}$,$h_2=0.8\mathrm{m}$。不计箱体及轴的重量,求箱体平衡时 $A$、$B$ 处所受的约束反力。

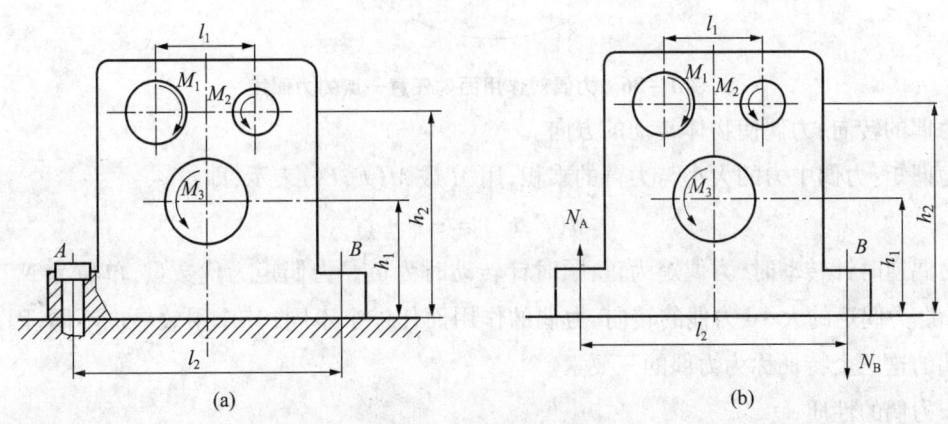

图 1-34 箱体力偶平衡

## 任务分析

根据任务描述,选取箱体为研究对象,箱体受到三根轴的力偶,同时受到 $A$、$B$ 两处螺栓的约束反力。什么是力偶?力偶对物体产生的作用是什么?它有什么特点?物体受到力偶的作用下需要什么条件才能平衡呢?

## 相关知识

### 一、力偶和力偶矩

1. 概念

对一物体施加两个大小相等、方向相反、作用线相互平行的力,也会使物体产生转动效应。如图 1-35 所示,汽车司机左右手作用在方向盘上的两个力可以使方向盘转动,这样大小相等、方向相反、作用线相互平行的两个力称为力偶,用 $(F,F')$ 表示,力偶只能使物体转动或改变转动状态。

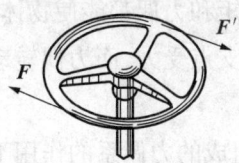

图 1-35 力偶示例

力偶作用面:力偶中两个力所在的平面称为力偶作用面。力偶作用面不同,作用效果也不同。

力偶臂:两个力作用线之间的垂直距离 $d$,如图 1-36 所示。

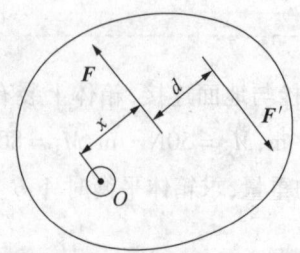

**图 1-36　力偶对作用面内任意一点的力偶矩**

力偶的转向:力偶使物体转动的方向。

力偶矩:力偶中力的大小与力臂的乘积,用 $M$ 或 $M(F,F')$ 表示,即:

$$M(F,F') = \pm F \cdot d$$

力偶逆时针转动时,力偶矩为正;顺时针转动时为负。力偶矩为代数量,单位为 N·m 或 kN·m。力偶矩的大小、力偶的转向、力偶的作用面任一个不同,其作用效果也不同,因此,可将力偶的这三个特征称为力偶的三要素。

2. 力偶的性质

(1)力偶在其作用面上任一轴的投影恒等于零。力偶中,$F$ 和 $F'$ 两力等值、反向、平行,两力与某一轴的夹角 $\alpha$ 相同,在该轴上投影的绝对值相等;因两力方向相反,在一轴上的投影正负号相反。所以,两个力在其作用面上任一轴投影的代数和等于零。

(2)力偶无合力。力偶不能等效于一个合力,也不能用一个力来平衡,只能用力偶来平衡。力和力偶是组成力系的两个基本物理量。

(3)力偶对其作用面内任一点的矩,恒等于力偶矩,不因矩心的改变而改变。

(4)只要保持力偶矩不变,力偶可在其作用面内任意搬移,且可以同时改变力偶中力的大小与力偶臂的长短,而对刚体的作用效应不变。

(5)只要保持力偶矩不变,力偶可以从一个平面移至同一物体上与此平面平行的任意平面,而对刚体的作用效果不变。

3. 力偶与力矩的区别

用扳手旋紧螺栓时,由于构件螺栓孔的约束,只要在扳手末端加一个力,该力对螺栓孔的分矩便可使扳手、螺栓一起转动。力矩和力偶都能使物体转动,但是:力矩转动须有支点,力偶转动的支点可有可无;而力矩转动的支点受力,而力偶转动的支点不受力。

## 二、平面力偶系的合成

若物体在同一平面内几个力偶组成的力偶系的作用下平衡,这样的力系称为平面力偶系。

作用于同一物体的 $n$ 个力偶的合力偶矩等于各分力力偶矩的代数和,即:

$$M = M_1 + M_2 + \cdots + M_n = \sum_{i=1}^{n} M_i$$

## 三、平面力偶系的平衡

要使平面力偶系平衡,须顺时针方向的合力偶矩与逆时针方向的合力偶矩相等,即所有力

偶矩的合力偶矩等于零,即:

$$\sum_{i=1}^{n} M_i = 0$$

反之,若作用于同一物体的合力偶矩为零,则平面力偶系平衡。

 任务实施

(1)确定研究对象为箱体,其主要受到三根轴的力偶的作用。根据力偶的特点可知,平面力偶系只能用力偶来平衡,因此,箱体在 $A$、$B$ 两处受到大小相等、方向相反、作用线平行的约束反力,形成一力偶 $M(N_A, N_B)$。设 $A$、$B$ 两处箱体所受约束反力,如图 1-34(b)所示。

(2)列出力偶平衡方程并求解。平面力偶系的所有力偶可以等效为一个合力偶,合力偶矩等于各力偶矩的代数和。若要使力偶系平衡,要求合力偶矩为零,因此,可以列出箱体的力偶系平衡方程:

$$M = -M_1 + M_2 + M_3 - M(N_A, N_B) = 0$$

其中,$M(N_A, N_B) = N_A \cdot l_2$。

将已知条件 $M_1 = 100\text{N} \cdot \text{m}$、$M_2 = 50\text{N} \cdot \text{m}$、$M_3 = 80\text{N} \cdot \text{m}$、$l_2 = 0.8\text{m}$ 代入上面的平衡方程,得:

$$M = -M_1 + M_2 + M_3 - M(N_A, N_B) = -100 + 50 + 80 - N_A \cdot 0.8 = 0$$

解之可得:

$$N_A = 37.5\text{N}, N_B = 37.5\text{N}$$

$N_A$、$N_B$ 为正,说明假设方向正确。

## 习 题

(1)分析如图 1-37 所示的杆件对直径为 50mm 的球体的压力,其中,$F = 5\text{kN}$,图中所注尺寸单位均为 mm。

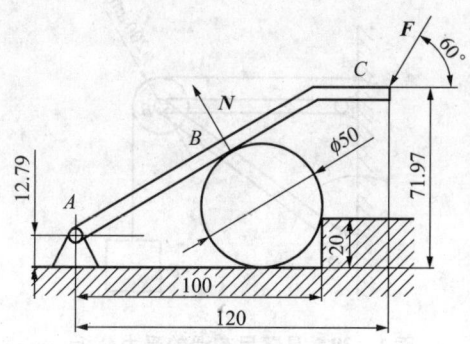

图 1-37 杆件受力分析

(2)如图 1-38 所示,在一台群钻上水平放置一个工件,在工件上同时钻四个等直径的孔,每个钻头的力偶矩为 20N·m,求工件总切削力的力偶矩以及 $A$、$B$ 端的水平反力 $N_A$ 和 $N_B$。

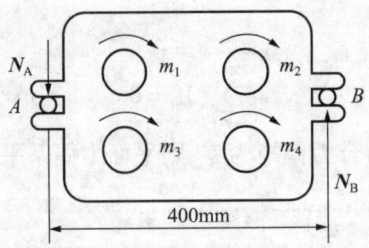

**图 1-38 群钻加工时的切削力偶及水平约束反力求解**

## 课题四 平面任意力系

### 任务 悬臂吊车受力分析

【学习目标】

1. 掌握力的平移定理；
2. 掌握平面任意力系的概念及其向任一点的简化方法；
3. 能够根据平面任意力系的平衡条件求解未知力。

**任务引入**

如图 1-39 所示，悬臂吊车上 $BC$、$BD$ 为杆件，重力不计，一端采用固定支座与固定面连接，另一端均通过圆柱销与滑轮连接在一起，滑轮直径 $d = 0.2\text{m}$，重物通过经滑轮的绳索进行起吊。若已知起吊货物重量 $P = 300\text{N}$，试分析绳索的拉力及 $C$、$D$ 两处支座的约束反力。

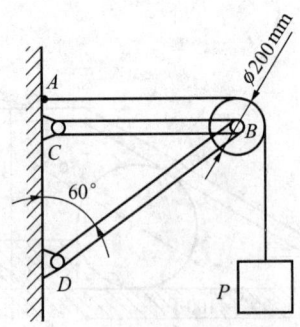

**图 1-39 悬臂吊车滑轮受力分析**

**任务分析**

根据任务描述，要求绳索及支座的约束反力，应分别以受力较简单的杆件 $BC$、$BD$ 为研究对象。显然，二者均为二力件，受力应沿两端作用点的连线方向。然后，以滑轮为研究对象，滑轮受到货物及绳索的拉力,还受到杆件 BC、BD 的反作用力,很显然,这些力不相交于一点,类似这样的作用在同一个平面内的四个或四个以上的力构成的力系称为平面任意力系。这样的平面任意力系能否进行简化?平面任意力系需要什么条件才能平衡?怎样根据平面任意力系的平衡条件求得未知的约束力呢?

## 相关知识

### 一、力的平移定理

如图 1-40 所示的轮轴上装有齿轮,齿轮上 A 点处受到啮合力 $F_n$,该力一方面会通过齿轮传递到轮轴上对其产生压力,一方面存在对轴心的力矩,可以使齿轮带动轮轴旋转。

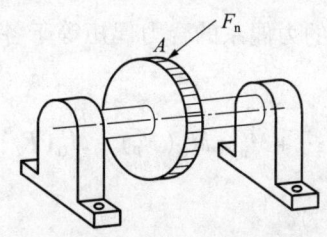

**图 1-40 力的平移定理**

在分析轴的受力时,往往需要将力 $F_n$ 平行移动到轮轴上,使力的作用线通过轮轴中心点 $O$,如图 1-41(a)所示,以便于与轴承支座对轴的支撑力一起进行静力学分析。显然,若直接将 $F_n$ 移动到轮轴中心点 $O$,则由于力的作用线通过矩心,对转轴没有力矩,会导致与原力的作用效果不同。根据加减平衡力系定理,可以在 $O$ 点增加一对与作用线平行、大小相等的平衡力系 $F$ 和 $F'$,而不改变原来的平衡状态,如图 1-41(b)所示;根据力偶的定义,显然 $F_n$ 与 $F'$ 大小相等、方向相反、作用线相互平行,构成一个力偶 $M(F_n, F')$。因此,原来作用在齿轮上 A 点的力 $F_n$ 等效于作用在 $O$ 点的力 $F$ 和一个力偶 $M$,$F$ 与 $F_n$ 大小相等、作用线平行,而力偶的力偶矩等于原力与新作用点到其作用线的垂直距离的乘积,即 $M = \pm F_n \cdot d$,如图 1-41(c)所示。

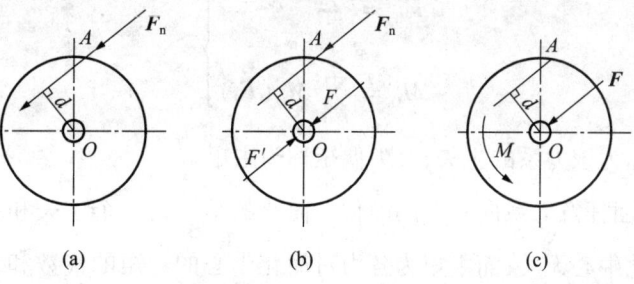

**图 1-41 力的平移定理**

从而可得到力的平移定理:作用在刚体上的力,可以平行移动到刚体上的任一点,但必须附加一个力偶,其力偶矩等于原力对平移点的力矩。

## 二、平面任意力系向一点简化

设刚体上有一平面内的任意力系 $F_1$、$F_2$、$\cdots$、$F_n$ 作用,为了便于在平面力系作用下进行构件的平衡分析,根据力的平移定理,可以将所有力矢移动到平面内任意一点 $O$,从而得到一个平面汇交力系 $F_1'$,$F_2'$,$\cdots$,$F_n'$ 和一个相应的附加力偶系 $M_1$,$M_2$,$\cdots$,$M_n$,如图 1-42 所示。

然后,将平面汇交力系采用力的平行四边形法则进行合成,得到一个合力矢,即:

$$F_R' = F_1' + F_2' + \cdots + F_n' = \sum_{i=1}^{n} F_i'$$

根据作用在物体同一平面内的力偶系的合力偶矩等于各分力的力偶矩的代数和,将附加力偶 $M_1$,$M_2$,$\cdots$,$M_n$ 进行合成得:

$$M_O = M_1 + M_2 + \cdots + M_n = M_O(F_1) + M_O(F_2) + \cdots + M_O(F_n)$$

$$= \sum_{i=1}^{n} M_O(F_i)$$

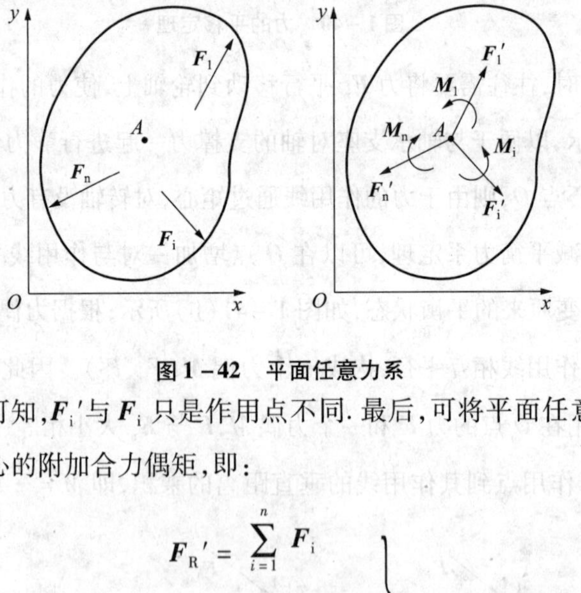

图 1-42 平面任意力系

由力的平移定理可知,$F_i'$ 与 $F_i$ 只是作用点不同. 最后,可将平面任意力系等效为一个合力矢和一个对简化中心的附加合力偶矩,即:

$$\left. \begin{array}{l} F_R' = \sum_{i=1}^{n} F_i \\ M_O = \sum_{i=1}^{n} M_O(F_i) \end{array} \right\}$$

其中,合力矢称为该力系的主矢,合力偶矩称为主矩。

该过程称为平面任意力系向一点的简化。简化的结果为一个主矢和主矩,主矢为各个力矢的矢量和,与简化中心无关;而主矩为各力对简化中心的力矩的代数和,与简化中心的位置密切相关。

为了简化主矢的计算,我们通常将力系分解为平面直角坐标系 $x$ 轴和 $y$ 轴的分力矢,然后分别对 $x$ 轴和 $y$ 轴的分力矢进行合成,最后可以得到:

$$\left. \begin{array}{l} \boldsymbol{F}_{Rx}' = \sum_{i=1}^{n} \boldsymbol{F}_{ix} \\ \boldsymbol{F}_{Ry}' = \sum_{i=1}^{n} \boldsymbol{F}_{iy} \end{array} \right\}$$

主矢的大小和方向为:

$$\left. \begin{array}{l} F_R' = \sqrt{(F_{Rx}')^2 + (F_{Ry}')^2} = \sqrt{\left(\sum_{i=1}^{n} F_{ix}\right)^2 + \left(\sum_{i=1}^{n} F_{iy}\right)^2} \\ \cos(F_R', i) = \dfrac{F_{Rx}'}{F_R'} \quad \cos(F_R', j) = \dfrac{F_{Ry}'}{F_R} \end{array} \right\}$$

**三、平面任意力系的平衡条件与平衡方程**

要使平面任意力系平衡,根据平面任意力系向一点的简化结果,则必须使主矢和主矩都为零,即:

$$\begin{cases} F_R' = 0 \\ M_O = 0 \end{cases}$$

1. 一矩式

若将各力矢先分解为平面直角坐标系 $x$ 轴和 $y$ 轴上的分力矢,然后分别对 $x$ 轴和 $y$ 轴上的分力矢进行合成,可以得到平面任意力系的平衡方程,即

$$\begin{cases} \sum F_{Rx}' = 0 \\ \sum F_{Ry}' = 0 \\ \sum M_O(\boldsymbol{F}) = 0 \end{cases}$$

上面的平衡方程中包含一个力偶平衡等式,因此称之为"一矩式"。

由于平面任意力系向不同点简化时主矢不变,而主矩会改变,因此可以向不同点简化,每个简化中心的主矩都为零,因此可以构成另外两种平衡方程,即二矩式和三矩式。

2. 二矩式

$$\begin{cases} \sum F_{Rx}' = 0 \\ \sum M_A(\boldsymbol{F}) = 0 \\ \sum M_B(\boldsymbol{F}) = 0 \end{cases}$$

## 3. 三矩式

$$\begin{cases} \sum M_A(\boldsymbol{F}) = 0 \\ \sum M_B(\boldsymbol{F}) = 0 \\ \sum M_C(\boldsymbol{F}) = 0 \end{cases}$$

以上三个平衡方程均等价，可以根据具体任务选择使用哪个平衡方程进行求解平面任意力系的平衡问题。

### 四、固定端约束

在工程中经常用到如图1-43(a)所示的固定端约束，其一端连接处 A 刚度很大，约束体对被约束体既限制其相对移动，又限制其沿各方向的转动，其受力如图1-43(b)所示。

根据平面任意力系向一点的简化方法，可以将作用在固定端的力向该平面的杆件中心 A 点进行简化，得到一个约束反力 $\boldsymbol{F}_A$ 和一个反力偶矩 $M_A$，如图1-43(c)所示。为了便于计算，常将约束反力 $\boldsymbol{F}_A$ 向平面直角坐标轴投影，即等效于 $\boldsymbol{F}_{Ax}$、$\boldsymbol{F}_{Ay}$ 与一个反力偶矩 $M_A$，如图1-43(d)所示。

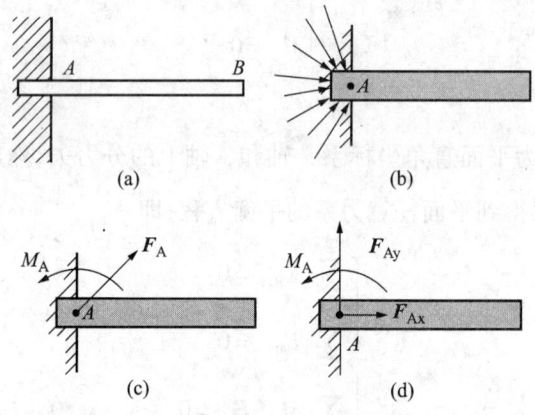

图 1-43 固定端约束及约束反力

### 任务实施

(1) 从任务可以看出，杆 BC 和 BD 均只在固定面 C 或 D 与 B 点受到约束反力，属于二力件，可先对其进行受力分析。根据二力件的力作用线沿两作用点连线的方向可知，约束反力 $N_B$、$N_{CB}$、$N_D$、$N_{DB}$ 分别沿 B、C 两点及 B、D 两点连线方向，大小未知，假设其方向如图1-44(a)和图(b)所示。

(2) 取滑轮为研究对象，将其从周围约束中分离出来，对滑轮作静力学分析。

① 滑轮在 M 点受到重物的拉力 $\boldsymbol{P}$，因为重物与滑轮之间采用用绳索连接，属于柔性约束，

限制重物的竖直下落,因此,拉力 *P* 的方向竖直向下。

②滑轮在 *E* 点受到绳索的拉力 *T*,大小未知,限制滑轮顺时针转动,绳索连接,属于柔性约束,因此,拉力 *T* 的方向沿水平向左。

③根据作用与反作用原理,滑轮受到的杆件 *BC*、*BD* 的反作用力 $N_{CB}'$、$N_{BD}'$ 也沿 *B*、*C* 两点及 *B*、*D* 两点连线方向。

根据以上分析可画出受力图,如图 1-44(c)所示。

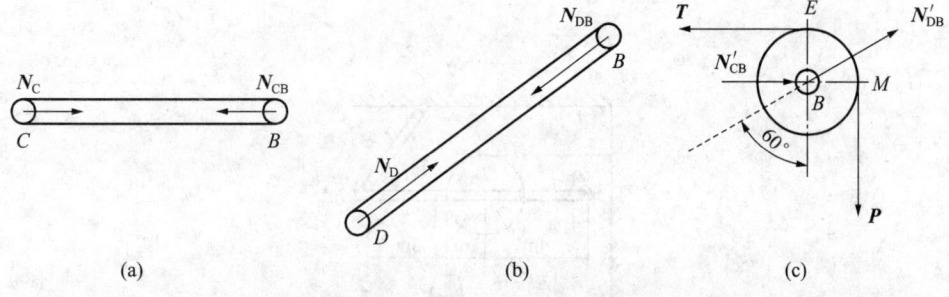

图 1-44 滑轮力系求解

(3)列平衡方程并求解。根据以上分析可知,滑轮受力为平面任意力系,为简化计算,将杆件 *BD* 的反作用力 $N_{DB}'$ 向 *x*、*y* 轴方向投影为 $N_{DBx}'$、$N_{DBy}'$,将不通过轴心的绳索拉力 *T*、*P* 向轮轴中心简化,得到平面汇交力系及力偶 $M_B(T)$、$M_B(P)$,列出平衡方程为:

$$\begin{cases} \sum F_{Rx}' = N_{CB}' + N_{DB}'\sin60° - T = 0 \\ \sum F_{Ry}' = N_{DB}'\cos60° - P = 0 \\ \sum M_B = M_B(T) + M_B(P) = T \cdot d - P \cdot d = 0 \end{cases}$$

将已知 $P = 300N$、$d = 0.2m$ 代入以上方程组,可以计算出:

$$T = P = 300N$$

$$N_{DB}' = P/\cos60° = 600N$$

$$N_{CB}' = T - N_{DB}' \cdot \sin60° = 300 - 600\sin60° = -219.62N$$

*T*、$N_{DB}'$ 皆为正,表明与假设方向一致,$N_{CB}'$ 为负值,说明其方向应与假设方向相反。

**习 题**

(1)如图 1-45 所示为杆件 *AB*、*BC*,*A* 端采用固定端约束,*C* 端采用活动支座约束。已知:$F = 20N$,$M = 100N \cdot m$,$\alpha = 45°$,试求杆件在 *A*、*B*、*C* 三处的约束反力。

(2)如图 1-46 所示,梁 *AB* 左侧与墙体采用固定铰链支座连接,右侧与杆件 *BC* 连接,

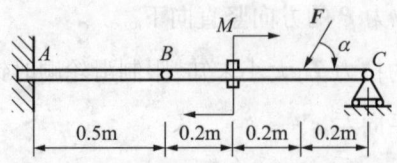

图1-45 组合杆件受力分析

且 $BC$ 杆与梁 $AB$ 的夹角 $\alpha = 60°$,滑轮装在梁 $AB$ 的 $D$ 点处;绳子一端连在墙上,然后绕过滑轮,另一端悬挂重物 $G=1\text{kN}$,不计滑轮及杆件的自重,求支座 $A$ 处的约束反力以及 $BC$ 杆所受的力。

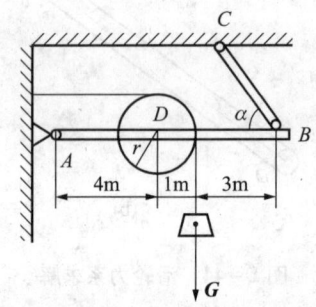

图1-46 平面任意力系受力分析

## 课题五 空间力系

### 任务 齿轮轴受力分析

【学习目标】

1. 掌握空间力系的概念;

2. 熟悉力在空间坐标轴上的投影;

3. 掌握空间力系的合力矩定理;

4. 能够对空间力系进行简化并建立平衡方程。

任务引入

如图1-47(a)所示为一齿轮轴系统图,轴采用电机通过联轴器进行驱动,电动机的输出转矩为 $M$;采用轴承与固定支座 $A$、$B$ 连接,中间为齿轮,其直径为 $100\text{mm}$,齿轮受到啮合力 $F_n$ 等效于三个分力矢,即径向力 $F_r$、轴向力 $F_a$、切向力 $F_t$,分别为 $300\text{N}$、$400\text{N}$、$1000\text{N}$,如图

1-47(b)所示,试分析主轴在 A、B 两处所受的约束反力 $F_A$、$F_B$ 各为多少?电机的输出转矩 M 为多少?

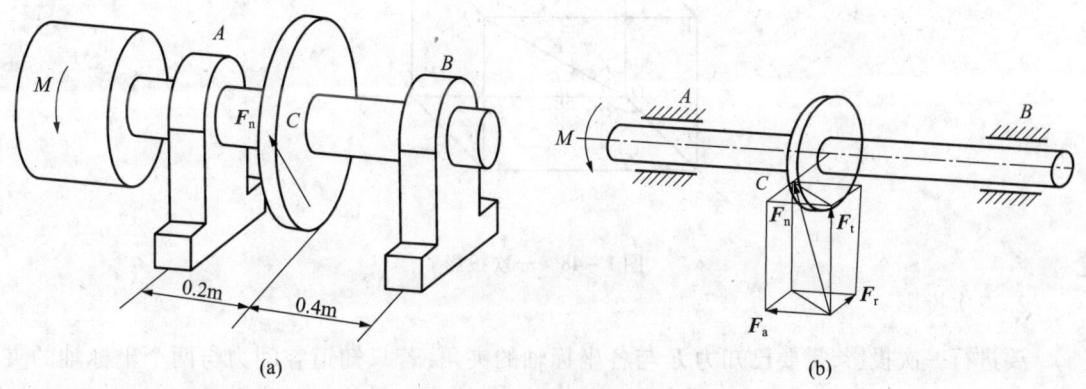

图 1-47 齿轮轴受力分析

### 任务分析

根据任务描述,主轴和齿轮为刚性连接,可以作为一个机构进行分析,简称主轴系统。主轴系统受到电机的驱动转矩 M,在 C 点受到力 $F_r$、$F_a$、$F_t$ 作用,此外,受到 A、B 处的支座约束反力 $F_A$、$F_B$。这些力并不在一个平面内,而是在三维空间分布,称为空间力系。要求解电机输出转矩和支座约束反力,就必须进行简化并建立平衡方程,那么这样的空间力系怎样进行简化呢?平衡条件是什么?如何建立其平衡方程呢?

### 相关知识

一、力在空间直角坐标轴上的投影

1. 一次投影

如图 1-48 所示,空间直角坐标系有三个坐标轴,因此,可以将空间力 **F** 向三个坐标轴方向进行投影,称为一次投影,利用这三个坐标轴上投影的大小即可求得合力 **F** 的大小。若已知力 **F** 与 x、y、z 三个坐标轴的正方向夹角分别为 α、β、γ,则力与个坐标轴投影之间的关系如下:

$$F_x = F\cos\alpha \\ F_y = F\cos\beta \\ F_z = F\cos\gamma$$

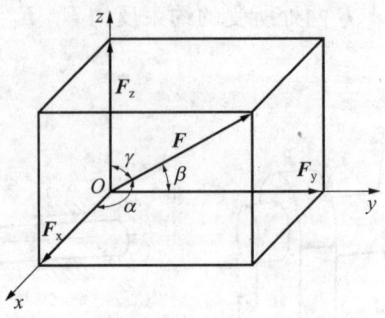

图1-48 一次投影

2. 二次投影

要进行一次投影,需要已知力 $F$ 与各坐标轴的夹角,若只知道空间力与两个坐标轴的夹角,则无法使用上面的关系式。此时,可以先向对角斜面投影,如图1-49所示,再向各坐标轴投影,这种投影方法称为二次投影法,其计算关系如下:

$$\left.\begin{array}{l}F_x = F\sin\gamma\cos\varphi \\ F_y = F\sin\gamma\sin\varphi \\ F_z = F\cos\gamma\end{array}\right\}$$

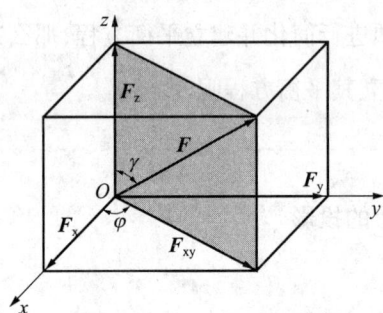

图1-49 二次投影法

反过来,若已知空间力在各坐标轴上的投影,则该空间力的大小和方向如下:

$$\left.\begin{array}{l}F = \sqrt{(F_x)^2 + (F_y)^2 + (F_z)^2} \\ \cos\alpha = \dfrac{F_x}{F}, \quad \cos\beta = \dfrac{F_y}{F}, \quad \cos\gamma = \dfrac{F_z}{F}\end{array}\right\}$$

二、力对轴之矩

在前面的任务中,我们了解了力矩可以使物体转动或改变转动状态,实际上,要使物体旋转一般都要有转轴,力对点之矩实际上就是力对通过该点且与力作用线所在平面垂直的转轴之矩,如图1-50所示,力对点 $O$ 之矩,实际上是力对转轴 $x$ 之矩。

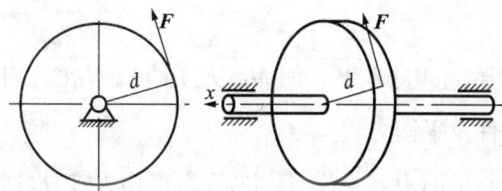

**图 1-50 力对轴之矩**

力对轴之矩等于力在垂直于该轴的平面上的投影对该轴与平面交点之矩,其亦为代数量。判断方向时,从转轴正方向看逆时针为正,顺时针为负。如图 1-51 所示,啮合力作用在斜齿轮上,其对转轴 $x$ 之矩为:

$$M_x(F_n) = M_O(F_{yz}) = \pm F_{yz} \cdot d$$

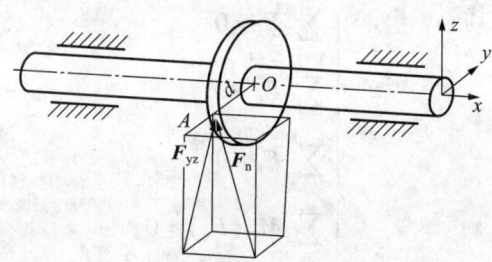

**图 1-51 力对轴之矩**

### 三、空间合力矩定理

空间力系的合力对轴之矩等于各分力对同一轴之矩的代数和,即

$$M_x(F_R) = M_x(F_1) + M_x(F_2) + \cdots + M_x(F_n) = \sum_{i=1}^{n} M_x(F_i)$$

### 四、空间力系的平衡条件与平衡方程

**1. 空间力系的简化**

同平面任意力系类似,空间力系也可以向空间任意一点简化,得到一个空间汇交力系和一个附加力偶矩。

空间力系合成后得到的合力称为主矢,即:

$$R' = F_1 + F_2 + \cdots + F_n = \sum F$$

其大小为:

$$R' = \sqrt{(\sum F_x)^2 + (\sum F_y)^2 + (\sum F_z)^2}$$

附加力偶矩合成后得到的力偶矩称为主矩,即:

$$M = M_O(F_1) + M_O(F_2) + \cdots + M_O(F_n) = \sum M_O(F)$$

其大小为:

$$M = \sqrt{[M_O(F_x)]^2 + [M_O(F_y)]^2 + [M_O(F_z)]^2}$$

2. 空间力系的平衡条件及平衡方程

空间力系的平衡条件与平面力系一样,须主矢、主矩均为零,也即:

$$\begin{cases} R' = \sum F = 0 \\ M = \sum M_O(F) = 0 \end{cases}$$

将空间力系的主矢和主矩分别向空间三个坐标轴投影,从而可得到空间力系的平衡方程如下:

$$\begin{cases} \sum F_x = 0 \\ \sum F_y = 0 \\ \sum F_z = 0 \\ \sum M_O(F_x) = 0 \\ \sum M_O(F_y) = 0 \\ \sum M_O(F_z) = 0 \end{cases}$$

### 任务实施

(1)取主轴系统为研究对象进行受力分析,画受力图。将空间力系投影到 $x$、$y$、$z$ 三个坐标轴上,前视图如图 1-52(a)所示,左视图如图 1-52(b)所示。

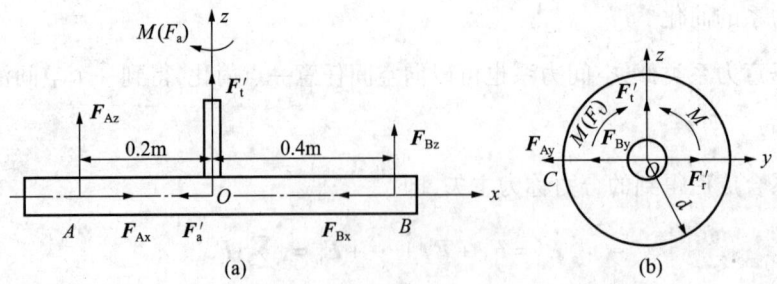

图 1-52 齿轮轴受力分析

①取水平轴为 $x$ 轴,在 $x$ 轴受到的力为轴向力 $F_a$,作用点在齿轮分度圆上 $C$ 处,为计算方便,将其移至轴心即等效于 $F_a'$ 和一个力偶矩 $M(F_a)$,在轴承支座 $A$、$B$ 处受到约束反力 $F_{Ax}$ 和 $F_{Bx}$。

②在图(a)中,取垂直于纸面方向为 $y$ 轴,如图(b)所示,$y$ 轴方向在齿轮 $C$ 点受到径向力

$F_r$,为计算方便,将其沿作用线移至轴心即等效于$F_r'$,此外在轴承支座$A$、$B$处受到约束反力$F_{Ay}$和$F_{By}$。

③取铅直方向为$z$轴,$z$轴方向在齿轮$C$点受到切向力$F_t$,为计算方便,将其移至轴心即等效于$F_t'$和一个力偶矩$M(F_t)$,此外在轴承支座$A$、$B$处受到约束反力$F_{Az}$和$F_{Bz}$。

2. 列平衡方程并求解

根据空间力系平衡条件,并将已知条件$F_r=300\text{N}$、$F_a=400\text{N}$、$F_t=1000\text{N}$、附加力偶距的力偶臂$d=0.1/2=0.05\text{m}$代入以上平衡方程,得:

$$\begin{cases} \sum M_y = M + M(F_t) = M - F_t \cdot d = M - 1000 \times 0.1/2 = 0 \\ \sum M_A(F_y) = M(F_a) + M_A(F_r) + M_A(F_{By}) = -F_a \cdot d + F_r \cdot 0.2 - F_{By} \cdot 0.6 \\ \qquad = -400 \times 0.1/2 + 300 \times 0.2 - F_{By} \cdot 0.6 = 0 \\ \sum M_B(F_y) = M(F_a) + M_B(F_r) + M_B(F_{Ay}) = -F_a \cdot d - F_r \cdot 0.4 + F_{Ay} \cdot 0.6 \\ \qquad = -400 \times 0.1/2 - 300 \times 0.4 + F_{Ay} \cdot 0.6 = 0 \\ \sum M_A(F_z) = M_A(F_t') + M_A(F_{Bz}) = F_t' \cdot 0.2 + F_{Bz} \cdot 0.6 = 0 \\ \sum M_B(F_z) = M_B(F_t') + M_B(F_{Az}) = -F_t' \cdot 0.4 - F_{Az} \cdot 0.6 = 0 \\ \sum F_x = F_{Ax} - F_{Bx} - F_a' = 0 \end{cases}$$

解得:

$$\begin{cases} M = 50\text{N} \cdot \text{m} \\ F_{By} = 66.67\text{N} \\ F_{Ay} = 233.33\text{N} \\ F_{Bz} = -333.33\text{N},即方向与假设方向相反,应沿铅垂线向下 \\ F_{Az} = -666.67\text{N},即方向与假设方向相反,应沿铅垂线向下 \end{cases}$$

$x$轴方向的力平衡方程只能得到$F_{Ax} - F_{Bx} = F_a' = 400\text{N}$,不能计算出各自的具体数值,这要根据轴承支撑的相关知识来解决。轴向外力(本任务中的$F_a'$)所指向的轴承处于压紧状态,承担全部轴向外力,另一个轴承轴向处于完全放松的状态,不承担轴向力,则有:$F_{Ax} = F_a' = 400\text{N}$,$F_{Bx} = 0$。因此,电机的输出转矩$M = 50\text{N} \cdot \text{m}$,$A$处的约束反力为:

$$F_A = \sqrt{(F_{Ax})^2 + (F_{Ay})^2 + (F_{Az})^2} = \sqrt{(400)^2 + (233.33)^2 + (-666.67)^2} = 811.72\text{N}$$

$$\cos\alpha_A = \frac{F_{Ax}}{F_A} = \frac{400}{811.72} = 0.493, \quad \alpha_A = \arccos 0.493 = 60.5°$$

$$\cos\beta_A = \frac{F_{Ay}}{F_A} = \frac{233.33}{811.72} = 0.287, \quad \beta_A = \arccos 0.287 = 73.3°$$

$$\cos\gamma_A = \frac{F_{Az}}{F_A} = \frac{-666.67}{811.72} = -0.821, \quad \gamma_A = \arccos(-0.821) = 145.2°$$

$B$ 处的约束反力为：

$$F_B = \sqrt{(F_{Bx})^2 + (F_{By})^2 + (F_{Bz})^2} = \sqrt{(0)^2 + (66.67)^2 + (333.33)^2} = 339.9\text{N}$$

$$\cos\alpha_B = \frac{F_{Bx}}{F_B} = \frac{0}{339.9} = 0, \quad \alpha_B = \arccos 1 = 90°$$

$$\cos\beta_B = \frac{F_{By}}{F_B} = \frac{66.66}{334.99} = 0.199, \quad \beta_B = \arccos 0.199 = 78.5°$$

$$\cos\gamma_B = \frac{F_{Bz}}{F_B} = \frac{-333.33}{339.9} = -0.9807, \quad \gamma_B = \arccos(-0.9807) = 168.7°$$

如图 1-53 所示为车床主轴系统，左端 $D$ 处为带轮，直径 $D_1 = 200$mm，受到的拉力为上边 $F_t = 1000$N，下边 $F_T = 500$N，中间 $C$ 处为直齿轮，直径 $D_2 = 100$mm，啮合力 $F_n$ 与铅垂线的夹角 $\alpha = 20°$，齿轮两端为轴承约束，试求齿轮啮合力 $F_n$ 及轴承 $A$、$B$ 的约束力 $F_A$ 和 $F_B$。

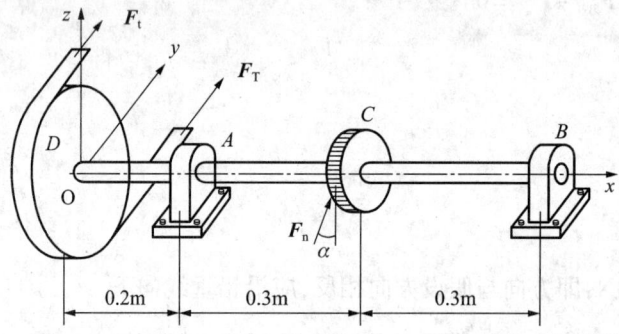

图 1-53 车床主轴系统

# 项目二 材料力学

材料力学主要以杆件(纵向尺寸远大于截面尺寸的杆、梁、轴等)为研究对象,研究其在外载荷作用下的内力、变形、应力等问题,主要任务是在强度、刚度等要求下,为设计既经济又安全的构件提供理论基础和计算方法,如对杆件进行强度、刚度校核,根据杆件的强度、刚度要求确定杆件所能承受的最大载荷或根据强度、刚度等要求合理设计杆件的尺寸等。

材料力学研究的是固体杆件在外载荷作用下的应力、变形等问题,为了便于研究,我们假设杆件的组成物质之间是连续的,材料是均匀的且材料各个方向的性能也是相同的。在研究杆件的强度、刚度等问题时,与材料的力学性能有关,而材料的力学性能主要靠实验的方法测得,在进行校核、设计杆件尺寸时,可以借助于查询相关手册获取材料的相关力学性能数据。

## 课题一 拉伸与压缩

### 任务 杆件的拉伸与压缩强度及杆件尺寸设计

**【学习目标】**

1. 了解拉伸与压缩等基本概念;
2. 掌握内力与应力等概念;
3. 掌握强度的计算与校核方法;
4. 能够根据强度要求设计构件尺寸。

**任务引入**

如图 2-1 所示为一采用曲柄滑块机构的冷镦机,镦压工件时,杆件 $AB$ 处于水平位置。杆件 $AB$ 的直径为 40mm,许用应力为 50MPa,当镦压力 $F=100$kN 时,试分析杆件 $AB$ 的强度能否满足使用要求。若要满足强度要求,杆件最小直径应为多少?

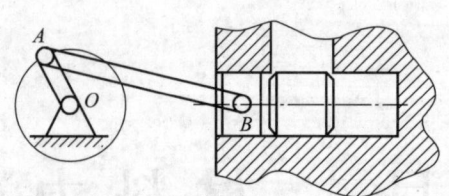

图 2-1 曲柄滑块机构

### 📝 任务分析

任务要求校核杆件 AB 的强度,首先确定选择杆件 AB 为研究对象,然后分析杆件的受力情况。杆件 AB 在镦压工件时的受力如图 2-2 所示。杆件 AB 受到的力沿杆的轴线方向,且大小相等、方向相反,杆件在这样的力的作用下内部会存在什么样的内力?从日常生活常识我们可以知道,若拉力或压力过大,则杆件可能会被拉断或压断,那么,杆件在载荷的作用下其强度怎样?能否安全工作?怎样确定杆件在一定载荷下可以安全工作的合理尺寸呢?

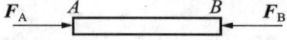

图 2-2 杆件 AB 受力分析

### 🔒 相关知识

#### 一、拉伸与压缩

**1. 拉伸**

如图 2-3 所示,杆件 OA 受到大小相等、方向相反,且作用线沿轴心线方向并背离端面的一对力作用时,将会产生沿轴线伸长、沿径向缩短的变形,如图 2-3 所示的虚线,这种变形称为拉伸。杆件受到的这样的作用力称为拉力。

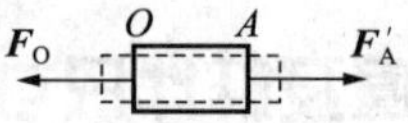

图 2-3 拉伸变形

**2. 压缩**

当作用在杆件两端的外力大小相等、方向相反、作用线沿轴心线方向并指向端面(图 2-4 所示杆件 AB 受到的力)时,该杆件所受力称为压力;杆件在压力的作用下,产生的变形为沿轴线缩短,沿径向伸长,如图 2-4 中的虚线所示,这种变形称为压缩。

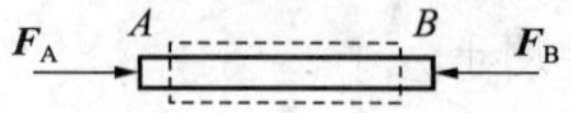

图 2-4 压缩变形

#### 二、内力与应力

**1. 内力、轴力与轴力图**

(1)内力。构件受到外力作用而变形时,构件各部分之间的相互作用力称为内力。

这个内力是一个构件内两部分间的相互作用力,是假想截开剖面上的分布力,不是集中力,如图 2-5 所示,这个分布力与外力平衡,即 $F_N = F_A$。

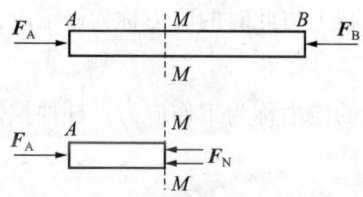

图 2-5 杆件内力

内力是由于外力的作用引起的,内力随外力的产生而产生,随外力的消失而消失;内力随外力增大而增大,随外力减小而减小。但内力增大是有限度的,不可能无限增大。

(2)截面法求内力。内力是假想加在剖面上的力,因此可以假想将杆件在某一位置剖开,取杆件的一部分为研究对象,利用静力平衡方程来求内力,这种方法称为截面法,是材料力学中求内力的最基本的方法。

如图 2-5 所示,假想将杆件 AB 沿 M-M 截面切开;取左半段为研究对象,将另一部分抛掉;抛掉部分对留下部分的作用用内力 $F_N$ 代替,对留下的部分写平衡方程即可求出内力的值,即 $F_N = F_A = F = 100 \text{kN}$。

(3)轴力与轴力图。杆件受到的拉力或压力的作用线与杆件轴线重合,由静力学平衡条件可知,杆件各截面上的内力的作用线也一定与杆件轴线重合,我们将这样的内力称为轴力。当轴力为拉力时规定为正,为压力时规定为负。

为了形象地表示轴力沿杆件轴线方向的变化,我们采用轴力图进行描述。轴力图采用横轴表示截面位置,纵轴表示轴力大小。当轴力为正(即拉力)时,画在横轴以上;反之,轴力为负(即压力)时,画在横轴以下。

该任务中杆件 AB 的轴力为压力,其轴力图如图 2-6 所示。

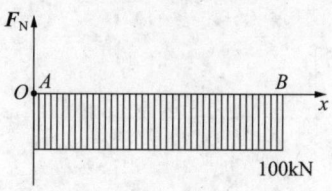

图 2-6 杆件 AB 的轴力

2. 横截面上的正应力

应力是指构件在外力作用下单位面积上的内力。应力描述了内力在截面上的分布情况和密集程度,用来衡量构件受力的强弱。由于垂直于横截面的内力产生的应力也垂直于横截面,称为正应力,用 $\sigma$ 表示;与内力正负号规定相同,拉应力为正,压应力为负,单位为 $N/m^2$,也称为帕(Pa)。

三、许用应力和安全系数

1. 极限应力 $\delta°$

通常将工程上常用的材料分为塑性材料和脆性材料两大类。塑性材料的延展性较好,如碳钢、黄铜、铝合金等;脆性材料延展性较差,较容易断裂,如灰铸铁、玻璃和陶瓷等。当塑性材

料达到屈服强度 $\sigma_s$ 时,将产生较大塑性变形,而脆性材料达到抗拉强度 $\delta_b$ 时,将产生断裂,导致材料丧失正常的工作能力,工程上将此时的应力称为极限应力或危险应力,用 $\delta°$ 表示。

2. 工作应力 $\sigma$

构件工作时,由载荷所引起的应力称为工作应力。杆件拉伸或压缩变形时,其横截面上的工作应力为:

$$\sigma = \frac{F_N}{A}$$

要使构件工作时不失效,必须满足:$\sigma \leq \delta°$。

3. 安全系数及许用应力

为了保证构件能够安全工作,常设置一个大于 1 的安全系数,用 $n$ 表示,而将极限应力 $\delta°$ 除以安全系数 $n$ 所得作为其许用应力,用符号 $[\delta]$ 表示,即:

$$[\delta] = \frac{\delta°}{n}$$

构件正常工作时的工作应力要小于等于许用应力,即 $\sigma \leq [\delta]$。

四、杆件的拉压强度条件

为了保证受拉力或压力的杆件能够安全工作,构件工作时的最大工作应力不得超过许用应力,即:

$$\sigma_{max} = \frac{F_{Nmax}}{A} \leq [\delta]$$

根据以上强度条件可以进行强度校核,此外,还可以进行强度条件下构件的尺寸设计以及许可载荷确定。

构件尺寸设计:$A \geq \dfrac{F_{Nmax}}{[\delta]}$。

许可载荷的确定:$F_{Nmax} \leq A[\delta]$。

## 任务实施

(1)取杆件 AB 为研究对象。

(2)分析杆件 AB 的受力情况,受力图如图 2-2 所示,则有:

$$F_A = F_B = F = 100kN$$

(3)求杆件的轴力并绘制轴力图。杆件 AB 受到的轴力为压力,其轴力图如图 2-6 所示。

(4)求杆件 AB 的工作应力。

$$\sigma = \frac{F_N}{A} = \frac{F_N}{\pi(\frac{d}{2})^2} = \frac{100 \times 10^3}{\pi(\frac{40 \times 10^{-3}}{2})^2} = 79.62 MPa$$

(5)强度校核。杆件的工作应力:$\sigma = 79.62MPa > [\delta] = 50MPa$。

杆件工作应力应小于等于许用应力 $[\delta]$,但计算结果工作应力大于许用应力,因此,杆件强度不足。

(6) 根据强度条件设计杆件尺寸,即

$$A = \pi \left(\frac{d}{2}\right)^2 \geqslant \frac{F_N}{[\delta]}$$

$$d \geqslant \sqrt{\frac{4F_N}{\pi[\delta]}} = \sqrt{\frac{4 \times 100 \times 10^3}{\pi \times 50}} = 50\text{mm}$$

可知,杆件的直径最小为50mm。

## 习 题

参考项目一课题四任务中的悬臂吊车,如图1-39所示,其杆 $BC$ 和杆 $BD$ 的受力情况如图1-44(a)和图1-44(b)所示,若两个杆件 $BC$、$BD$ 材料相同,直径均为20mm,许用应力为10MPa,试分析杆件的强度能否满足使用要求。若要满足强度要求,杆件最小直径应为多少?

# 课题二 剪切与挤压

## 任务 校核平键所受剪切与挤压强度

【学习目标】

1. 掌握剪切与挤压的概念;
2. 掌握构件剪切与挤压强度校核及选材。

### 任务引入

如图2-7所示为设备上通常使用的手轮装置,手轮与轴通过A型平键连接,在摇动手轮时,在手把上作用一个切向力 $F$,手把距轴心距离为 $a = 50\text{mm}$,轴的直径为 $d = 16\text{mm}$,平键的长为 $L = 20\text{mm}$,宽为 $b = 5\text{mm}$,高为 $h = 5\text{mm}$,材料为45钢,其许用剪切应力 $[\tau] = 50\text{MPa}$,许用挤压应力 $[\sigma_{jy}] = 50\text{MPa}$。若 $F = 50\text{N}$,试校核该平键所受的剪切力与挤压力是否能够满足安全工作的要求?

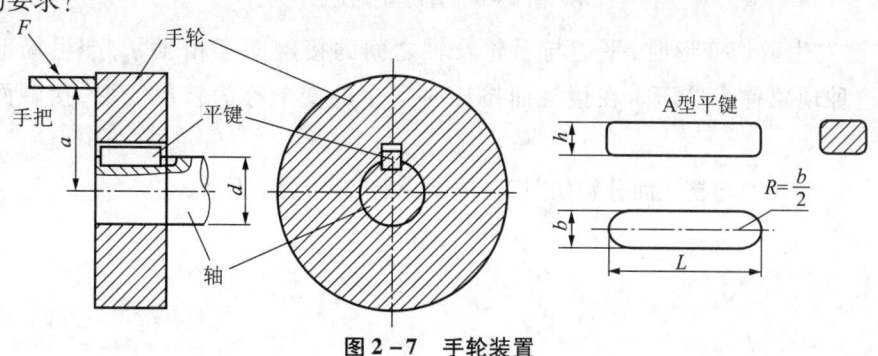

图2-7 手轮装置

## 📝 任务分析

任务要求平键所受的剪切力与挤压力,因此选取平键为研究对象。什么是剪切力与挤压力?如何根据构件的外载荷计算其所受到的剪切力与挤压力?构件在什么条件下才能满足剪切与挤压强度的要求呢?

## 🔒 相关知识

### 一、剪切与挤压

任务中的手轮在外力 $F$ 对轴之矩 $M(F)$ 的作用下有逆时针转动的趋势(右往左看),为了达到力矩平衡,必然受到平键对其的阻力 $F'$,如图2-8(a)所示,其对轴之矩为:

$$M(F') = M(F) = F \cdot a = 50 \times 50 = 2500 \text{N} \cdot \text{mm}$$

以平键为研究对象,根据作用力与反作用力定律知,平键受到手轮的反作用力 $F'$,如图2-8(b)所示,则有:

$$M(F') = F' \cdot d/2 = 2500 \text{N} \cdot \text{mm}$$

$$F' = \frac{M(F')}{d/2} = \frac{2500}{16/2} = 312.5 \text{N}$$

平键要达到平衡,则必受到轴对其的阻力 $F''$,其与 $F'$ 大小相等、方向相反、作用线平行,即 $F'' = F' = 312.5$ N。另外, $F'$ 与 $F''$ 作用线之间距离很小。

当平键受到两个大小相等、方向相反、作用线平行且相距很近的两个力作用时,迫使其在两力间的截面处发生相对错动,从而使其产生变形,如图2-8(c)所示,这种变形称为剪切变形,产生相对错动的截面称为剪切面。

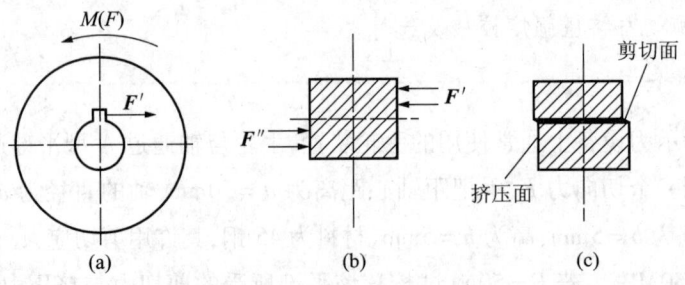

图2-8 剪切与挤压

当平键发生剪切变形时,平键与手轮及轴之间的接触面互相压紧,产生局部受压的现象,将这种现象称为挤压。在接触面挤压时发生的变形称为挤压变形,接触面称为挤压面。

任务中的剪切面与挤压面分别如图2-9(a)和图2-9(b)所示。

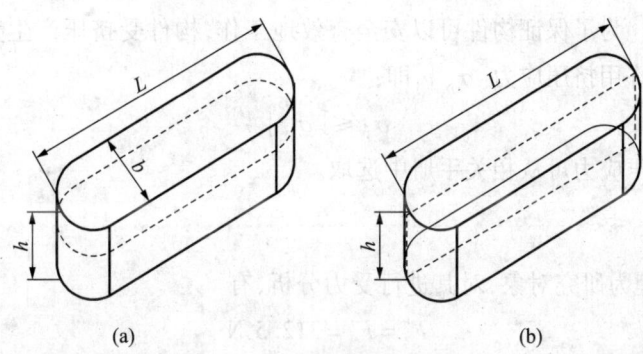

图 2-9 剪切面与挤压面

## 二、剪切应力与挤压应力的计算

**1. 剪切面上的应力**

剪切力的分布较复杂,为了简化分析,通常认为剪切力在接触面上均匀分布,与剪切力相对应的各点的剪切应力也均匀分布,有:

$$\tau = \frac{Q}{A}$$

其中,$A$ 为剪切面面积,单位为 $m^2$;$Q$ 为剪切力。

剪切应力的单位为 $Pa(N/m^2)$ 或 $MPa(1MPa = 10^6 Pa)$。

在计算剪切面上的应力时,首先采用静力学平衡条件求解剪切力 $Q$,分析剪切面并计算出剪切面面积 $A$,然后代入剪切应力计算公式即可计算出剪切力 $\tau$。

**2. 剪切强度计算**

当力 $F'$ 与 $F''$ 过大时,发生剪切变形的构件可能沿剪切面被剪断,因此,为了保证其可以安全工作,剪切应力应小于等于材料的许用剪切应力 $[\tau]$,即:

$$\tau = \frac{Q}{A} \leqslant [\tau]$$

实际计算中,我们可从相关手册中选取材料的许用剪切力 $[\tau]$。

## 三、挤压应力的计算

**1. 挤压面上的应力**

作用在挤压面上的挤压力,用符号 $F_{jy}$ 表示。挤压应力在截面上近似于均匀分布,为了简化分析,假定挤压应力在挤压面上也均匀分布,即有:

$$\sigma_{jy} = \frac{F_{jy}}{A_{jy}}$$

其中,$A_{jy}$ 为挤压面面积,单位为 $m^2$;$F_{jy}$ 为挤压力,单位为 N;$\sigma_{jy}$ 为挤压应力,单位为 Pa。

在计算挤压面上的应力时,与剪切应力计算过程类似,首先采用静力学平衡条件求解挤压力 $F_{jy}$,然后分析挤压面并计算出挤压面面积 $A$,代入挤压应力计算公式即可计算出挤压应力。

**2. 挤压强度计算**

当挤压力 $F_{jy}$ 过大时,连接件或被连接件可能沿挤压面产生塑性变形,从而导致连接件或被连接件工作失效。为了保证构件可以安全有效地工作,构件受挤压产生变形时的挤压应力应小于等于材料的许用挤压应力$[\sigma_{jy}]$,即:

$$\sigma_{jy} \leq [\sigma_{jy}]$$

材料的许用挤压应力可从相关手册中选取。

### 任务实施

(1)首先取平键为研究对象,对其进行受力分析,有

$$F'' = F' = 312.5 \text{ N}$$

(2)计算剪切力与挤压力。从平键的受力特点可以看出,其受到大小相等、方向相反且作用线平行的一对力的作用,会使其发生剪切变形和挤压变形。

剪切力:

$$Q = F' = 312.5 \text{ N}$$

挤压力:

$$F_{jy} = F' = 312.5 \text{ kN}$$

(3)计算剪切面积与挤压面积。

剪切面面积:

$$A = \pi\left(\frac{b}{2}\right)^2 + b \cdot (L-b) = \pi\left(\frac{5}{2}\right)^2 + 5 \cdot (20-5) = 94.625 \text{mm}^2$$

挤压面面积:

$$A_{jy} = h \cdot L = 5 \cdot 20 = 100 \text{mm}^2$$

(4)计算剪切应力与挤压应力。

剪切应力:

$$\tau = \frac{Q}{A} = \frac{312.5}{94.625} = 3.3 \text{MPa}$$

挤压应力:

$$\sigma_{jy} = \frac{F_{jy}}{A} = \frac{312.5}{100} = 3.13 \text{MPa}$$

(5)校核剪切与挤压强度。

剪切强度:$\tau = 3.13 \text{MPa} < [\tau] = 50 \text{MPa}$,因此,平键的剪切强度足够。

挤压强度:$\sigma_{jy} = 3.13 \text{MPa} < [\sigma] = 50 \text{MPa}$,因此,平键的挤压强度足够。

### 习 题

一起重机吊臂如图2-10所示,若要起吊重物为$P = 50 \text{kN}$,$A$段臂厚$a = 80 \text{mm}$,$B$段臂厚$b = 60 \text{mm}$,$A$、$B$段采用铆钉连接,若铆钉直径为$d = 20 \text{mm}$,铆钉与吊臂采用相同材料,许用剪切应力$[\tau] = 120 \text{MPa}$,许用挤压应力$[\sigma_{jy}] = 160 \text{MPa}$,试校核铆钉连接的剪切强度与挤压强度。

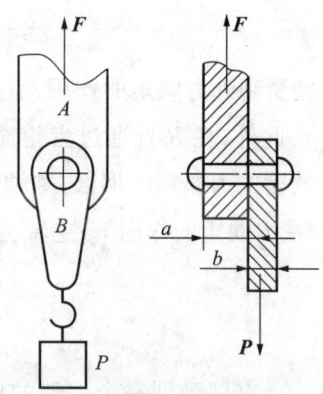

图 2-10 简易起重机

## 课题三 圆轴扭转

### 任务 校核车床主轴的扭转强度与刚度

【学习目标】

1. 了解扭转变形的概念;
2. 掌握扭矩的概念和计算,掌握扭矩图的绘制;
3. 掌握扭转强度与扭转刚度的计算与校核。

**任务引入**

如图 2-11 所示为普通车床传动系统的简化图,电机的输出功率为 $P=7.5\text{kW}$;电机通过固定联轴器带动主轴旋转,主轴带动工件旋转,转速 $n_1=200\text{r/min}$;在切削螺纹时工件受到主切削力偶矩为 $M(F_t)=200\text{N}\cdot\text{m}$,同时主轴通过齿轮带动丝杠旋转。主轴横截面为外径 60mm、内径 40mm 的空心圆,主轴采用 40Cr,其许用剪切力为 $[\tau]=45\text{MPa}$,剪切弹性模量 $E=70\text{GPa}$,许用单位长度扭转角为 $[\theta]=0.3°/\text{m}$,试校核主轴的扭转强度及刚度。

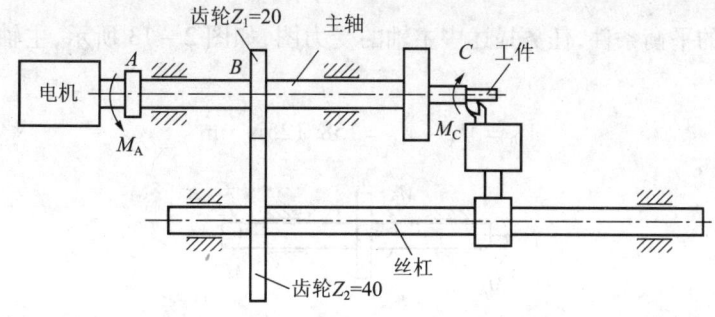

图 2-11 普通车床传动系统简化

## 任务分析

根据任务描述可知,主轴在 A 处受到外力偶矩的作用,有逆时针转动的趋势,主轴带动工件旋转时要克服主切削力矩 $M(F_t)$,此外,在 B 处通过齿轮输出一部分力矩到丝杠上。根据力偶矩的平衡条件,可以得出 B 处的输出力偶矩。那么,主轴在这三个力偶矩的作用下,存在什么样的内力呢?如何计算内力?在力偶矩的作用下,主轴会产生什么样的变形呢?

## 相关知识

### 一、扭转变形的概念

项目一中我们了解了力偶,当一个直杆受到一个力偶的作用时,有向相应方向旋转的趋势,必然受到相反方向的另一个力偶,使其产生向相反方向的转动趋势。在这对力偶的作用下,直杆的任意两个横截面都绕杆件轴线相对转动,如图 2-12 所示,这种变形称为扭转变形。

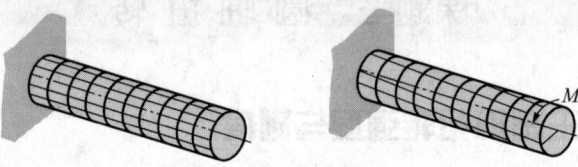

图 2-12 扭转变形

### 二、外力偶矩的计算

外力偶矩与其传递的功率及转速的关系如下:

$$M_e = 9550 \frac{P_K}{n}$$

其中,$M_e$ 为外力偶矩,单位为 $N \cdot m$;$P_k$ 为轴传递的功率,单位为 kW;$n$ 为轴的转速,单位为 r/min。

外力偶矩的方向规定:输入功率的主动外力偶矩 $M_e$ 的方向与轴的转向相同,为正;输入功率的阻力偶矩 $M_e$ 的方向与轴的转向相反,为负。

任务描述中主轴的输入力偶矩为:

$$M_A = 9550 \times \frac{7.5}{200} = 358.125 \, N \cdot m$$

根据力偶矩的平衡条件,任务描述中主轴的受力图,如图 2-13 所示,主轴通过齿轮的输出力偶矩为:

$$M_B = M_A - M_C = 158.125 \, N \cdot m$$

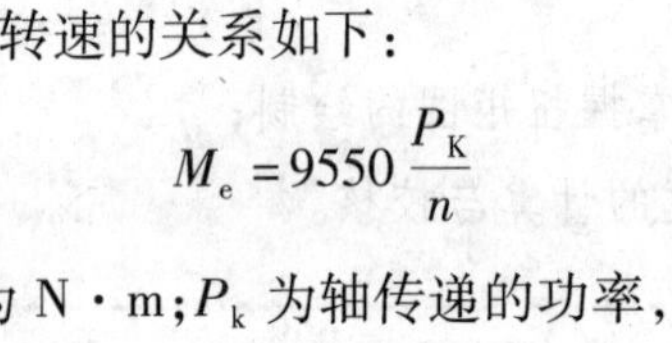

图 2-13 扭转受力

### 三、扭矩与扭矩图

**1. 扭矩**

在轴受到外力偶矩的作用下会产生扭转变形,横截面上存在内力。为了分析圆轴扭转变形时横截面上的内力,可以采用截面法。即假想将圆轴在相应位置切开,任取一部分为研究对象,采用静力学方法进行分析计算。根据力偶矩的平衡条件可以得出,任一横截面上的扭矩等于该截面上一侧所有外力偶矩的代数和。

如图 2-14 所示,假想将任务描述中的圆轴在 $m-m$ 处切开,取左段为研究对象,圆轴在 $A$ 处受到力偶矩 $M_A$ 的作用,根据力偶矩的平衡条件知,必然存在一个与其转动趋势方向相反的内力偶矩 $M$ 与其平衡,且有 $M = M_A = 358.125 \text{N} \cdot \text{m}$。假想将主轴在 $n-n$ 处切开,取右段为研究对象,则有 $M = M_C = 200 \text{N} \cdot \text{m}$。由于该内力偶矩促使轴产生扭转变形,因此,将该内力偶矩称为扭矩,用 $T$ 表示。

扭矩的方向可采用右手螺旋定则判断,右手四指沿扭矩转向弯曲,拇指指向表示扭矩的矢量方向。若扭矩矢量方向背离截面,则扭矩为正;若指向截面,则扭矩为负。采用右手定则判断任务中 $AB$ 段各截面的扭矩如图 2-14 所示,拇指指向截面,因此扭矩符号为负。

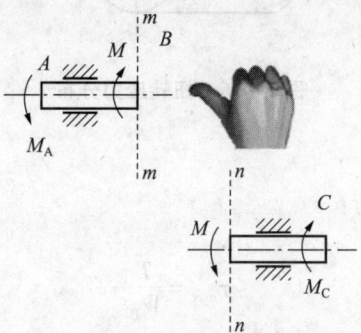

图 2-14 截面法求扭矩

**2. 扭矩图**

扭矩图是用来表示扭矩随截面位置变化的规律,常用横轴表示截面在轴线上的位置,纵轴表示相应截面的扭矩。扭矩符号为正时,画在横轴的上方,反之画在横轴的下方。任务中工件的扭矩图如图 2-15 所示。

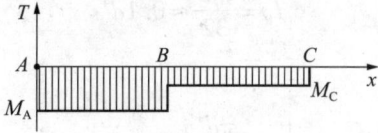

图 2-15 主轴扭矩

### 四、扭转变形时横截面上的应力与强度条件

**1. 圆轴扭转时横截面上的应力**

扭转变形时,各横截面间没有相对的拉伸与挤压,因此,横截面上无正应力,即 $\sigma = 0$。

扭转变形时,各横截面间产生了相对转动,发生了剪切变形,因此,横截面上存在剪切应力$\tau$。

根据圆轴的扭转变形特点,各横截面上的剪切应力在轴心处为零,在圆周上最大,其分布如图2-16所示,最大剪切应力为:

$$\tau_{max}=\frac{T\cdot R}{I_P}$$

式中,$\tau_{max}$为横截面上的最大剪切应力,单位为MPa;$T$为横截面上的扭矩,单位为N·m;$R$为轴的半径,单位为cm;$I_P$为横截面的极惯性矩,单位为cm$^4$,大小与横截面的形状及尺寸有关。

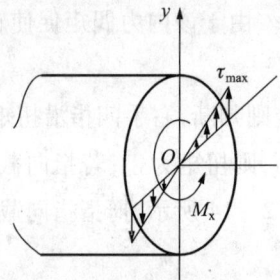

图2-16 扭转应力分布

2. 抗扭截面模量

令$\dfrac{I_P}{R}=W_P$,则最大剪应力为:

$$\tau_{max}=\frac{T}{W_P}$$

可知,$W_P$越大,$\tau_{max}$就越小,因此称$W_P$为抗扭截面模量,单位为cm$^3$,描述横截面抵抗扭转的能力。圆轴抗扭截面模量与其形状与尺寸有关,实心圆轴与空心圆轴的抗扭截面模量计算如下。

(1)实心圆轴。

极惯性矩:

$$I_P=\frac{\pi d^4}{32}\approx 0.1d^4$$

抗扭截面模量:

$$W_P=\frac{I_P}{R}=\frac{\frac{\pi d^4}{32}}{\frac{d}{2}}=\frac{\pi d^3}{16}\approx 0.2d^3$$

其中,$d$表示圆轴的直径。

（2）空心圆轴。

极惯性矩：

$$I_P = \frac{\pi D^4}{32}(1-\alpha^4) \approx 0.1D^4(1-\alpha^4)$$

抗扭截面模量：

$$W_P = \frac{I_P}{R} = \frac{\pi D^3}{16}(1-\alpha^4) \approx 0.2D^3(1-\alpha^4)$$

其中，$D$ 表示圆轴的外径，$d$ 表示圆轴的内径，$\alpha$ 表示圆轴的内外径之比值 $\frac{d}{D}$。

3. 圆轴扭转的强度条件

为了保证圆轴可以安全工作，圆轴截面上的最大剪切应力应小于等于许用剪切应力 $[\tau]$，即：

$$\tau_{\max} = \frac{T_{\max}}{W_P} \leq [\tau]$$

## 五、扭转刚度条件

当杆件发生扭转变形时，任意两个横截面将绕杆轴线作相对转动而产生相对角位移，称为该两个横截面的扭转角，用 $\phi$ 表示，如图 2-17 所示。

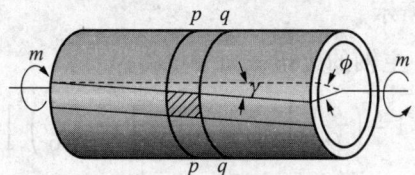

图 2-17 扭转变形

实验证明：在轴为等截面的条件下，扭转角 $\phi$ 与扭矩及轴长 $L$ 成正比，与材料的剪切弹性模量 $G$ 及横截面的极惯性矩 $I_P$ 成反比，即：

$$\phi = \frac{0.1T \cdot L}{G \cdot I_P}$$

式中，$\phi$ 为扭转角，单位为弧度(rad)；$T$ 为横截面上的扭矩，单位为 N·m；$L$ 为轴的长度，单位为 m；$G$ 为材料的剪切弹性模量，单位为 GPa，1GPa=1000MPa；$I_P$ 为横截面的极惯性矩，单位为 cm$^4$，大小与横截面尺寸有关。

可将式中 $G \cdot I_P$ 称为截面的抗扭刚度，用来反映截面抵抗扭转变形的能力。

在实际工作中，构件除应满足强度条件保证安全外，有时还需满足刚度要求。有些机械传动轴对刚度要求较高，如车床的丝杆，扭转变形过大就会影响螺纹加工精度；磨床主轴变形过大则会产生剧烈的振动，并影响加工精度和表面光洁度。

为了避免刚度不够而影响正常使用，工程上会对受扭构件的单位长度扭转角进行限制，即：

$$\theta = \frac{\phi}{L} = \frac{0.1T}{G \cdot I_P} \quad (\text{rad/m})$$

或

$$\theta = \frac{0.1T}{G \cdot I_P} \times \frac{180}{\pi} \quad (°/\text{m})$$

圆轴扭转的刚度条件为:单位长度最大扭转角小于等于许用扭转角,即 $\theta_{max} \leq [\theta]$,也即:

$$\frac{0.1T_{max}}{GI_P} \leq [\theta]$$

单位长度许用扭转角 $[\theta]$ 由设计要求及工作条件决定。

### 任务实施

(1)选取主轴为研究对象,利用静力学平衡条件求解主轴上齿轮处的输出力偶矩,为:

$$M_B = M_A - M_C = 158.125 \text{N} \cdot \text{m}$$

(2)采用截面法求解主轴各截面扭矩并绘制扭矩图。

AB 段:$T = 358.125 \text{N} \cdot \text{m}$

BC 段:$T = 200 \text{N} \cdot \text{m}$

$T_{max} = 358.125 \text{N} \cdot \text{m}$

主轴扭矩图如图 2-15 所示。

(3)求解最大扭转应力。主轴的抗扭截面模量为:

$$W_P \approx 0.2D^3 \left[1 - \left(\frac{d}{D}\right)^4\right] = 0.2 \times 6^3 \times \left[1 - \left(\frac{4}{6}\right)^4\right] = 34.67 \text{cm}^3$$

最大截面扭转应力为:

$$\tau_{max} = \frac{T_{max}}{W_P} \approx \frac{358.125}{34.67} = 10.33 \text{MPa}$$

(4)扭转强度校核。由于:

$$\tau_{max} = 10.33 \text{MPa} < [\tau] = 40 \text{MPa}$$

所以,在任务描述中的主轴尺寸及载荷条件下,主轴的扭转强度足够。

(5)计算主轴的扭转变形。主轴的极惯性矩为:

$$I_P \approx 0.1D^4(1 - \alpha^4) = 0.1 \times 6^4 \times \left[1 - \left(\frac{4}{6}\right)^4\right] = 104 \text{cm}^4$$

主轴的单位长度扭转角为:

$$\theta = \frac{0.1T}{G \cdot I_P} \times \frac{180}{\pi} = \frac{0.1 \times 358.125}{70 \times 104} \times \frac{180}{\pi} = 0.28°/\text{m}$$

$$\theta < [\theta] = 0.3°/\text{m}$$

由上述数据分析可知,在任务描述中的主轴尺寸及载荷条件下,主轴的扭转刚度能够满足使用要求。

(1) 两根长度相等、直径不同的相同材料的圆轴,在相同的力偶矩作用下,哪个轴的扭转角较小？为什么？

(2) 如图 2-18 所示为一减速器,其第 I 轴采用电机通过皮带传动,输入功率为 $P=5$kW,转速 $n=500$r/min,第 II 轴由第 I 轴通过直齿轮进行传动。若第 II 轴为实心圆轴,其直径为 $d=30$mm,许用剪切应力 $[\tau]=30$MPa,单位长度许用扭转角为 $[\theta]=1°$/m,剪切弹性模量为 80GPa,试对第 II 轴扭转强度及刚度进行校核。

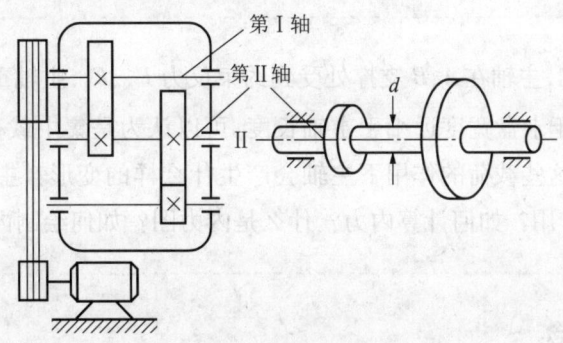

图 2-18 减速器

## 课题四 弯曲变形

### 任务1 分析梁的弯曲变形内力

【学习目标】

1. 了解平面弯曲的概念；
2. 掌握弯力图及弯矩图的画法；
3. 能够进行剪切力及弯矩的计算。

任务引入

如图 2-19(a)所示,车床主轴右端的轴承采用固定安装,左端的轴承内圈可在轴向一定范围内自由伸缩,轴的重力为分布载荷 $q$,在 $C$ 处有卡盘与主轴固定连接,重力为 $P$,如图 2-19(b)所示。试分析主轴在空载(即不装夹工件)状态下产生弯曲变形时的内力,并画出内力图。

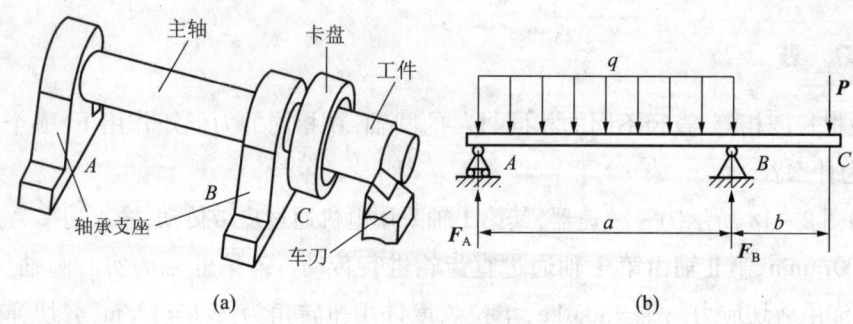

图 2-19 车床主轴受力分析

## 任务分析

根据任务描述可知,主轴在 $A$、$B$ 支撑处受到约束反力 $F_A$、$F_B$,主轴重力为分布载荷 $q$;在 $C$ 处受到卡盘重力 $P$,由于卡盘宽度远小于主轴长度,可以认为是集中载荷,主轴的受力情况如图 2-19(b)所示。在这些载荷的作用下主轴会产生什么样的变形?主轴在产生变形时内部会存在什么样的内力作用?如何计算内力?什么是内力图?如何绘制内力图呢?

## 相关知识

### 一、平面弯曲的概念

杆件在垂直于其轴线的载荷或位于纵向平面内的力偶作用下,相邻两横截面会绕垂直于轴线的轴发生相对转动的变形,如图 2-20 所示。通常将以弯曲为主要变形形式的构件称为梁。若梁在外力作用下变形后的轴线所在平面与外力所在平面重合或平行,这种弯曲变形称为平面弯曲。

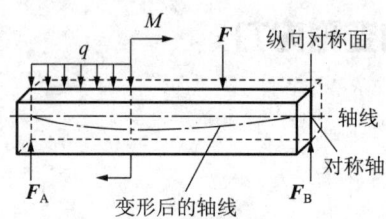

图 2-20 平面弯曲

### 二、梁及载荷的简化

1. 梁的简化

为了便于分析,通常以梁的轴线来代替梁,忽略构造上的枝节,如键槽、销孔和阶梯等。

2. 载荷的简化

按照载荷的作用方式,可以将载荷简化为 3 类,即集中力、分布载荷(按长度、面积和体积分布)以及集中力偶。

3. 约束的简化

与项目一中学习的约束类似,可以将梁的约束简化为 3 种基本形式,即活动铰链支座、固定铰链支座以及固定端约束。

### 4. 梁的分类

根据梁的约束种类及位置,可以将梁分为简支梁、外伸梁、悬臂梁等。

如图2-21(a)所示为简支梁,其一端为固定铰链支座,另一端为活动铰链支座。

如图2-21(b)所示为外伸梁,其约束方式与简支梁相同,只是梁的一端或两端伸在支座外,并且在支座外承受载荷。

如图2-21(c)所示为悬臂梁,其只在一端采用固定端约束。

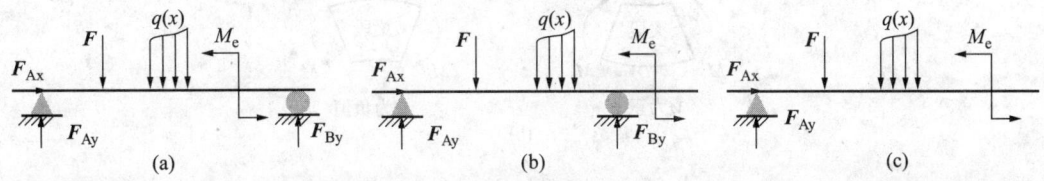

图2-21 梁的分类

## 三、梁的内力——剪切力与弯矩

### 1. 弯曲内力

分析梁的弯曲内力时,首先可以根据梁的平衡条件,求出静定梁在载荷作用下的支反力,再应用截面法求得梁各个截面上的弯曲内力。

如图2-22(a)所示为简支梁,两端分别受到支反力$F_A$、$F_B$,在梁上的载荷为$P$,假设在$m-m$处将梁切开,取左端为研究对象。为了保持平衡,梁的$m-m$截面处受到与支反力和载荷$P$平行的内力$Q = F_A - P$,右端梁在截面$m-m$处必然受到与$Q$大小相等、作用线平行、方向相反的力$Q'$,如图(b)所示,则梁在$m-m$处受到剪切的作用,因此,将$Q$称为剪切力。

此外,切开后,左端梁在$P$的作用下有绕支座$A$顺时针旋转的趋势,为了保持平衡,则梁必然受到另一个内力偶$M$的作用,即

$$M = F_A \cdot x - P \cdot (x - a)$$

$M$会使轴产生弯曲变形,因此,将$M$称为弯矩。

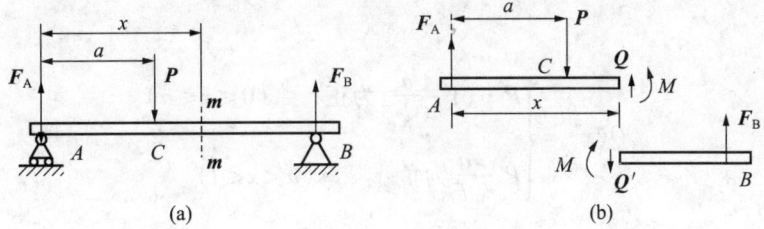

图2-22 梁的弯曲内力

### 2. $Q$、$M$正负号的规定

在横截面左右两端的弯曲内力为一对作用力与反作用力,必然大小相等、方向相反。为了使两端得到的弯曲内力正负号一致,规定:使梁段绕其内任意点有顺时针转动趋势的剪切力为正,反之为负,如图2-23(a)所示。图2-22(a)中$m-m$处的剪切力有使主轴绕$A$逆时针转动的趋势,因此为负。

使梁段的下部产生拉伸而上部产生压缩的弯矩规定为正,反之为负,如图 2-23(b)所示。则图 2-22(a)中 $m-m$ 处的弯矩有使梁下部产生拉伸、上部产生压缩的趋势,因此为正。

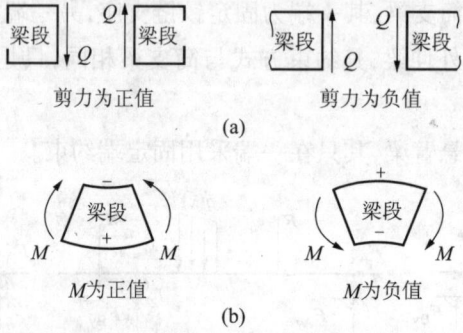

图 2-23 弯曲内力正负号规定

### 四、内力图

为了形象地表明梁的各横截面上的剪切力与弯矩沿梁轴线的变化情况,在设计计算中常把各横截面上的剪切力与弯矩用图形表示,分别称为剪切力图和弯矩图。

以图 2-22 为例,剪切力图和弯矩图的画法如下所述。

(1) 画剪切力图和弯矩图时,一般用横轴表示梁的截面位置,一般取梁的左端作为横坐标的原点,以 $x$ 表示截面的位置,纵轴表示剪切力或弯矩,向上为正。

(2) 对梁进行静力学分析,求出支座反力。如图 2-22 所示的梁,根据静力学平衡条件可以求出 $A$、$B$ 两处的支座约束反力,即

$$\begin{cases} \sum F = 0 \\ \sum M_A = 0 \end{cases} \Rightarrow \begin{cases} F_A = P \cdot \left(1 - \dfrac{a}{l}\right) \\ F_B = P \cdot \dfrac{a}{l} \end{cases}$$

(3) 根据载荷情况分段列出 $Q(x)$ 和 $M(x)$ 方程。采用截面法可以求得剪切力及弯矩方程如下:

$$Q(x) = \begin{cases} P \cdot \left(1 - \dfrac{a}{l}\right) \text{为正} & (0 \leq x \leq a) \\ P \cdot \dfrac{a}{l} \text{为负} & (a < x \leq l) \end{cases}$$

$$M(x) = \begin{cases} F_A \cdot x = P \cdot \left(1 - \dfrac{a}{l}\right) \cdot x & (0 \leq x \leq a) \\ F_B \cdot (l-x) = P \cdot a \cdot \left(1 - \dfrac{x}{l}\right) & (a \leq x \leq l) \end{cases}$$

(4) 由截面法和平衡条件可知,在集中力、集中力偶和分布载荷的起止点处,剪切力方程和弯矩方程可能发生变化,所以这些点均为剪切力方程和弯矩方程的分段点,分段点截面也称控制截面。求出分段点处横截面上剪切力和弯矩的数值,并将这些数值标在图中相应位置处。

$A$ 截面：$Q(0) = P(1-\dfrac{a}{l})$，$M(0) = 0$。

$C$ 截面：代入 $AC$ 段剪切力方程，得到：

$$Q(a) = P(1-\dfrac{a}{l})（左）$$

代入 $CB$ 段剪切力方程，得到：

$$Q(a) = P\dfrac{a}{l}（右）$$

$$M(a) = P \cdot a \cdot (1-\dfrac{a}{l})$$

$B$ 截面：$Q(l) = P\dfrac{a}{l}$，$M(l) = 0$。

梁的剪切力、弯矩假设方向如图 2-22(b) 所示，在 $0 \leqslant x \leqslant a$ 段内由于剪切力使梁产生顺时针的转动趋势，符号为正；在 $a \leqslant x \leqslant l$ 段内剪切力使梁产生逆时针的转动趋势，符号为负。弯矩均为使梁下方拉伸上方压缩的方向，则符号为正。

(5) 根据剪切力方程和弯矩方程绘出分段点之间的图形。根据上面剪切力方程与弯矩方程可知，剪切力为常数值，弯矩为一斜率为负的斜线。

(6) 最后注明 $|Q|_{max}$ 和 $|M|_{max}$ 的数值。根据剪切力方程及弯矩方程，可以求得：

$$|Q|_{max} = P \cdot (1-\dfrac{a}{l})$$

$$|M|_{max} = P \cdot a \cdot (1-\dfrac{a}{l})$$

简支梁的剪切力图和弯矩图如图 2-24 所示。

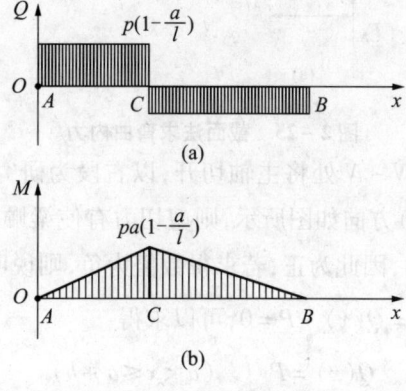

图 2-24 剪切力与弯矩

## 任务实施

(1) 任务中的主轴可以简化为外伸梁，将梁及载荷进行简化。根据任务描述可知，梁在平面内的变形为平面弯曲。

(2) 列出静力平衡方程计算梁的支座反力，即

$$\begin{cases} \sum F = F_A + F_B - q \cdot a - P = 0 \\ \sum M_A = F_B \cdot a - q \cdot \dfrac{a^2}{2} - P \cdot (a+b) = 0 \end{cases}$$

解得支座反力为:

$$\begin{cases} F_A = q\dfrac{a}{2} - P\dfrac{b}{a} \\ F_B = q\dfrac{a}{2} + P\left(1 + \dfrac{b}{a}\right) \end{cases}$$

(3) 采用截面法求解剪切力方程及弯矩方程。采用截面法可以求得剪切力及弯矩方程。首先分析 AB 段内力,假设在 $M-M$ 处将主轴切开,以左段为研究对象,设剪切力 $Q(x)$ 与弯矩 $M(x)$ 方向如图 2-25(a)所示,则剪切力有使梁顺时针转动的趋势,因此为正;弯矩使梁下方拉伸而上方压缩,因此为正,若求得数值为负,则说明与假设方向相反。

由 $\sum F = F_A - q \cdot x - Q(x) = 0$ 得:

$$Q(x) = -q \cdot x + F_A = q\dfrac{a}{2} - P\dfrac{b}{a} - q \cdot x \quad (0 \leqslant x < a)$$

由 $\sum M_D = -F_A \cdot x + \dfrac{q \cdot x^2}{2} + M(x) = 0$ 得:

$$M(x) = F_A \cdot x - \dfrac{q \cdot x^2}{2} = \left[q\dfrac{a}{2} - P\dfrac{b}{a}\right]x - \dfrac{q \cdot x^2}{2} \quad (0 \leqslant x \leqslant a)$$

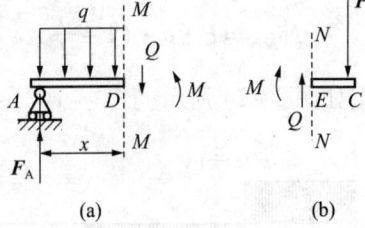

图 2-25 截面法求弯曲内力

分析 BC 段内力,假设在 $N-N$ 处将主轴切开,以右段为研究对象,如图 2-25(b)所示。假设剪切力 $Q(x)$ 与弯矩 $M(x)$ 方向如图所示,则剪切力有使梁顺时针转动的趋势,因此为正;弯矩使梁下方拉伸而上方压缩,因此为正,若求得数值为负,则说明与假设方向相反。

根据静力平衡条件 $\sum F = Q(x) - P = 0$,可以求得:

$$Q(x) = P \quad (a < x \leqslant a+b)$$

由 $\sum M_E = -P \cdot (a+b-x) - M(x) = 0$ 可得:

$$M(x) = -P(a+b-x) \quad (a \leqslant x \leqslant a+b)$$

(4) 求控制面上的剪切力、弯矩。

① A 截面:

将 $x=0$ 代入 $AB$ 段 $Q(x)$ 方程,可得 $Q(0) = q\dfrac{a}{2} - P\dfrac{b}{a}$;

将 $x=0$ 代入 $AB$ 段 $M(x)$ 方程,可得 $M(0) = 0$。

②$B$ 截面:

将 $x=a$ 代入 $AB$ 段 $Q(x)$ 方程,可得 $Q(a) = -\left[q\dfrac{a}{2} + P\dfrac{b}{a}\right]$;

将 $x=a$ 代入 $AB$ 段 $M(x)$ 方程,可得 $M(a) = -Pb$。

③代入 $BC$ 段 $Q(x)$ 方程,可得 $Q(a) = P$。

④代入 $BC$ 段 $M(x)$ 方程,可得 $M(a) = -Pb$。

⑤$C$ 处截面:

将 $x=a+b$ 代入 $BC$ 段 $Q(x)$ 方程,可得 $Q(a+b) = P$;

将 $x=a+b$ 代入 $BC$ 段 $M(x)$ 方程,可得 $M(a+b) = 0$。

(5)求 $|Q|_{max}$ 和 $|M|_{max}$ 的数值。由于任务中未给出各载荷及位置相关数值,无法求出具体的 $|Q|_{max}$ 和 $|M|_{max}$ 数值,求出曲线的顶点或端点内力值的表达式即可。

$AB$ 段 $Q(x)$ 为一斜线,斜率为负,与 $x$ 轴交点为 $x = \dfrac{a}{2} - \dfrac{Pb}{qa}$;$BC$ 段 $Q(x)$ 为一常数值 $P$,符号为正,在 $x$ 轴的上方。

在 $AB$ 段 $M(x)$ 为一抛物线,开口向下,其与 $x$ 轴的交点以及顶点如下:

$$x = \dfrac{a}{2} - \dfrac{Pb}{qa}$$

$$M = \left(\dfrac{Pb}{a}\right)^2\left(1 - \dfrac{1}{2q}\right) - \dfrac{qa^2}{8} - \dfrac{Pb}{2}$$

$BC$ 段 $M(x)$ 为一斜线,斜率为正,符号为负,在 $x$ 轴的下方。

(6)根据剪切力方程和弯矩方程绘出分段点之间的图形,并注明各控制截面上的剪切力与弯矩数值。剪切力图和弯矩图如图 2-26 所示。

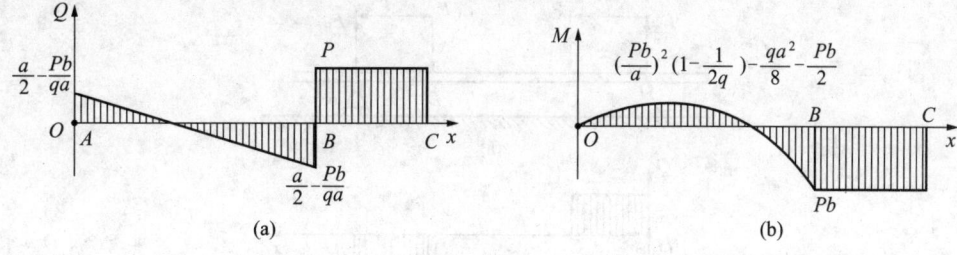

**图 2-26 剪切力与弯矩**

## 任务2 根据弯曲变形强度要求设计梁

### 任务引入

如图 2-27 所示为工厂经常使用的天车,用来进行设备、货物起吊等。当起吊重量为 $P=$

10kN 的设备时,天车横梁截面为宽 $b=100\text{mm}$、高 $h=100\text{mm}$ 的矩形型钢,梁的跨度为 $l=10\text{m}$,重量分布 $q=200\text{N/m}$,许用应力为 1500MPa,试校核梁的弯曲强度能否满足使用要求。若要使起吊最大重量达到 $P=10\text{kN}$,改用实心圆柱梁时,其直径最小应为多少?

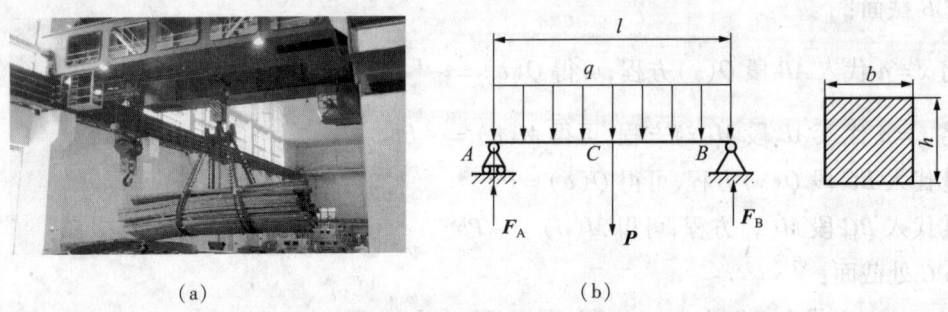

图 2-27 天车横梁受力分析

### 任务分析

根据任务描述,天车横梁及其载荷简化后如图 2-27(b) 所示,可以根据静力平衡条件求得 A、B 两处的支座约束反力,以及横梁的内力,但是,如何判断横梁弯曲强度是否能够满足使用要求呢?怎样根据载荷情况及强度条件设计梁的合理尺寸呢?

### 相关知识

#### 一、梁纯弯曲时的正应力

1. 梁纯弯曲的概念

如图 2-28(a) 所示为简支梁 AB,载荷 P 作用在梁的纵向对称面内,梁的弯曲为平面弯曲,其剪切力图和弯矩图简图如图 2-28(b) 和图(c)所示。从图中可以看到,AC 和 BD 梁段的各横截面上,剪切力和弯矩同时存在,这种弯曲称为横力弯曲;而在 CD 梁段内,横截面上则只有弯矩而没有剪切力,这种弯曲称为纯弯曲。可以看出,在横力弯曲段,剪切力大小不变,弯矩随截面位置呈线性变化;在纯弯曲段,梁的各截面上剪切力为零,弯矩为一个不变的常数。

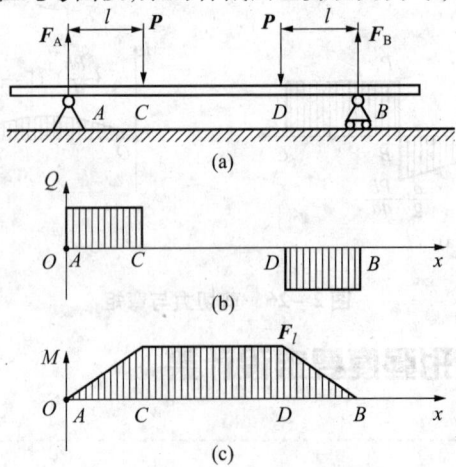

图 2-28 梁的受力、剪切力及弯矩

## 2. 梁在纯弯曲时的变形

为了分析梁的变形,变形前先在梁的侧面画上与轴线平行的纵线 $a-a$、$b-b$ 以及与梁轴垂直的横线 $m-m$、$n-n$,分别表示变形前梁的纵向纤维和梁的横截面,如图 2-29(a)所示。

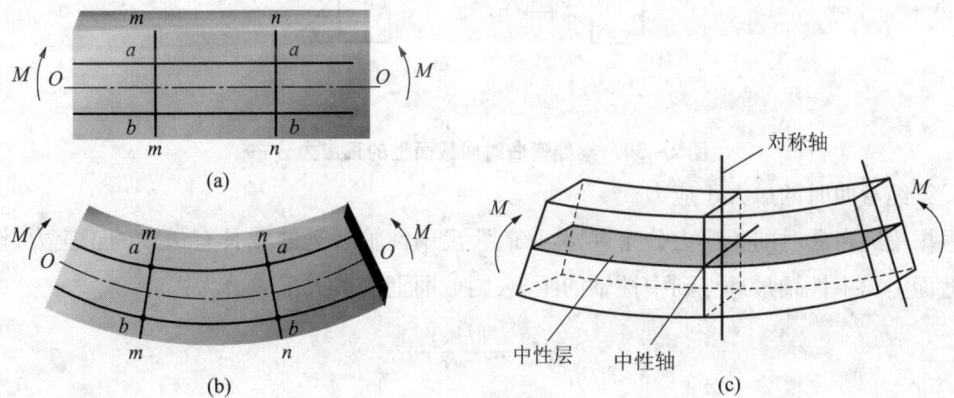

图 2-29 纯弯曲变形

在材料试验机上作纯弯曲实验,可以观察到以下现象:

(1) 梁上的纵线都弯曲成圆弧曲线,靠近梁凹侧一边的纵线缩短,而靠近凸侧一边的纵线伸长;

(2) 梁上的横线仍为直线,各横线间发生相对转动,不再相互平行,但仍与梁弯曲后的轴线垂直;

(3) 在梁的纵线伸长区,梁的宽度减小;而在梁的纵线缩短区,梁的宽度增大。

根据上述实验观察到的纯弯曲的变形现象,经过判断、综合和推理,可作出如下假设。

(1) 梁的横截面在纯弯曲变形后仍保持为平面,并垂直于梁弯曲后的轴线。横截面只是绕其面内的某一轴线刚性地转了一个角度,这就是弯曲变形的平面假设。

(2) 梁的横截面始终垂直于轴线,纵向纤维间无挤压,只是发生了简单的轴向拉伸或压缩;横截面无相对错动。因此,横截面上存在正应力,而无剪切应力。

(3) 在梁内某一层纤维既不伸长也不缩短,因而这层纤维既不受拉应力,也不受压应力,这层纤维称为中性层。中性层与梁横截面的交线称为中性轴,如图 2-29(c)所示。

## 3. 梁在纯弯曲时横截面上的弯曲正应力

根据弯曲变形的平面假设以及横截面上只存在正应力的假设,经过推理可知:弯曲正应力沿截面高度按线性规律分布,中性轴上各点的正应力均为零,中性轴上部横截面的各点均为压应力,而下部各点则均为拉应力,如图 2-30 所示。因此,纯弯曲时,横截面上各点的正应力 $\sigma$ 与截面上各点到中性轴的距离 $y$ 成正比,即:

$$\sigma = \frac{M \cdot y}{I_z}$$

式中,正应力 $\sigma$ 的正负号与弯矩 $M$ 及点的坐标 $y$ 的正负号有关。实际计算中,可根据截面上弯矩 $M$ 的方向,直接判断中性轴哪一侧产生拉应力,则为正,哪一侧产生压应力,则为负;

$M$ 和 $y$ 只用其代数值即可,正负号不用代入计算。

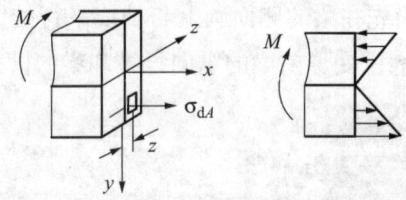

**图 2-30 梁纯弯曲时横截面上的正应力分布**

4. 梁纯弯曲时的最大正应力

根据梁纯弯曲时的正应力分布规律可知,距离中性轴最远的点具有最大的正应力,设 $y_{max}$ 为横截面上离中性轴最远点到中性轴的距离,则截面上的最大正应力为:

$$\sigma_{max} = \frac{M \cdot y_{max}}{I_z}$$

令 $W_z = \frac{I_z}{y_{max}}$,则截面上最大弯曲正应力可以表达为:

$$\sigma_{max} = \frac{M}{W_z}$$

式中,$W_z$ 为截面图形对中性轴的抗弯截面模量,单位为 $cm^3$,只与截面图形的几何性质有关;$M$ 为弯矩,单位为 $N \cdot m$;$\sigma_{max}$ 为截面上最大弯曲正应力,单位为 MPa。

(1)高为 $h$、宽为 $b$ 的矩形截面的抗弯截面模量为:

$$W_z = \frac{I_z}{y_{max}} = \frac{\frac{bh^3}{12}}{\frac{h}{2}} = \frac{bh^2}{6}$$

(2)外截面高为 $H$、宽为 $B$,内截面高为 $h$、宽为 $b$ 的空心矩形截面的抗弯截面模量为:

$$W_z = \frac{I_z}{y_{max}} = \frac{\frac{BH^3}{12} - \frac{bh^3}{12}}{\frac{H}{2}} = \frac{BH^2}{6}\left(1 - \frac{bh^3}{BH^3}\right)$$

(3)直径为 $d$ 的圆截面的抗弯截面模量为:

$$W_z = \frac{I_z}{y_{max}} = \frac{\frac{\pi d^4}{64}}{\frac{d}{2}} = \frac{\pi d^3}{32}$$

(4)内径为 $d$、外径为 $D$ 的空心圆截面的抗弯截面模量为:

$$W_z = \frac{I_z}{y_{max}} = \frac{\frac{\pi D^4}{64} - \frac{\pi d^4}{64}}{\frac{D}{2}} = \frac{\pi D^3}{32}(1 - \alpha^4)$$

其中,$\alpha = \frac{d}{D}$。

对于其他各种型钢的抗弯截面模量,可从相关手册中查取。

## 二、梁纯弯曲时的强度校核

为保证梁能安全工作,梁的最大正应力点应满足强度条件:

$$\sigma_{max} = \frac{M_{max} \cdot y_{max}}{I_z} = \frac{M_{max}}{W_z} \leqslant [\sigma]$$

其中,$[\sigma]$为材料的许用应力。对于等截面直梁,若材料的拉、压强度相等,则最大弯矩的所在面称为危险截面,危险截面上距中性轴最远的点称为危险点。对于由脆性材料制成的梁,由于其抗拉强度和抗压强度相差甚大,所以要对最大拉应力点和最大压应力点分别进行校核。

当跨高比$L/h \geqslant 5$的梁产生横力弯曲时,正应力误差为$\delta < 2\%$。因此,对细长梁,无论纯弯曲还是横力弯曲,横截面上的正应力都可用上式计算。

根据以上强度条件可以解决三类强度问题,即强度校核、截面设计和许用载荷计算。

## 三、提高弯曲强度的措施

1. 合理安排梁的受力情况

梁的弯矩和载荷的作用位置与梁的支承方式有关,适当调整支座的位置,可以降低梁的最大弯矩,从而提高梁的弯曲强度。如图2-31所示,把图(a)中的两个支座分别向中间移动$\frac{1}{8}l$,梁的最大弯矩将变为原来的1/2。

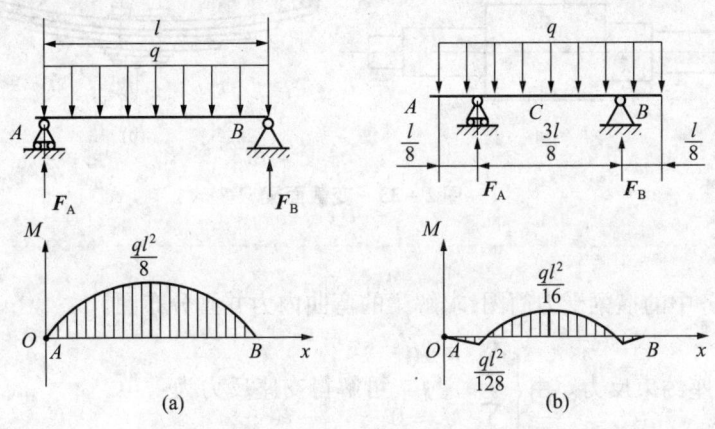

图2-31 调节支座提高梁的弯曲强度

适当调整载荷的位置也可以提高梁的弯曲强度,如图2-22所示梁,其剪力图和弯矩图如图2-24所示,当$a = \frac{l}{2}$时,$M_{max} = \frac{Pl}{4}$;当$a = \frac{l}{8}$时,$M_{max} = \frac{7Pl}{64}$,最大弯矩会减小一半以上。

2. 选择合理的截面形状

由$M_{max} \leqslant [\sigma] W_z$可知:梁能承受的最大弯矩与抗弯截面系数成正比。$W_z$越大越有利,而$W_z$又与截面面积和形状有关,因此,应选择$W_z/A$较大的截面,常用梁中,如工字形(图2-32)>槽形>矩形>圆形。此外,应使截面的上、下缘应力同时达到材料的相应许用应力。

图 2-32 工字形梁

3. 采用变截面梁

在恒力弯曲下,弯矩是沿梁的轴线线性变化的。因此,在按最大弯矩设计的等截面梁中,除最大弯矩所在的截面外,其余截面材料的强度均未得到充分利用。为了节省材料,并减轻梁的重量,可根据弯矩沿梁轴的变化情况,将梁设计成变截面。若变截面梁的每一横截面上的最大正应力均等于材料的许用应力,这种梁称为等强度梁。

在工程实践中,很难精确地做到等强度,但经常利用等强度梁的概念,即在弯矩大的梁段使其横截面相应地大一些。例如,机械工程中常见的阶梯轴,如图2-33(a)所示;汽车上经常用的板簧,如图2-33(b)所示等。

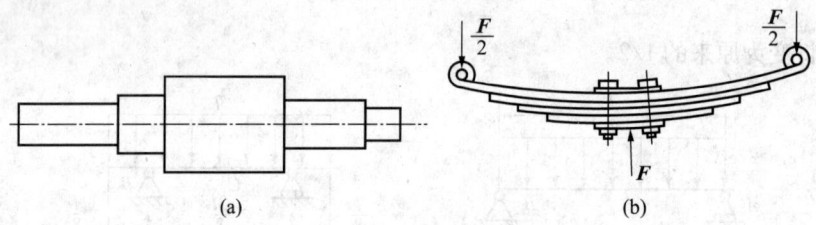

图 2-33 变截面梁

### 任务实施

(1) 根据任务中的横梁受力简图,求解梁的弯曲内力并画分布图。

① 求梁的支座约束反力。由 $\begin{cases} \sum F = 0 \\ \sum M_A = 0 \end{cases}$ 可解得支座反力为:

$$F_A = F_B = \frac{1}{2}(ql + P) = 6\text{kN}$$

② 求梁的内力。采用截面法可以求得剪切力及弯矩方程:

$$Q(x) = \begin{cases} F_A - q \cdot x = 6 - 0.2x & (0 \leq x < \frac{l}{2}) \\ F_B - q \cdot (l-x) = -(4 + 0.2x) & (\frac{l}{2} < x \leq l) \end{cases}$$

$$M(x) = \begin{cases} 6x - 0.1x^2 & (0 \leq x \leq \dfrac{l}{2}) \\ 50 - 4x - 0.1x^2 & (\dfrac{l}{2} \leq x \leq l) \end{cases}$$

根据以上方程,可以求得:

$$|Q|_{max} = 6(kN), \quad |M|_{max} = 27.5 kN \cdot m$$

绘制梁的剪切力图与弯矩图,如图2-34所示。

(2)虽然该梁的弯曲变形不是纯弯曲,但是其跨高比 $L/H = 10/0.1 = 100 > 5$,属于细长梁,因此,仍然可以用纯弯曲的应力强度计算公式进行校核。

天车横梁截面宽 $b = 100mm$、高 $h = 100mm$ 的矩形型钢时,横梁的抗弯截面模量为:

$$W_z = \frac{bh^2}{6} = \frac{10 \times 10^2}{6} = 166.7 cm^3$$

当起吊重量为 $P = 10kN$ 的设备时,矩形截面梁的最大弯曲正应力为:

$$\sigma_{max} = \frac{M_{max}}{W_z} = \frac{27.5 \times 10^3}{166.7} = 165(MPa) < [\sigma] = 200 MPa$$

因此,该矩形截面梁的弯曲强度满足条件。

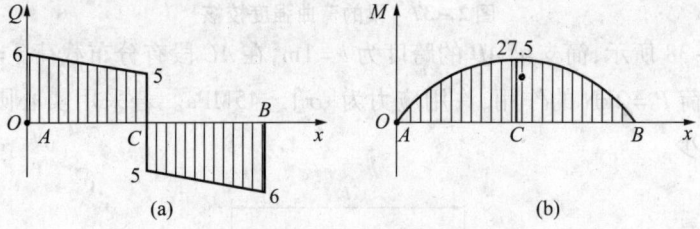

图2-34 天车横梁弯曲内力

(3)若要使起吊最大重量达到 $P = 10kN$,采用实心圆柱梁时,梁的最小抗弯截面模量为:

$$W_z = \frac{\pi d^3}{32} \geq \frac{M_{max}}{\sigma_{max}} = \frac{27.5 \times 10^3}{200} \approx 137.5 cm^3$$

解得: $d \geq \sqrt[3]{\dfrac{32 \times 137.5}{\pi}} \times 10 \approx 112 mm$

因此,若改用实心圆柱梁,起吊最大重量为10kN时,直径 $d$ 最小为112mm。

(1)如图2-35所示悬臂梁 AB 受集中载荷 P 的作用,试分析悬臂梁的弯曲内力,并绘制剪切力图与弯矩图。

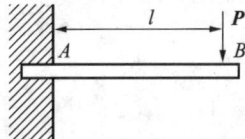

图2-35 悬臂梁的内力分析

(2)如图 2-36 所示,简支梁 AB 受分布载荷 $q=1\mathrm{kN}$ 作用,在 C 处受到集中力偶矩 $M=2\mathrm{kN\cdot m}$,试分析该简支梁的剪切力及弯矩,并绘制剪切力图和弯矩图。

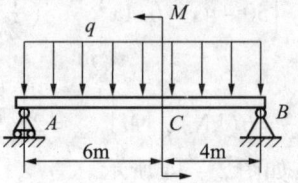

**图 2-36 简支梁受力分析**

(3)如图 2-37 所示,外伸梁 AB 在 C 处受到载荷 $P=30\mathrm{kN}$ 的作用,在 D 处受到集中载荷 $F=20\mathrm{kN}$ 的作用,$a=200\mathrm{mm}$;梁的截面为空心圆柱,外径 $D=100\mathrm{mm}$,内径 $d=40\mathrm{mm}$,其许用应力为 $[\sigma]=45\mathrm{MPa}$,试对梁的强度进行校核。

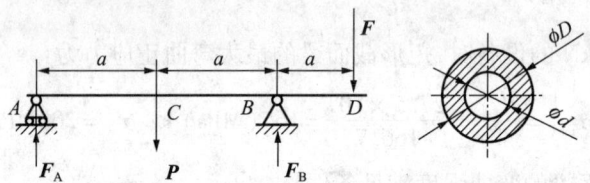

**图 2-37 梁的弯曲强度校核**

(4)如图 2-38 所示,简支梁 AB 的跨度为 $l=1\mathrm{m}$,在 AC 段有分布载荷 $q=1\mathrm{kN/m}$ 作用,在 C 处受到集中载荷 $P=2\mathrm{kN}$ 的作用,许用应力为 $[\sigma]=45\mathrm{MPa}$。若采用实心圆柱梁,试计算其最小直径 $d$ 为多少。

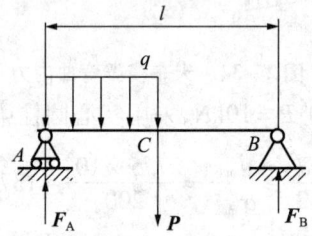

**图 2-38 梁的尺寸设计**

# 第二篇　机械传动及机械零件

机械是机器和机构的总称,是利用力学原理组成的用来转换或利用机械能的装置。机械传动就是采用一系列机械零件,如螺纹件、带轮、齿轮、蜗轮蜗杆等组成的进行能量传递的传动装置。机械传动主要包括螺旋传动、带传动、链传动、齿轮传动和蜗轮蜗杆传动等。

本篇主要介绍常用的机械传动和机械零件的结构特点、工作原理和有关参数。

# 项目三　螺纹连接与螺旋传动

如图3-1(a)所示的构件是用螺栓1和螺母2连接而成的,这种连接方法称为螺纹连接。带有螺纹结构的螺栓1和螺母2形成螺纹副,起到紧固连接的作用。如图3-1(b)所示为CA6140车床的传动构件,其中,丝杠3与溜板箱4组成螺旋副。当丝杠3旋转时将带动溜板箱4往复移动,从而带动刀架移动完成机械加工的切削等动作,这种利用螺旋副来传递运动和动力的机械传动方式称为螺旋传动。本部分主要介绍螺纹连接的基础知识、强度计算及选用;螺旋传动的基础知识及在工作实际中的应用。

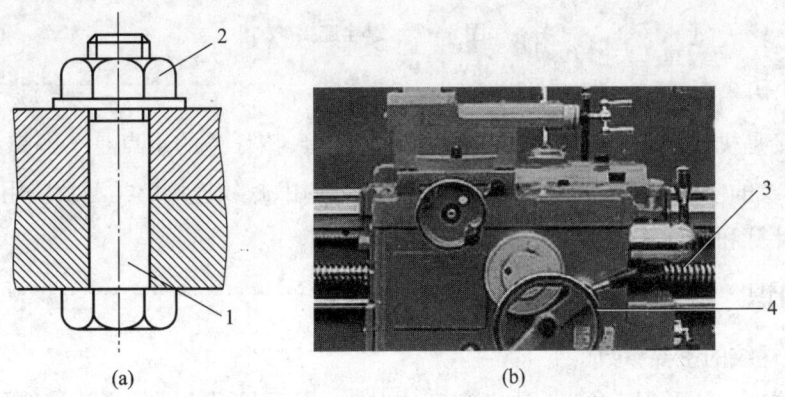

1—螺栓　2—螺母　3—丝杠　4—溜板箱

图3-1　螺纹连接与螺旋传动实例

# 课题一　螺纹连接

## 任务　螺纹连接的强度及尺寸设计

【学习目标】

1. 了解螺纹的类型、主要参数、特点及应用；
2. 螺纹连接的类型、特点及应用；
3. 螺纹连接的设计和强度计算。

### 任务引入

如图 3-2 所示为螺栓连接的示意图，用几组螺栓将两块钢板紧固在一起，钢板厚度均为 10mm。要保证连接的可靠性，应如何选择螺栓的材料和尺寸？该螺栓连接的强度是否达到要求？

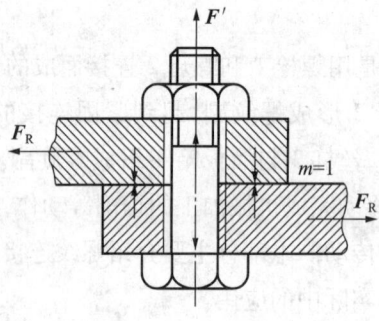

图 3-2　螺栓连接

### 任务分析

螺栓连接是机械设备中比较常见的一种机械连接，该任务的重点是了解螺纹的参数、种类、特点及螺纹的应用等，学习螺纹连接件的形状及应用、螺纹连接的类型及应用，掌握螺纹连接件的强度计算和设计等问题以及螺纹材料的选取等。

### 相关知识

#### 一、普通螺纹的主要参数

普通螺纹——牙形为三角形，用米制表达尺寸。用于紧固的圆柱形连接螺纹，如图 3-3 所示。普通螺纹的主要几何参数如下。

(1) 大径 $d(D)$：与外螺纹牙顶或内螺纹牙底相切的假想圆柱或圆锥的直径，一般定为螺纹的公称直径。

(2) 小径 $d_1(D_1)$：与外螺纹牙底或内螺纹牙顶相切的假想圆柱或圆锥的直径，一般取为外螺纹危险剖面的计算直径。

(3) 中径 $d_2(D_2)$：一个假想圆柱或圆锥的直径，该圆柱或圆锥的母线通过牙型上沟槽或凸起宽度相等的地方，假想的圆柱或圆锥直径称为中径圆柱或圆锥直径。

其中，$D$、$D_1$、$D_2$ 用于内螺纹。

(4) 螺距 $p$：相邻两牙在中径上对应的两点间的轴向距离。

(5) 螺纹线数 $n$：沿一条螺旋线形成的螺纹称为单线螺纹，$n=1$；沿两条或两条以上，在轴向等间距分布的螺旋线形成的螺纹称为多线螺纹；用于连接的螺纹要求自锁，一般采用单线螺纹；用于传动的螺纹要求传动效率高，多使用双线螺纹或三线螺纹。为了便于制造，一般螺纹线数不超过 4 条。

(6) 导程 $L$：同一条螺旋线的相邻两牙在中径上对应两点间的轴向距离。若螺旋线数为 $n$，则螺距与导程的关系为 $L=np$。

(7) 螺旋升角 $\psi$：中径圆柱上螺旋线的切线与垂直于螺纹轴线的平面间的夹角。

(8) 牙型角 $\alpha$：轴向剖面内，螺纹牙型两侧边的夹角。

(9) 牙型斜角 $\beta$：轴向剖面内，螺纹牙型的侧边与螺纹轴线的垂线间的夹角。

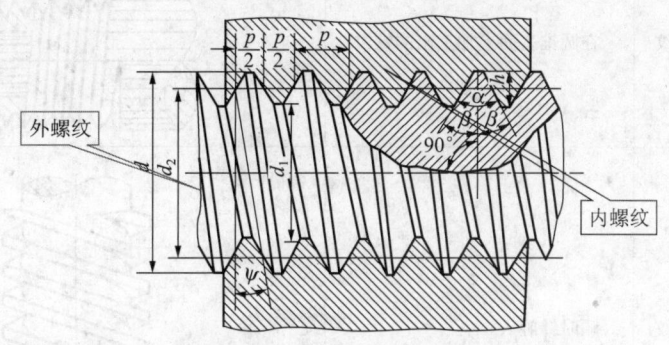

图 3-3 普通螺纹的主要参数

## 二、螺纹的种类

按不同的分类方式，螺纹可以分为不同的种类，具体见表 3-1。

表 3-1　　　　　　　　　　　螺纹的种类

| 分类方式 | 类型 | 定义或说明 | 图示或图例 |
|---|---|---|---|
| 按形成表面 | 外螺纹 | 在圆柱或圆锥外表面上加工出的螺纹 | |

续表

| 分类方式 | 类型 | 定义或说明 | 图示或图例 |
|---|---|---|---|
| 按形成表面 | 内螺纹 | 在孔壁上加工出的螺纹 | 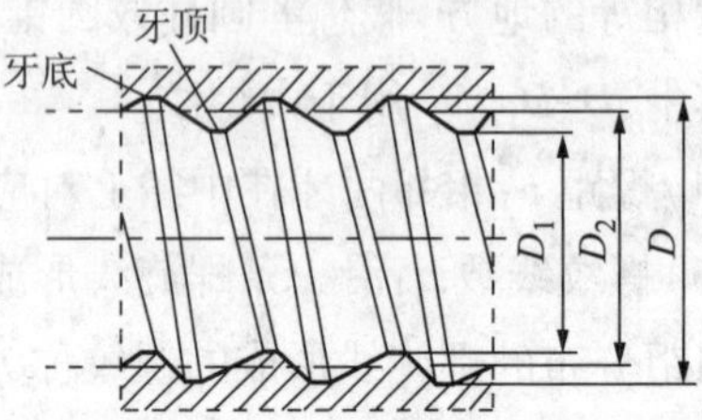 |
| | 圆柱螺纹 | 在圆柱表面上加工出的螺纹 | 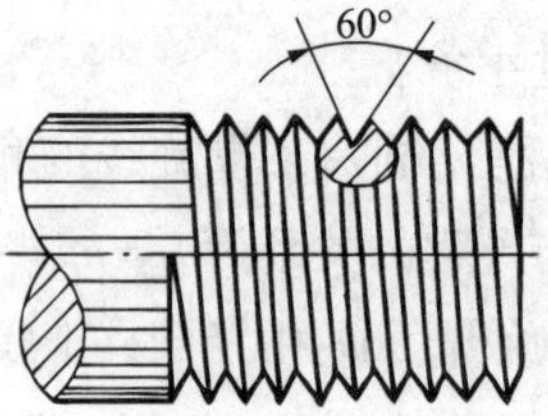 |
| | 圆锥螺纹 | 在圆锥表面上加工出的螺纹 | 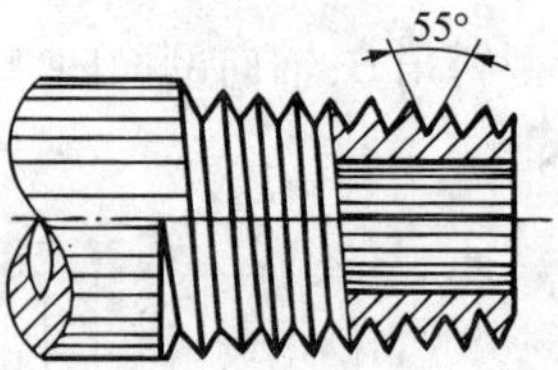 |
| 按旋向 | 右旋螺纹 | 顺时针旋入 | 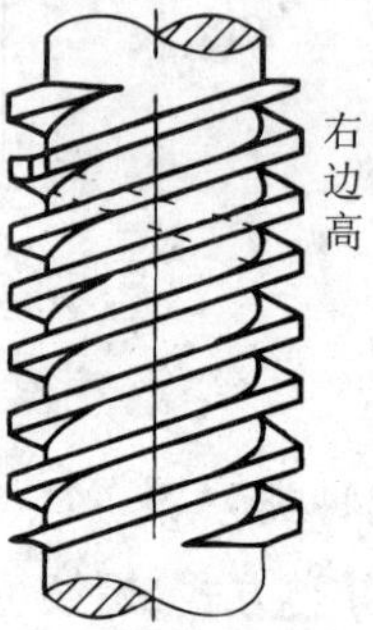 |
| | 左旋螺纹 | 逆时针旋入 | 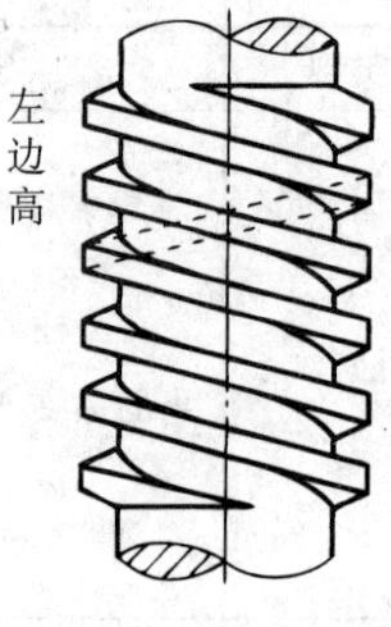 |

续表

| 分类方式 | 类型 | 定义或说明 | 图示或图例 |
|---|---|---|---|
| 按螺旋线数目 | 单线螺纹 | 沿一条螺旋线形成的螺纹 | 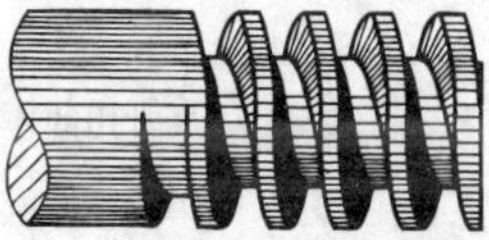 |
| | 多线螺纹 | 沿两条或两条以上螺旋线形成的螺纹 |  |
| 按牙形截面形状 | 三角形螺纹 | 螺纹牙形为三角形 |  60° |
| | 梯形螺纹 | 螺纹牙形为等腰梯形 | 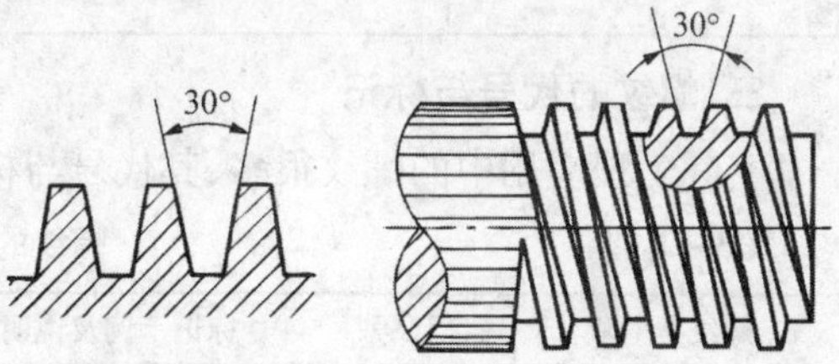 30° |
| | 矩形螺纹 | 螺纹牙形为矩形（方形） | 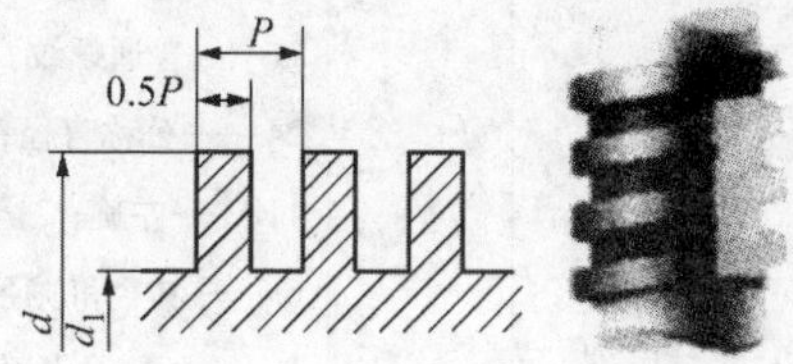 $P$, $0.5P$, $d$, $d_1$ |
| | 锯齿形螺纹 | 螺纹牙形为锯齿形 | 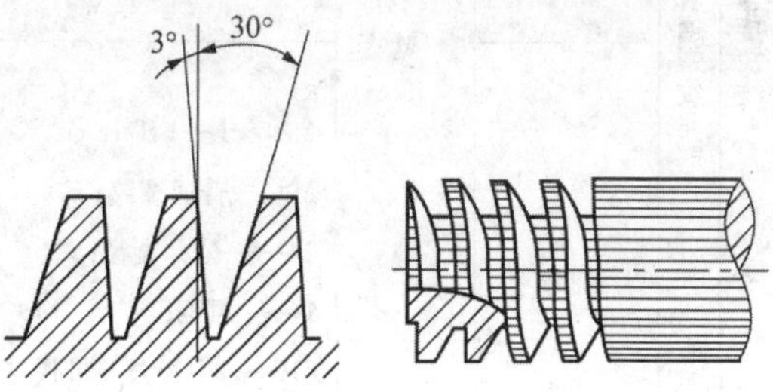 3° 30° |

续表

| 分类方式 | 类型 | | 定义或说明 | 图示或图例 |
|---|---|---|---|---|
| 按用途 | 连接螺纹（大多为三角形螺纹） | 普通螺纹 | 最常用的连接螺纹,用于细小的精密零件或薄壁零件 | 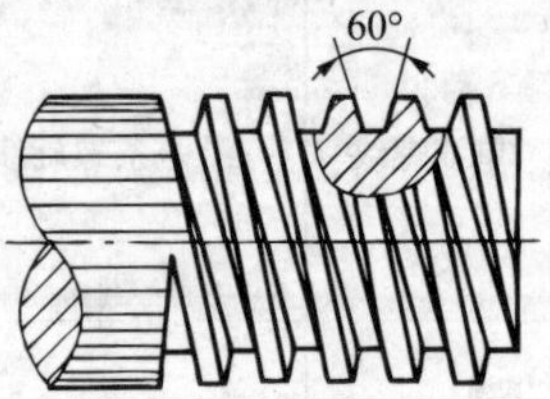 （60°图示） |
| | | 管螺纹 | 用于水管、油管、气管等薄壁管子上,用于管路的连接 | 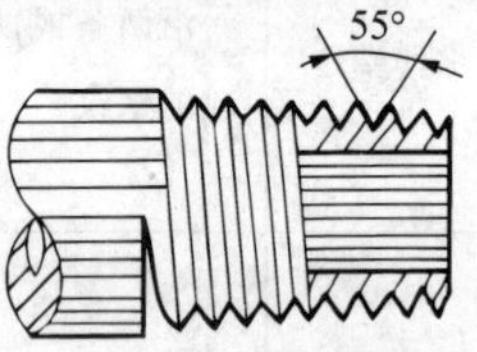 （55°图示） |
| | | 传动螺纹 | 起传动作用,传递运动和动力,大多为梯形螺纹 | 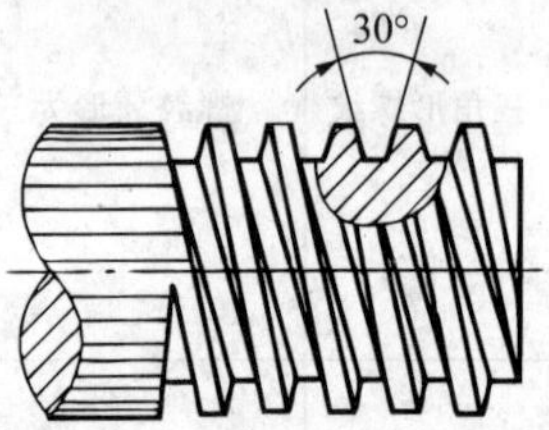 （30°图示） |

### 三、螺纹的代号与标记

实际工程应用中的螺纹很多,其代号与标记见表3－2所示。

表3－2　　　　　　螺纹的代号与标记

| 螺纹类型 | | 特征代号 | 标记示例及说明 | 螺旋副标记示例 | 备注 |
|---|---|---|---|---|---|
| 连接螺纹 | 普通螺纹 粗牙 | M | M24LH—6g—L：<br>M——普通螺纹；<br>24——公称直径；<br>LH——左旋；<br>6g——中径和顶径公差带代号；<br>L——长旋合长度,也可用实际尺寸标注 | M20LH—6H/6g：<br>6H——内螺纹公差带代号；<br>6g——外螺纹公差带代号 | （1）粗牙普通螺纹不标螺距,而细牙则标注；<br>（2）右旋不标注旋向代号,左旋用LH表示；<br>（3）旋合长度有长旋合长度L、中等旋合长度N和短旋合长度S三种,中等旋合长度N不标注；<br>（4）公差带代号中,前者为中径公差带代号,后者为顶径公差带代号,两者相同时只标注一个；<br>（5）螺纹副的公差带代号中,前者为内螺纹公差带代号,后者为外螺纹公差带代号,中间用"/"隔开 |
| | 细牙 | | M24×1—6H7H<br>M——普通螺纹；<br>24——公称直径；<br>1——螺距；<br>6H——中径公差带代号；<br>7H——顶径公差带代号 | M20×2LH—6H/5g6g：<br>6H——内螺纹公差带代号；<br>5g6g——外螺纹公差带代号 | |

续表

| 螺纹类型 | | | 特征代号 | 标记示例及说明 | 螺旋副标记示例 | 备注 |
|---|---|---|---|---|---|---|
| 连接螺纹 | 管螺纹 | 55°非密封管螺纹 | G | G1A；<br>G——55°非密封管螺纹；<br>1——尺寸代号；<br>A——外螺纹公差等级代号 | $R_c/R_2 3/4$ | (1) 尺寸代号：不再称公称直径，也不是螺纹本身的任何直径尺寸，只是无单位的代号；<br>(2) 右旋不标注旋向代号，标注 LH 时用"—"隔开；<br>(3) 非密封螺纹公差等级代号，外螺纹分为 A、B 级，内螺纹不标记；<br>(4) 内外螺纹装配时，内外螺纹用斜线分开，左边为内螺纹，右边为外螺纹 |
| | | 密封管螺纹 | 圆锥内螺纹 | $R_c$ | | |
| | | | 圆柱内螺纹 | $R_P$ | | |
| | | | 与圆柱内螺纹配合的圆锥外螺纹 | $R_1$ | $R_c 1 1/2—LH$；<br>$R_c$——圆锥内螺纹，属于 55°密封管螺纹；<br>11/2——尺寸代号；<br>LH——左旋 | $Rc/R_2 3/4$ | |
| | | | 与圆锥内螺纹配合的圆锥外螺纹 | $R_2$ | | | |
| 传动螺纹 | 梯形螺纹 | | Tr | Tr36×12(P6)—7H<br>Tr——梯形螺纹；<br>36——公称直径；<br>12——导程；<br>P6——螺距为6mm(双线)；<br>7H——内螺纹中径公差带代号 | Tr36×6—7H/7e：<br>7H——内螺纹的中径公差带代号；<br>7e——外螺纹的中径公差带代号 | (1) 单线螺纹只标注螺距，多线螺纹同时标注导程和螺距；<br>(2) 右旋不标注代号；<br>(3) 旋合长度只有长旋合长度 $L$ 和中等旋合长度 $N$ 两种，中等旋合长度 $N$ 不标注；<br>(4) 只标注中径公差带代号 |
| | 矩形螺纹 | | — | 矩形 40×8<br>40——公称直径；<br>8——螺距 | — | |
| | 锯齿形螺纹 | | B | B40×7—7A<br>B——锯齿形螺纹；<br>40——公称直径；<br>7——螺距；<br>7A——中径公差带代号 | B40×7—7A/7c | |

### 四、螺纹的特点与应用

**1. 用于连接的螺纹**

(1) 普通螺纹：牙形为等边三角形，牙形角为 60°，螺纹牙的根部削弱较小，强度大；螺纹面间的摩擦力大，自锁性能好，多用作连接螺纹。按螺距大小，同一公称直径的普通螺纹可分为粗牙和细牙两类，应用最广。一般连接多用粗牙，细牙多用于薄壁零件，也可用于受冲击、振动和微调机构。

(2)圆柱管螺纹:牙形角为55°,公称直径近似为管子直径,以英寸为单位;螺纹副本身不具有密封性,多用于水、油、气的管路及电器管路系统的连接。

(3)圆锥管螺纹:牙形角为55°和 $\alpha=60°$ 两种,螺纹分布在 1∶16 的圆锥管上,以英寸为单位;内外螺纹牙间没有间隙,旋紧后依靠螺纹牙的变形就可以保证连接的紧密性;适用于管子、管接头、旋塞、阀门和其他螺纹连接的附件,多用于高温、高压和润滑系统。

2. 用于传动的螺纹

(1)梯形螺纹:牙形为等腰梯形,牙形角为30°,内径与外径处有相等的间隙,效率较低;但加工工艺性好,强度高,螺旋副的对中性好;广泛应用于传力或螺旋传动中,如机床丝杠等。

(2)锯齿形螺纹:工作面的牙形斜角为3°,非工作面的牙形斜角为30°;外螺纹的牙根处有圆角,减小应力集中;其牙根强度和传动效率都比梯形螺纹高,广泛应用于单向受力的传动机构,如轧钢机、压力机和机车架修理台等。

(3)矩形螺纹:牙形为正方形,牙形角为0°,牙厚为螺距的一半;螺纹牙根部削弱大,强度小;螺旋副磨损后,间隙难以修复和补偿,使传动精度降低,已逐渐被梯形螺纹所代替;多应用于传力或螺旋传动中,传动效率高,对中性精度低。

### 五、螺纹连接件

螺纹连接件的品种很多,大都已标准化,标准的螺纹连接件都有规定的标记,标记中包含名称、标准编号、螺纹规格及公称长度等代号。常用的螺纹连接件有螺栓、双头螺柱、紧定螺母、螺母和垫圈等,如图3-4所示。

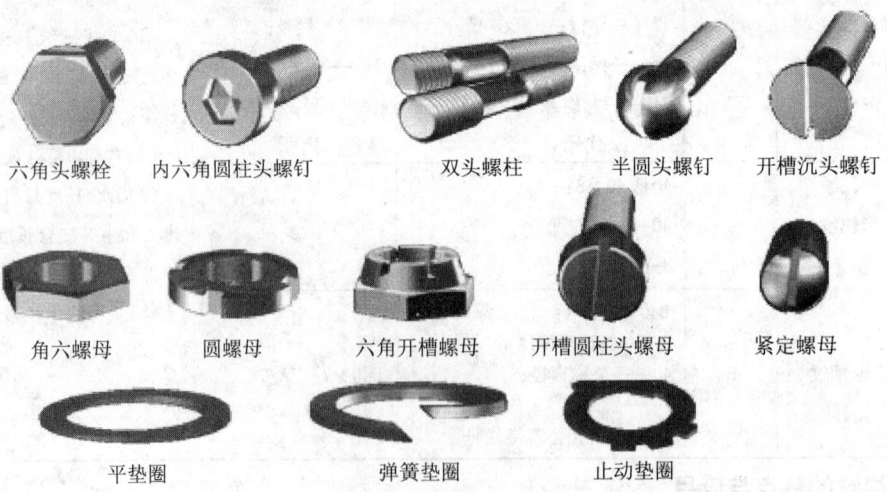

图3-4 常用连接件

常用螺纹连接件的类型、图例和应用,见表3-3。

表 3-3　　　　　　　　　　常用螺纹连接件的类型、图例和应用

| 类型 | 图例 | 结构及应用 |
| --- | --- | --- |
| 螺栓 | 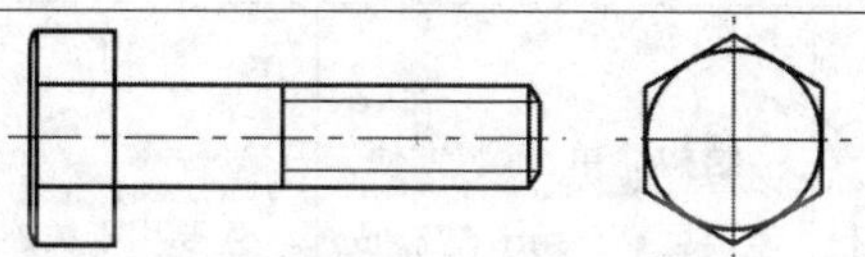 | 螺栓精度分 A、B、C 三级，一般用 C 级。杆部螺纹长度可以根据实际需要确定 |
| 双头螺柱 | 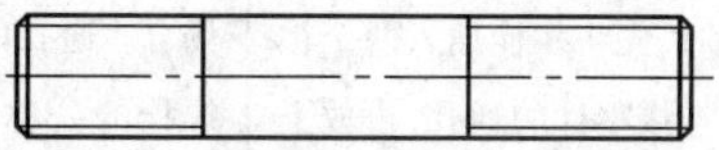 | 有 A 型和 B 型两种结构，两端均有螺纹，两端的螺纹可以相同也可以不同。一端拧入厚度大且不便穿透的被连接件，另一端连接螺母 |
| 螺钉 | 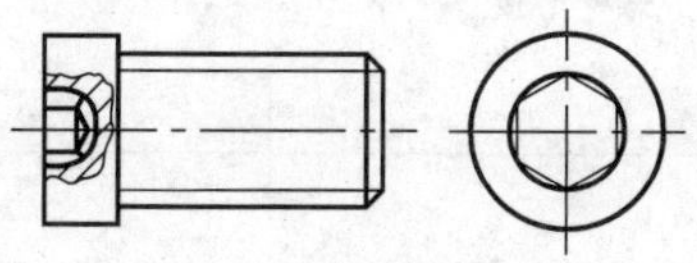 内六角孔螺钉 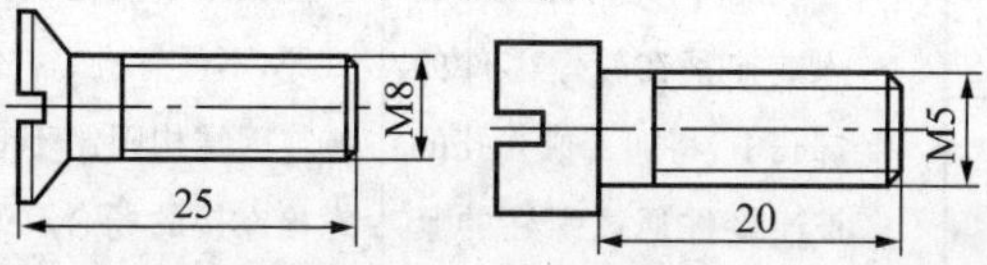 | 头部有六角头、圆柱头和沉头等形状，旋具槽有十字槽、内六角孔等形式。内六角头螺钉可以替代普通六角头螺栓，用于要求结构紧凑的地方 |
| 紧定螺钉 | 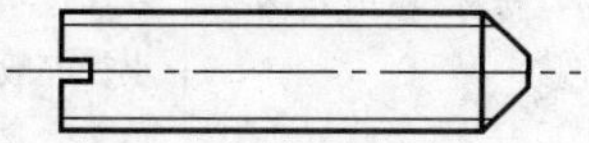 | 紧定螺钉的末端类型有锥端、平端和圆柱端三种。锥端适用于被紧定零件的表面硬度较低或不经常拆卸的场合；平端适用于顶紧硬度较大的平面或经常拆卸的场合；圆柱端适用于紧定空心轴上的零件位置 |
| 六角螺母 | 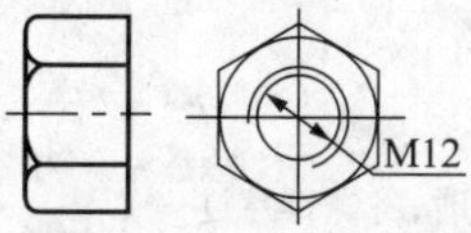 M12 | 螺母的精度和螺栓相同，分为 A、B、C 三级，分别与相同级别的螺栓配用。根据厚度，螺母分为标准螺母和薄螺母两种，薄螺母常用于受剪切力的螺栓或空间尺寸受限制的场合 |
| 圆螺母 | 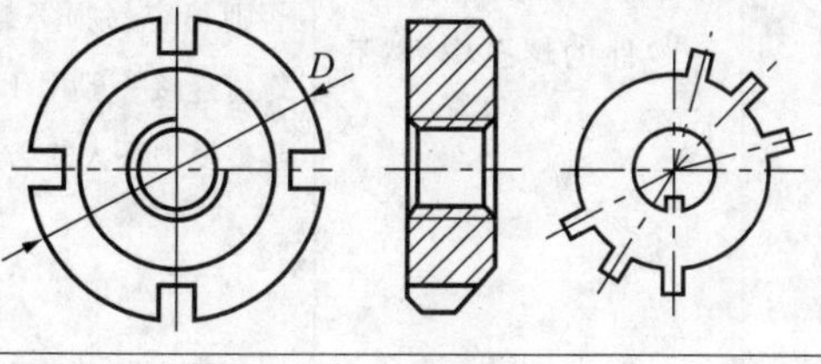 | 圆螺母常与止退垫圈配合使用，装配时将垫圈内舌插入轴上的槽内，外翅翻边嵌入圆螺母的相应槽内，螺母即被锁紧；常用于滚动轴承的轴向固定 |
| 垫圈 | 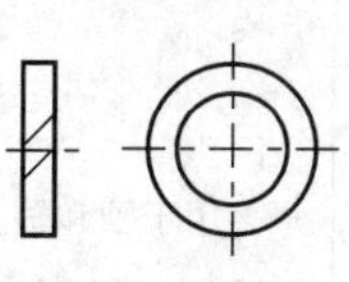 弹簧垫圈 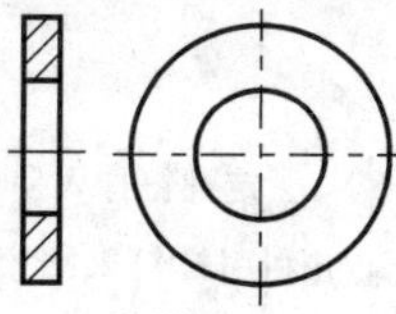　　垫圈 | 垫圈是螺纹连接中不可缺少的附件，放置在螺母和被连接件之间，起到保护支撑表面的作用 |

## 六、螺纹连接的基本类型

螺纹连接的基本类型有螺栓连接、双头螺柱连接、螺钉连接和紧定螺钉连接，每种连接类型的结构、特点和应用范围，见表 3-4。

表 3-4　　　　　　　　　螺纹连接的基本类型、结构、特点和应用

| 类型 | 结构 | 特点 | 应用 |
|---|---|---|---|
| 螺栓连接 | 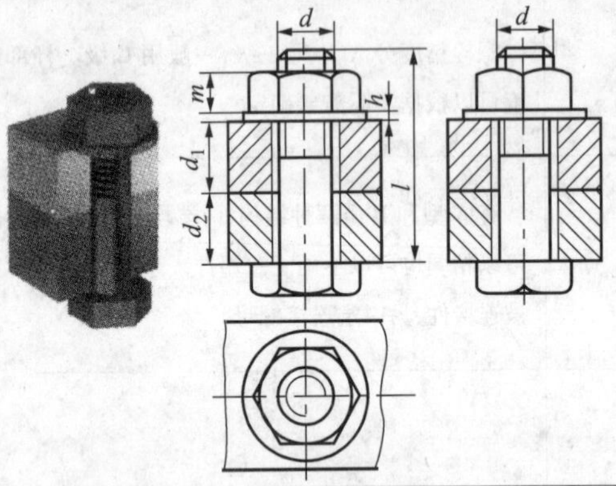 | 结构简单，拆装方便，连接可靠，生产率高，成本低廉，应用广泛。装配时，先将螺栓插入两个被连接零件的通孔，再放上垫圈，然后拧紧螺母，即完成螺栓连接 | 主要用于被连接件不太厚、便于穿孔、经常拆卸的场合。通孔的直径略大于螺栓的公称直径，一般为 $1.1d$ |
| 双头螺柱连接 | 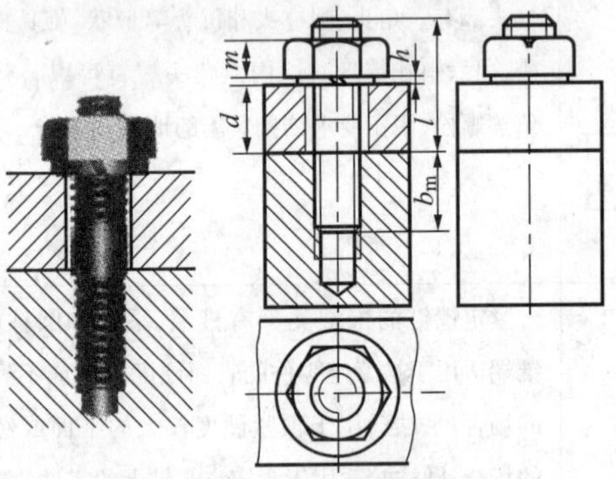 | 装配时，先将螺柱的旋入端拧紧在较厚零件的螺孔中，将加工成光孔的被连接件通过螺柱的紧固端装入，再放上垫圈，然后拧紧螺母，即完成螺柱连接 | 主要用于被连接件之一太厚、不便穿孔、需经常拆卸或因结构限制不宜采用螺栓连接的场合。通孔的直径略大于螺柱上的公称直径，一般为 $1.1d$；螺孔的小径一般取 $0.85d$ |
| 螺钉连接 | 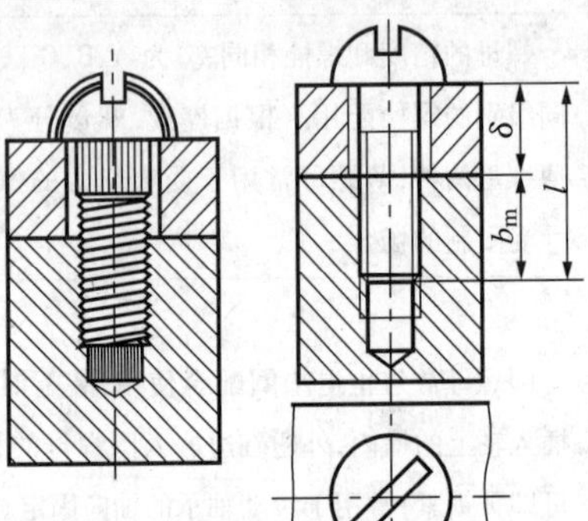 | 装配时，将螺钉穿过一个零件的光孔，再旋入另一零件的螺孔中，然后拧紧 | 用于被连接件之一较厚的场合，但不宜经常拆卸，否则很容易损坏螺纹孔。螺钉连接一般用于被连接零件受力不大的场合 |
| 紧定螺钉连接 | 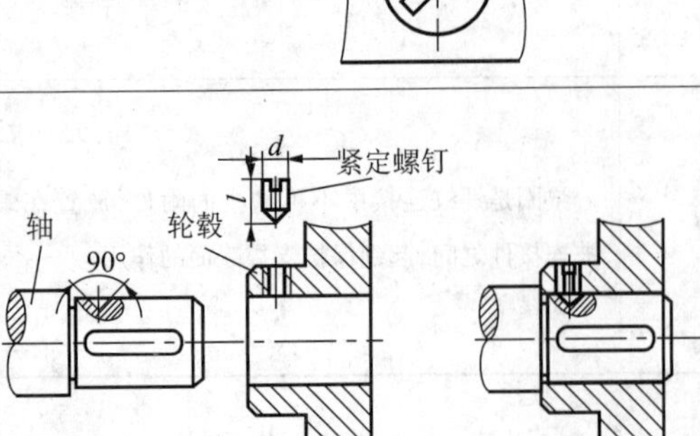 | 紧定螺钉拧入一零件，并利用螺钉末端顶紧另一零件来固定两零件的相互位置 | 多用于轴和轴上零件的连接，传递的力和转矩都不大 |

除上述 4 种基本类型外,螺纹连接还有一些比较特殊结构的类型。例如,装在机器或大型零部件顶盖或外壳上起吊用的吊环螺钉连接,如图 3-5(a)所示;用于固定机座或机架的地脚螺栓连接,如图 3-5(b)所示;用于工装设备(机床工作台等)中的 T 形槽螺栓连接,如图 3-5(c)所示。

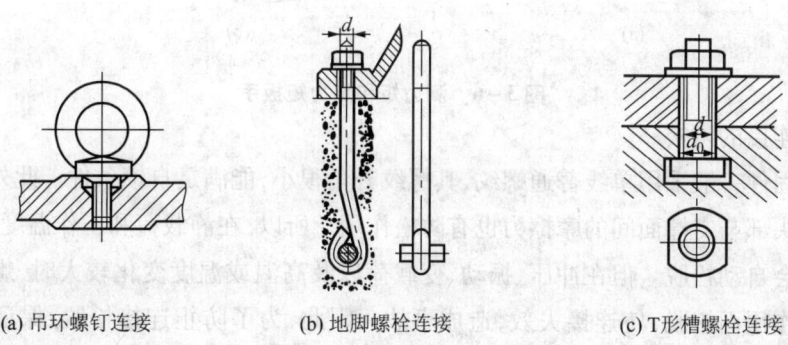

(a) 吊环螺钉连接　　　　(b) 地脚螺栓连接　　　　(c) T形槽螺栓连接

图 3-5　特种螺纹连接

### 七、螺纹连接的预紧与防松

除个别情况外,螺纹连接在装配时都必须拧紧,这时螺纹连接受到预紧力的作用。对于重要的螺纹连接,应控制其预紧力,因为预紧力的大小对螺纹连接的可靠性、强度和密封性均有很大的影响。

**1. 螺纹连接的预紧**

在实际的应用过程中,绝大多数螺纹连接在装配时都必须拧紧,使之在承受工作载荷之前预先受到力的作用,这个预加的作用力称为预紧力。预紧力的目的是增强连接的可靠性和紧密性,以防止受载后被连接件间出现缝隙或发生相对滑移;对于受拉螺栓连接,还可以提高螺栓的疲劳强度;特别对于像气缸盖、管路凸缘、齿轮箱轴承盖等紧密性要求较高的螺纹连接,预紧更为重要。但是,过大的预紧力会导致整个连接的结构尺寸增大,也会使连接件在装配或偶然过载时被拉断。因此,为了保证连接所需要的预紧力,又不使连接件超载,对重要的螺纹连接装配时要控制预紧力。一般规定,螺纹连接件拧紧后的预紧力不得超过其材料屈服极限的 80%。

一般情况下,预紧力矩由操作时的手感决定,不易控制。对重要的有强度要求的连接,不宜采用小于 M10~M14 的螺栓。对于常用的钢制 M10~M68 的粗牙普通螺纹,拧紧力矩 $T$ 的经验公式为:

$$T \approx 0.2 F_0 d$$

式中,$T$ 为加于扳手上的拧紧力矩,单位为 N·mm;$F_0$ 为螺栓的预紧力,单位为 N;$d$ 为螺纹的公称直径(大径),单位为 mm。

对于重要的螺纹连接,为了保证装配质量,在装配时需使用专用的工具,如测力矩扳手,如图 3-6(a)所示,或定力矩扳手,如图 3-6(b)所示,以达到控制预紧力的目的。

图 3-6 测力矩和定力矩扳手

2. 螺纹连接的防松

螺纹紧固件一般采用单线普通螺纹,其螺纹升角很小,能满足自锁条件。此外,拧紧以后,螺母和螺栓头部与支撑面间的摩擦力也有防松作用。所以,在静载荷和工作温度变化不大时,螺纹连接不会自动松脱。但在冲压、振动、变载荷以及高温或温度变化较大时,螺纹连接可能会失去自锁作用而松脱,使连接失效,造成事故。因此,为了防止连接松脱,保证连接安全可靠,设计时必须采取有效的防松措施。

螺纹连接防松的根本问题在于防止螺纹副的相对转动,螺纹连接后,可以根据具体情况,选用合理的防松措施和防松方法,见表 3-5。

表 3-5　　　　　　　　　　螺纹连接的防松措施及方法

| 防松措施 | 方法 | 结构形式 | 特点及应用 |
|---|---|---|---|
| 增大摩擦力防松 | 加弹簧垫圈 |  | 螺母拧紧后,靠垫圈压平面产生的弹性反力使旋合螺纹间压紧。同时垫圈斜口的尖端抵住螺母与被连接间的支撑面也可起到防滑作用。结构简单,使用方便。但由于垫圈的弹力不均,在冲击振动的工作条件下,防松效果差,一般用于不太重要的连接 |
| | 用双螺母 |  | 两螺母对顶拧紧后,使旋合螺纹间始终受到附加压力和摩擦力的作用。工作载荷变化时,该摩擦力仍然存在。旋合螺纹间的接触情况如左图所示,下螺母螺纹牙受力较小,其厚度尺寸可小些;但为了防止装错,两螺母高度取成相等为宜。结构简单,适用于平稳、低速和重载的固定装置上的连接 |

续表

| 防松措施 | 方法 | 结构形式 | 特点及应用 |
|---|---|---|---|
| 利用机械方法防松 | 利用槽形螺母和开口销 | 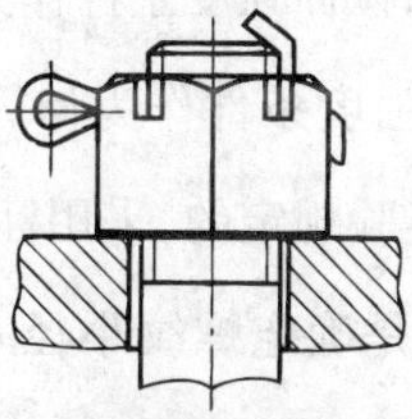 | 六角开槽螺母拧紧后将开口销穿入螺栓尾部的小孔和螺母的槽内,并将开口销尾部扳开与螺母侧面贴紧。也可用普通螺母代替六角开槽螺母,但需拧紧后配钻销孔。适用于较大冲击和振动的高速机械中运动部件的连接 |
| | 加止动垫圈 | 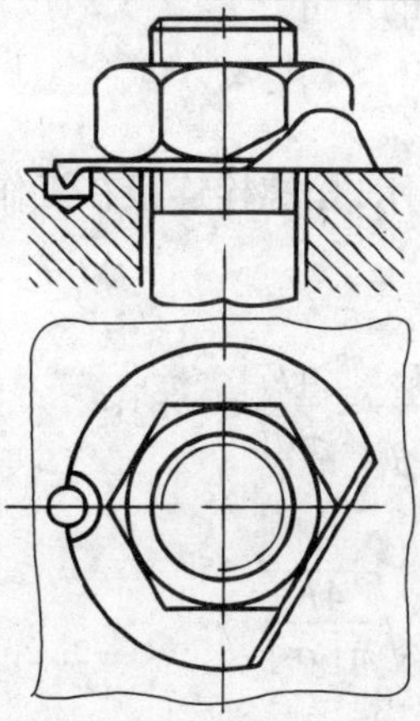 | 螺母拧紧后,将单耳或双耳止动垫圈分别向螺母和被连接件的侧面折弯贴紧,即可将螺母锁住。若两个螺栓需要双联锁紧,可采用双联止动垫圈,使两个螺母互相制动。结构简单,使用方便,防松可靠;适用于受力较大的场合 |
| | 用串金属丝 | 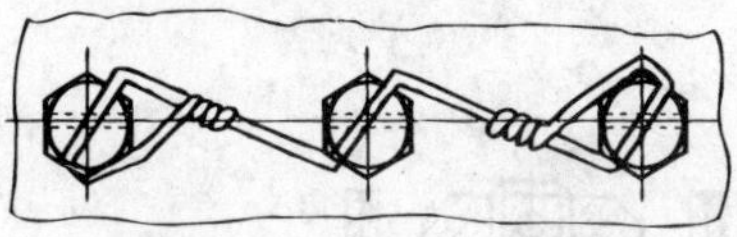 | 用低碳钢丝穿入各螺钉头部的孔内,将螺钉串联起来,使其相互制动。使用时必须注意钢丝的穿入方向。适用于螺钉组连接,防松可靠,但拆卸不便 |
| 破坏螺纹副运动关系 | 进行冲点和点焊 | 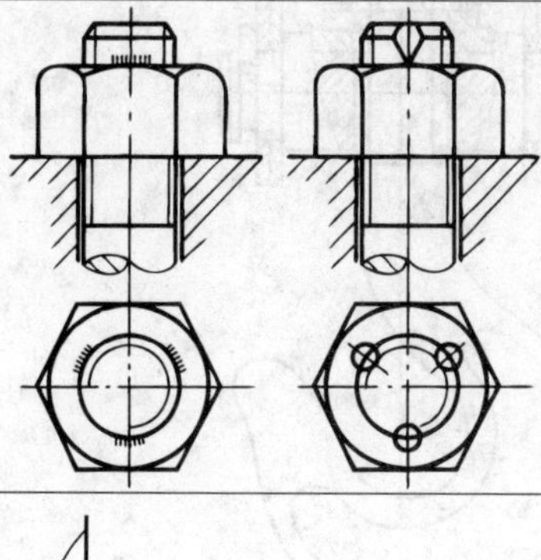 | 螺母拧紧后,在螺栓末段与螺线的旋合缝处冲点或焊接以防松。防松可靠,但拆卸后连接不能重复使用;适用于装配后不再拆开的场合 |
| | 黏结防松 | 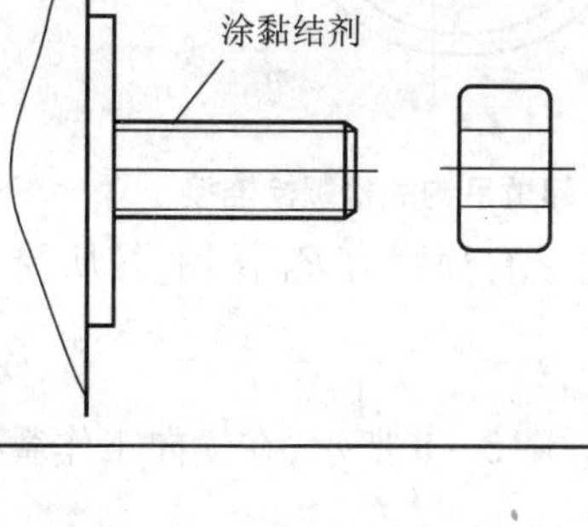 涂黏结剂 | 在旋合螺纹间涂以黏结剂,使螺纹副紧密胶合。防松可靠,且有密封作用。适用于不需拆卸的特殊连接 |

**八、螺栓连接的强度计算**

螺栓的主要失效形式有螺栓杆拉断、螺纹的压溃和剪断、经常装拆导致磨损而发生滑扣现象。根据上述失效形式,对于手拉螺栓,主要以拉伸强度条件作为计算依据;对于受剪螺栓,则以螺栓的剪切强度条件、螺栓杆或孔壁的挤压强度条件作为计算依据。螺栓和螺母的螺纹牙及其他部分的尺寸是根据等强度原则及使用经验规定的,采用标准件时,这些部分都不需要进行强度计算。所以,关于螺栓连接的计算主要是确定螺纹小径 $d_1$,然后按照标准选定螺纹公称直径(大径)$d$ 以及螺母和垫圈等连接零件的尺寸。

1. 受拉螺栓连接强度计算

(1)松螺栓连接强度计算。如图3-7所示,松螺栓连接在工作时只承受轴向工作载荷 $F$,其强度校核与设计计算分别为:

$$\sigma = \frac{F}{A} = \frac{F}{\frac{\pi}{4}d_1^2} = \frac{4F}{\pi d_1^2} \leq [\sigma]$$

$$d \geq \sqrt{\frac{4F}{\pi[\sigma]}}$$

式中,$F$ 为轴向工作载荷,N;$d_1$ 为螺纹小径,mm;$\sigma$ 为螺栓的工作压力,MPa;$[\sigma]$ 为螺栓的许用拉应力,MPa。

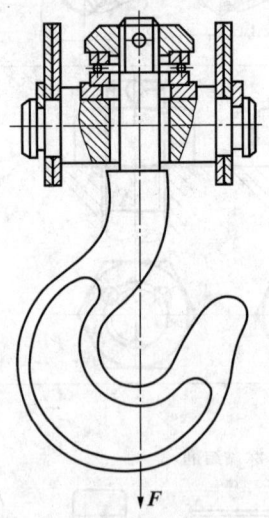

图3-7 起重吊钩的松螺栓连接

(2)紧螺栓连接强度计算。紧螺栓连接有预紧力 $F_0$ 作用,按所受工作载荷的方向分为以下两种情况。

①只受预紧力作用的紧螺栓连接。如图3-8所示,在横向工作载荷 $F_R$ 的作用下,由于螺

栓与孔之间留有间隙,工作时被连接件的接合面间有相对滑移的趋势,为防止此滑移,由预紧力 $F_0$ 所产生的最大摩擦力必须大于或等于横向工作载荷 $F_R$,即:

$$F_0 f m \geq F_R$$

引入可靠性系数 $C$,使得:

$$F_0 = \frac{CF_R}{fm}$$

式中,$F_0$ 为螺栓所受轴向预紧力,单位为 N;$C$ 为可靠性系数,$C = 1.1 \sim 1.3$;$F_R$ 为螺栓连接所受的横向工作载荷,单位为 N;$f$ 为接合面的摩擦系数,对于干燥的钢铁表面,取 $f = 0.1 \sim 0.15$;$m$ 为接合面的数目。

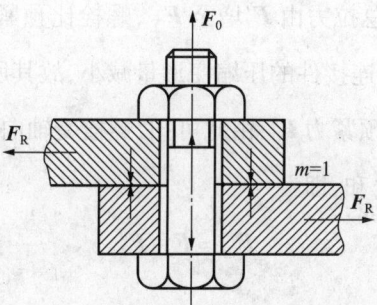

**图 3-8 受横向载荷作用的紧螺栓连接**

当拧紧螺栓连接时,螺栓的危险截面上受到由预紧力 $F_0$ 引起的拉应力 $\sigma$ 和由螺纹副中摩擦力矩 $T$ 引起的扭转切应力 $\tau$ 的复合作用。因螺栓材料是塑性的,复合应力可按第四强度理论计算,故螺栓的强度条件为:

$$\sigma_e = \sqrt{\sigma^2 + 3\tau^2} \leq [\sigma]$$

对于 M10~M68 的普通螺纹有 $\tau \approx 0.5\sigma$,因此

$$\sigma_e = \sqrt{\sigma^2 + 3\tau^2} = \sqrt{\sigma^2 + 3(0.5\sigma)^2} \approx 1.3\sigma$$

由此可见,扭转切应力对强度的影响在数学式上表现为轴向拉应力增大 30%,即校核公式为:

$$\sigma_e = \frac{1.3F_0}{\pi d_1^2/4} \leq [\sigma]$$

设计公式为:

$$d_1 \geq \sqrt{\frac{4 \times 1.3F_0}{\pi[\sigma]}}$$

式中,$[\sigma]$ 为松螺栓的许用拉应力,单位为 MPa。

联立以上校核公式和设计公式,即可求出螺栓的小径,查相关手册得到所求螺栓的公称尺寸。若 $f=0.15, C=1.2, m=1$,可得 $F_0 \geq 8F_R$。由此可见,预紧力为横向力的8倍,所以螺栓的尺寸相当大。故在工程设计中,可以采用键、套筒或销来承担横向力,也可以采用螺杆与孔没有间隙的铰制孔螺栓连接。

②受预紧力和轴向工作载荷的紧螺栓连接。这种紧螺栓连接常见于对紧密性要求较高的压力容器中,如汽缸、油缸中的法兰连接。如图3-9所示,工作载荷作用前,螺栓只受预紧力 $F'$ 作用,接合面受压力 $F'$ 的作用,且产生压缩变形 $\delta_1$;工作时,气缸内充入气体后,设气体压强为 $P$,螺栓数为 $z$,则缸体周围每个螺栓平均承受的轴向工作载荷为 $F = \dfrac{P \cdot \pi D^2 / 4}{z}$。在轴向工作载荷 $F$ 的作用下,螺栓中的总拉力由 $F'$ 增至 $F_\Sigma$,螺栓比预紧状态时增加伸长变形 $\delta_2$,被连接件则要回弹变形 $\delta_2$。由于被连接件的压缩变形量减小,故其所受压力将减小,不是原来的预紧力 $F'$,而变成减小后的剩余预紧力 $F''$,由此可知,螺栓受轴向载荷后,螺栓所受的总拉力 $F_\Sigma$ 为工作拉力与剩余预紧力 $F''$ 之和,即:

$$F_\Sigma = F + F''$$

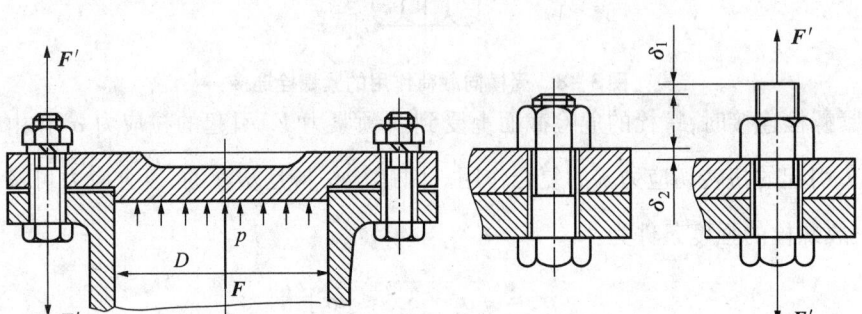

图3-9 汽缸盖受力分析

剩余预紧力的值可参照表3-6选取。

表3-6　　　　　　　　　剩余预紧力 $F''$ 的推荐值

| 连接性质 | | 剩余预紧力 $F''$ 的推荐值 |
| --- | --- | --- |
| 紧固连接 | 无变化 | $(0.2 \sim 0.6)F$ |
| | 有变化 | $(0.6 \sim 1.0)F$ |
| 紧密连接 | | $(1.5 \sim 1.8)F$ |
| 地脚螺栓连接 | | $\geq F$ |

此种情况下,螺栓的强度校核计算式为:

$$\sigma = \frac{1.3 F_\Sigma}{\frac{\pi d_1^2}{4}} \leq [\sigma]$$

螺栓的设计计算公式为:

$$d_1 \geq \sqrt{\frac{5.2 F_\Sigma}{\pi [\sigma]}}$$

除满足上式外,还要有适当的螺栓间距 $t_0$。$t_0$ 太大会影响连接的紧密性,通常满足 $3d \leq t_0 \leq 7d$ 即可。

2. 受横向载荷的铰制孔螺栓连接

图 3-10 所示为铰制孔螺栓连接,工作时,被连接件的接合面处受剪切,螺栓杆与被连接件的孔壁受挤压,因此,应分别按剪切和挤压强度计算。这类连接的预紧力不大,计算时可忽略不计。

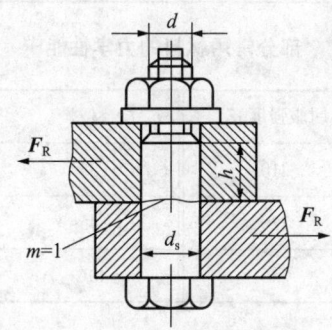

图 3-10 铰制孔螺栓连接受力分析

螺栓的剪切条件为:

$$\tau = \frac{F_R}{zm \frac{\pi}{4} d_s^2} \leq [\tau]$$

螺栓杆与孔壁的挤压强度条件为:

$$\sigma_p = \frac{F_R}{z d_s h} \leq [\sigma_p]$$

式中,$F_R$ 为单个铰制孔螺栓所受的横向载荷,单位为 N;$d_s$ 为铰制孔螺栓剪切面直径,单位为 mm;$h$ 为螺栓杆与孔壁挤压面的最小高度,单位为 mm;$[\tau]$ 为螺栓许用剪切应力,单位为 MPa;$[\sigma_p]$ 为螺栓或被连接件的许用挤压应力,单位为 MPa;$z$ 为螺栓数。

一般机械用螺栓连接在静载荷下的许用应力与安全系数,见表 3-7,部分常用材料的力学性能,见表 3-8。

表 3-7　　一般机械用螺栓连接在静载荷下的许用应力与安全系数

| 类型 | 许用应力 | 相关因素 | | | 安全系数 |
|---|---|---|---|---|---|
| 受拉螺栓连接 | 许用拉应力 $[\sigma]=\dfrac{\sigma_S}{S_S}$ | 松连接 | | | $S_S=1.2\sim1.7$ |
| | | 紧连接 | 控制预紧力 | 扭力扳手或定力扳手 | $S_S=1.6\sim2$ |
| | | | | 测量螺栓伸长量 | $S_S=1.3\sim1.5$ |
| | | | 不控制预紧力 | 碳素钢 | $S_S=2\sim4$ |
| | | | | 合金钢 | $S_S=2.5\sim5$ |
| 受剪螺栓连接 | 许用剪切应力 $[\tau]=\dfrac{\sigma_S}{S_S}$ | 紧连接 | 螺栓材料 | 钢 | $S_S=2.5$ |
| | 许用挤压应力 $[\sigma_p]=\dfrac{\sigma_{\lim}}{S_p}$ | | 螺栓或孔壁材料 | 钢 $\sigma_{\lim}=\sigma_S$ | $S_p=1\sim1.25$ |
| | | | | 铸铁 $\sigma_{\lim}=\sigma_b$ | $S_p=2\sim2.5$ |

表 3-8　　部分常用材料的力学性能　　　　　　　　　　　　MPa

| 材料 | 抗拉强度 $\sigma_b$ | 屈服强度 $\sigma_S$ | 材料 | 抗拉强度 $\sigma_b$ | 屈服强度 $\sigma_s$ |
|---|---|---|---|---|---|
| 10 | 340~420 | 210 | 35 | 540 | 320 |
| Q215 | 340~420 | 220 | 45 | 610 | 360 |
| Q235 | 410~470 | 240 | 40Cr | 750~1000 | 650~900 |

### 任务实施

(1)假设螺栓所受横向拉力为 $F=10^4$ N,采用 6 个螺栓,接合面间摩擦系数为 $f=0.15$,可靠性系数为 $K_f=1.2$,则:

$$F'=\frac{K_f F}{fmz}=\frac{1.2\times10^4}{0.15\times1\times6}=1.3\times10^4(\text{N})$$

(2)选择螺栓材料,确定许用应力。查表 3-8,选 Q235,取其 $\sigma_b=410\text{MPa}$,$\sigma_S=240\text{MPa}$。由表 3-7 可得,当不控制预紧力时,对碳素钢取 $S_S=4$,所以 $[\sigma]=\dfrac{\sigma_S}{S_S}=\dfrac{240}{4}=60\text{MPa}$。

(3)计算螺栓直径,为:

$$d_1\geqslant\sqrt{\frac{5.2F'}{\pi[\sigma]}}=\sqrt{\frac{5.2\times1.3\times10^4}{60\pi}}=18.9\text{mm}$$

查普通螺纹的基本尺寸,取 $d=20\text{mm}$,$p=2.5\text{mm}$。

(4)校核螺栓连接强度。

①查表 3-8,仍选 Q235,取其 $\sigma_b = 410\text{MPa}$,$\sigma_S = 240\text{MPa}$。由表 3-7 取 $S_S = 2.5$,所以,

$$[\tau] = \frac{\sigma_S}{S_S} = \frac{240}{2.5} = 96\text{MPa}$$

$$[\sigma_p] = \frac{\sigma_S}{S_p} = \frac{240}{1.25} = 192\text{MPa}$$

②校核螺栓强度。对 M20 的铰制孔螺栓,由标准中查得 $d_1 = 21\text{mm}$,$\sigma_{min} = 23\text{mm}$,则:

$$\tau = \frac{F}{Z \cdot \frac{\pi d_1^2}{4}} = \frac{10^4 \times 4}{6\pi \cdot 21^2} = 4.8\text{MPa} < [\tau]$$

$$\sigma_p = \frac{F}{Z \cdot d \cdot \delta_{min}} = \frac{10^4}{6 \times 21 \times 23} 3.45\text{MPa} < [\sigma_p]$$

可知,铰制孔用螺栓强度足够。

## 习 题

图 3-9 所示,气缸盖与气缸体的凸缘厚度均为 30mm,采用普通螺栓连接。已知气体压强为 $P = 1.5\text{MPa}$,气缸内径为 $D = 250\text{mm}$,12 个螺栓分布圆直径 $D_0 = 350\text{mm}$,采用测力矩扳手装配,试确定螺栓的直径。

# 课题二 螺旋传动

## 任务 螺旋传动装置设计

【学习目标】

1. 掌握螺旋传动的分类和应用;
2. 掌握螺旋传动的相关计算。

### 任务引入

如图 3-11 所示为一个螺旋传动装置的示意图,其中,1 是螺杆,2 是工作台;伴随螺杆的转动,工作台将进行往复运动,试确定该螺旋传动的类型及工作原理。

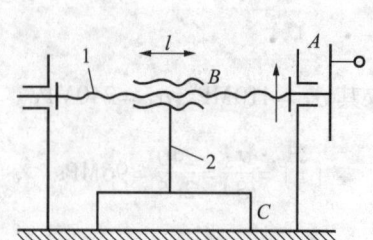

1—螺杆　2—工作台

图3-11　螺旋传动示意图

### 任务分析

什么是螺旋传动呢？螺旋传动又是如何分类的呢？组成螺旋传动的构件又是如何确定的？如果要设计这一螺旋传动机构,我们就必须了解螺旋传动机构的结构特点、工作原理和相关参数的计算方法。

### 相关知识

#### 一、螺旋传动的应用形式

由螺杆和螺母组成的简单螺旋副传动又称为普通螺旋传动。螺旋传动具有结构简单、工作连续平稳、承载能力大、传动精度高等优点,因此,广泛应用于各种机械和仪表中。螺旋传动主要是把回转运动变成直线运动,按照使用要求的不同可分为3类。

(1)传力螺旋机构:以传递动力为主,要求用较小的力矩转动螺杆(或螺母),使螺母(或螺杆)产生轴向运动和较大的轴向力。这个轴向力可以用来做起重和加压等工作,如螺旋千斤顶和螺旋压力机。

(2)传导螺旋机构:以传递运动为主,并要求具有很高的运动精度,常用作机床刀架或工作台的进给机构。

(3)调整螺旋机构:用于调整并固定零件或部件之间的相对位置,调整螺旋不经常转动。

#### 二、螺旋传动机构直线移动方向的判定

普通螺旋传动时,从动件作直线移动的方向不仅与螺纹的回转方向有关,还与螺纹的旋向有关,其判断步骤如下。

(1)右旋螺纹用右手,左旋螺纹用左手。手握空拳,四指的指向与螺杆(或螺母)的回转方向相同,大拇指竖直。

(2)若螺杆(或螺母)回转并移动,螺母(或螺杆)不动,则大拇指的指向即为螺杆(或螺母)的移动方向。

(3) 若螺杆(或螺母)回转,螺母(或螺杆)移动,则大拇指指向的相反方向即为螺母(或螺杆)的移动方向。

如图3-11所示的螺旋传动机构中,螺杆只作转动,螺母带动工作台作直线运动(进或退),其旋向为右旋,因此,按图示方向旋转手轮时,工作台的移动方向向右。

### 三、相关计算

螺旋传动的失效主要是由于螺纹磨损,因此,相关计算中通常先由耐磨性条件算出螺杆的直径和螺母高度,并参照标准确定螺旋各主要参数,而后再对可能发生的其他失效一一进行校核。

**1. 耐磨性计算**

影响磨损的因素很多,目前还没有完善的计算方法,通常是限制螺纹接触处的压强,其校核公式为:

$$P = \frac{F_a}{\pi d_2 hz} \leqslant [P]$$

式中,$F_a$ 为轴向力,单位为 N;$Z$ 为参加接触的螺纹圈数;$d_2$ 为螺纹中径;$h$ 为螺纹的工作高度,单位为 mm;$[P]$ 为许用压强,单位为 MPa,见表3-9。

表3-9　　　　　　　　　　螺旋副的许用压强(MPa)

| 配对材料 | | 钢对铸铁 | 钢对青铜 | 淬火钢对青铜 |
|---|---|---|---|---|
| 许用压强 | 速度 $v < 12$m/min | 4~7 | 7~10 | 10~13 |
| | 低速,如人力驱动等 | 10~18 | 15~25 | — |

注:对于精密传动或要求使用寿命长,可取表中值的 $\frac{1}{2} \sim \frac{1}{3}$。

为了设计方便,令 $\phi = \frac{H}{d_2}$,$H$ 为螺母旋合高度,又因 $z = \frac{H}{p}$,梯形螺纹的工作高度 $h = 0.5P$,锯齿形螺纹的工作高度 $h = 0.75P$,将这些关系代入上式中整理后,可得螺纹中径 $d_2$ 的设计公式为:

梯形螺纹:$d_2 \geqslant 0.8 \sqrt{\dfrac{F_a}{\phi [P]}}$

锯齿形螺纹:$d_2 \geqslant 0.65 \sqrt{\dfrac{F_a}{\phi [P]}}$

$\phi$ 值的取法:对整体式螺母,由于磨损后不能调整间隙,为使受力均匀,螺纹接触圈数不宜过多,$\phi$ 取为 1.2~2.5;剖分式螺母 $\phi$ 取为 2.5~3.5。但应注意,螺纹圈数 $z$ 一般不应超过 10,因为螺纹各圈的受力是不均匀的,第 10 圈以上的螺纹实际上起不到分担载荷的作用。

计算出中径 $d_2$ 之后,即可按标准选取相应的公称直径 $d$ 及螺距 $p$。对有自锁要求的螺旋,还需验算所选的螺纹参数能否满足自锁条件。

**2. 螺杆强度的校核**

螺杆受轴向力 $F_a$ 作用,因此在螺杆轴向产生压(或拉)应力;同时,由于扭矩 $T$ 使螺杆截面内产生扭切应力,$T$ 可按螺杆实际的受力情况确定。根据压(或拉)应力和扭切应力,按第四强度理论可求出危险截面的当量应力 $\sigma_e$,即强度条件为:

$$\sigma_e = \sqrt{\sigma^2 + 3\tau^2} = \sqrt{\left(\frac{4F_a}{\pi d_1^2}\right) + 3\left(\frac{T}{\pi d_1^3/16}\right)^2} \leqslant [\sigma]$$

式中,$d_1$ 为螺纹小径;$[\sigma]$ 为螺杆材料的许用应力,对于碳素钢可取为 50~80MPa。

**3. 螺杆稳定性的校核**

受到较大轴向压力时,细长螺杆可能丧失稳定性,其临界载荷与材料、螺杆长细比(或称柔度)$\lambda = \frac{\mu l}{i}$ 有关。$i$ 为螺杆危险截面惯性半径,若螺杆危险截面面积 $A = \frac{\pi d_1^2}{4}$,单位为 $mm^2$,则

$$i = \sqrt{\frac{I}{A}} = \frac{d_1}{4}, \text{单位为 mm}$$

① 当 $\lambda \geqslant 100$ 时,临界载荷 $F_c$ 由欧拉公式决定,即:

$$F_c = \frac{\pi^2 EI}{(\mu l)^2}$$

式中,$E$ 为螺杆材料的弹性模量,对于钢取 $E = 2.06 \times 10^5$ MPa;$I$ 为危险截面的惯性矩,对螺杆可按螺纹小径 $d_1$ 计算,即 $I = \frac{\pi d_1^4}{64}$,单位为 $mm^4$;$l$ 为螺杆的最大工作长度,单位为 mm;$\mu$ 为长度系数,与螺杆端部结构有关。对于起重器,可视为一端固定、一端自由,取 $\mu = 2$;对于压力机,可视为一端固定、一端铰支,取 $\mu = 0.7$;对于传导螺杆,可视为两端铰支,取 $\mu = 1$。

② 当 $40 < \lambda < 100$ 时,对于 $\sigma_B \geqslant 370$MPa 的碳素钢,即

$$F_c = (304 - 1.12\lambda)\frac{\pi d_1^2}{4}$$

对于 $\sigma_B \geqslant 470$MPa 的优质碳素钢(如 35、40 号钢),即

$$F_c = (461 - 2.57\lambda)\frac{\pi d_1^2}{4}$$

③当 $\lambda<40$ 时,不必进行稳定性校核。稳定性应满足的条件为:

$$F_a \leqslant \frac{F_c}{S}$$

其中,$S$ 为稳定性校核的安全系数,通常取 $S=2.5\sim4$,当不能满足上述条件时应增大螺纹小径。

4. 螺纹牙强度的校核

防止沿螺母螺纹牙根部剪断的校核式为:

$$\tau = \frac{F_a}{\pi D b z} \leqslant [\tau]$$

式中,$b$ 为螺纹牙根部的宽度,梯形螺纹取 $b=0.65p$,锯齿形螺纹取 $b=0.74p$。若需校核螺杆螺纹牙的强度时,将上式中螺母的大径 $D$ 换为螺杆的小径 $d_1$ 即可。

对于铸铁螺母,$[\tau]=40\mathrm{MPa}$;对于青铜螺母,$[\tau]=30\sim40\mathrm{MPa}$。

### 任务实施

该机构采用的形式为螺杆轴向固定,但可以旋转。

工作原理:螺杆与机架组成转动副,螺母与螺杆配合并与工作台连接,螺母带动工作台沿机架导轨往复运动。

### 习题

如图 3-12 所示的机构中,螺杆作回转运动,带动工作台作往复运动,其螺纹为右旋螺纹。螺杆按照图示方向回转时,试判断工作台的移动方向。

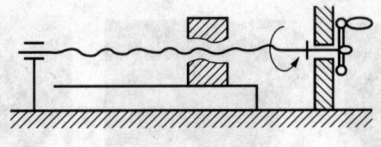

图 3-12 螺旋传动

# 项目四　带传动与链传动

两轴中心距离较大时的传动,一般采用带传动或链传动,如机床上的电动机和床头箱的动力传动采用 V 带传动来实现,自行车采用链传动来传递动力等。

## 课题一　平带的传动

### 任务　平带传动的计算

【学习目标】

1. 了解平带传动的形式、平带的类型及平带传动的主要参数;
2. 能够正确选用平带;
3. 掌握平带设计的相关计算。

带传动是由带和带轮组成,用来传递运动和动力的传动类型。带传动分摩擦传动和啮合传动两类。属于摩擦传动的有平带传动、V 带传动和多楔带传动,属于啮合传动的有同步带传动,如图4-1所示。其中,V 带传动和平带传动的应用最广泛。本课题将主要介绍平带传动。

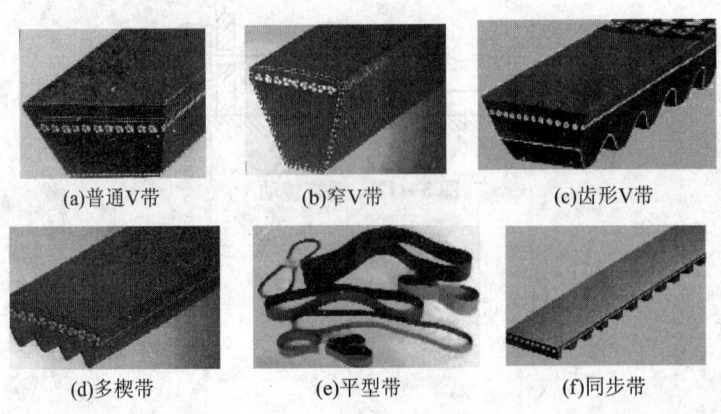

图 4-1　带传动

## 任务引入

如图4-2所示为大理石切割机的平带开口传动,若选用Y100L1-4三相异步电动机,其额定功率为2.2kW,转速为$n_1=1420$r/min,小带轮直径为$d_1=200$mm,传动比$i=3$,两传动轴中心距$a=1200$mm,试计算从动轮的直径,验算包角,并确定平带的类型及带长。

图4-2 大理石切割机(平带传动)

## 任务分析

平带传动是带传动的一种类型。设计平带传动,就是根据具体的工作情况,分析和计算平带传动的主要参数,确定平带的类型。平带传动有什么特点?在实际应用中有哪些形式?

## 相关知识

### 一、平带传动的形式

平带传动是由平带和带轮组成的摩擦传动,平带的工作面与带轮的轮缘表面接触,通过做相对运动产生摩擦力,进而传递运动或动力。

1. 平带开口传动

平带开口传动是带轮的两轴线平行、两轮宽的对称平面重合、转向相同的平带传动,如图4-3所示,这种传动形式在平带传动中应用最为广泛。

2. 平带交叉传动

平带交叉传动是带轮的两轴线平行、两轮宽的对称平面重合、转向相反的平带传动,如图4-4所示,这种传动形式在平带传动中应用也比较广泛。

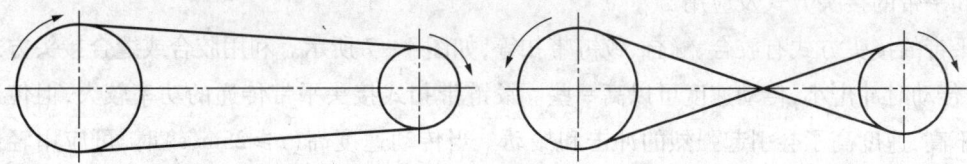

图4-3 平带开口传动　　　　图4-4 平带交叉传动

3. 平带半交叉传动

平带半交叉传动是带轮的两轴线在空间交错的平带传动,交错角通常为30°,如图4-5所示。

### 4. 平带角度传动

平带角度传动是带轮的两轴线相交的平带传动,如图4-6所示。

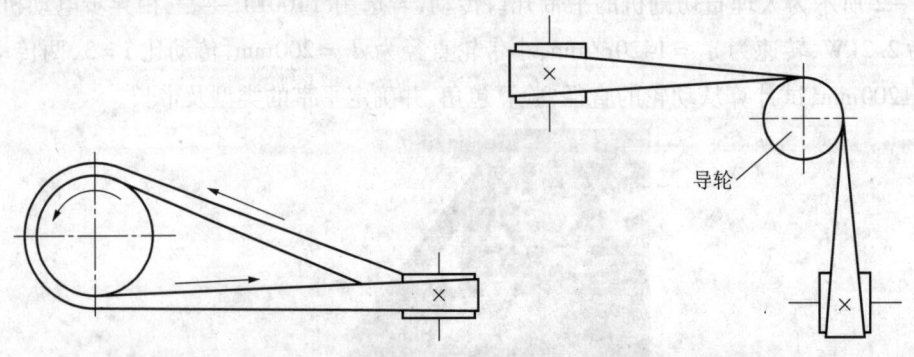

图4-5 平带半交叉传动　　　　图4-6 平带角度传动

## 二、平带的类型和接头方式

### 1. 平带的主要类型

平带的主要类型有帆布芯平带、编织平带和锦纶片复合平带等。其中,以帆布芯平带(以帆布为抗拉体的平带)的应用最为广泛。平带的类型、结构、特点和应用,见表4-1。

表4-1　　　　平带的类型、结构、特点和应用

| 类型 | 结构 | 特点 | 应用 |
| --- | --- | --- | --- |
| 帆布芯平带 | 由数层挂胶帆布黏合而成,有开边式和包边式 | 抗拉强度较大,耐湿性好,价廉,耐热,耐油性能差,开边式,较柔软 | $v < 30m/s$,$p < 500kW$,$i < 6$,轴间距较大的传动 |
| 编织平带 | 包括棉织、毛织和缝合棉布带,以及用于高速传动的丝、麻、锦纶编织带。带面有覆胶和不覆胶两种 | 曲挠性好,传递功率小,易松弛 | 中、小功率传动 |
| 锦纶片复合平带 | 承载层为锦纶片(有单层和多层黏合),工作面上贴有挂胶帆布或特殊织物等 | 强度高,摩擦因数大,曲挠性好,不易松弛 | 大功率传动,薄型可用于高速传动 |

### 2. 平带的接头方式及应用

平带的接头方式有胶合、缝合、铰链带扣等,如图4-7所示。利用胶合或缝合接头方式的平带,传动时冲击小,传动速度可以高一些。铰链带扣式接头平带传递的功率较大,但传递的速度不高,速度高了会引起强烈的冲击和振动。当传动速度高($v \geq 25m/s$)时,可应用轻而薄的高速平带;传递较小功率时,可用编织平带(编织平带是由纤维线编织成的无接头平带);传递较大功率时,可采用由锦纶片或涤纶绳作为承载层、工作面上贴有挂胶帆布的无接头复合平带。

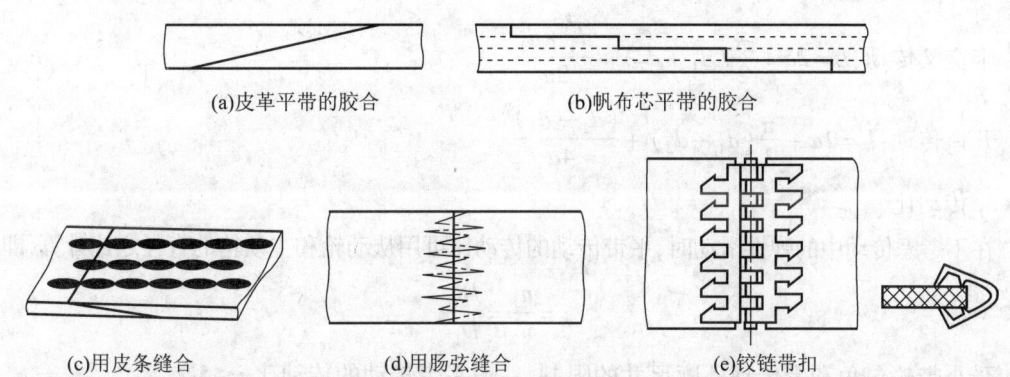

(a)皮革平带的胶合　(b)帆布芯平带的胶合

(c)用皮条缝合　(d)用肠弦缝合　(e)铰链带扣

图 4-7　平带常用的接头方式

### 三、平带传动的主要参数

**1. 包角 α**

包角 α 是指带与带轮接触弧所对的圆心角,如图 4-8 所示。包角 α 的大小,反映带与带轮轮缘表面间接触弧的长短。包角 α 越小,接触弧越短,接触面间产生的摩擦力的总和也就越小。为了保证平带传动的承载能力,包角 α 不能太小,一般要求 α≥150°。由于大带轮上的包角 $α_2$ 总是比小带轮包角 $α_1$ 大,因此,只需验算小带轮上的包角 $α_1$ 是否满足要求即可,小带轮包角 $α_1$ 的计算方法如下:

交叉传动:$α_1 ≈ 180° + \dfrac{d_2 + d_1}{a} × 57.3°$

半交叉传动:$α_1 ≈ 180° + \dfrac{d_1}{a} × 57.3°$

开口传动:$α_1 ≈ 180° - \dfrac{d_2 - d_1}{a} × 57.3°$

式中,$d_1$ 为小带轮直径,mm;$d_2$ 为大带轮直径,mm;$a$ 为中心距,mm。

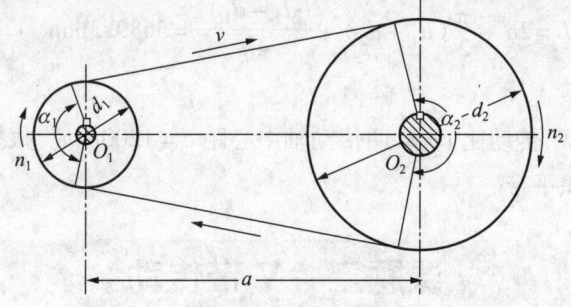

图 4-8　平带传动参数

**2. 带长 L**

平带的带长是指带的内周长度,其计算方法如下:

交叉传动:$L = 2a + \dfrac{π}{2}(d_1 + d_2) + \dfrac{(d_2 + d_1)^2}{4a}$

半交叉传动：$L = 2a + \dfrac{\pi}{2}(d_1 + d_2) + \dfrac{d_2^2 + d_1^2}{2a}$

开口传动：$L = 2a + \dfrac{\pi}{2}(d_1 + d_2) + \dfrac{(d_2 - d_1)^2}{4a}$

3. 传动比

在不考虑传动中的弹性滑动时，平带传动的传动比可用从动轮和主动轮的直径之比计算，即：

$$i = \frac{n_1}{n_2} = \frac{D_2}{D_1}$$

受小带轮包角和带传动外廓尺寸的限制，一般平带传动的传动比 $i \leqslant 5$。

4. 中心距 $a$

当带张紧时，两带轮轴线间的距离称为中心距。平带开口传动中的实际中心距用下式计算：

$$a = A + \sqrt{A^2 - B}$$

式中，$A = \dfrac{L}{4} - \dfrac{\pi(d_1 + d_2)}{8}$；$B = \dfrac{(d_2 - d_1)^2}{8}$。

### 任务实施

1. 计算从动轮直径

计算从动轮直径为：$\quad d_2 = i d_1 = 600\,\text{mm}$

2. 计算小带轮包角

计算小带轮包角为：$\quad \alpha_1 \approx 180° - \dfrac{d_2 - d_1}{a} \times 60° \geqslant 160°$

符合设计要求。

3. 计算带长

计算带长为：$\quad L = 2a + \dfrac{\pi}{2}(d_1 + d_2) + \dfrac{(d_2 - d_1)^2}{4a} = 3689.3\,\text{mm}$

4. 确定平带的类型

传递功率为 2.2kW，传动比 $i = 3$，两传动轴中心距 $a = 1200\,\text{mm}$。根据表 4-1，该传动中可选用帆布芯平带或编织平带。

## 课题二　V 带传动

### 任务　V 带传动的设计

【学习目标】

1. 了解 V 带、V 带轮的结构和主要参数；

2. 掌握 V 带传动的设计步骤及计算方法。

## 任务引入

设计带式输送机中的普通 V 带传动。原动机为 Y 系列三相异步电动机,已知传动功率为 $P_1 = 5kW$,转速 $n_1 = 960 r/min$,小带轮直接安装在电动机上,传动比为 3(允许误差 $\Delta = \pm 5\%$)。该机器露天作业,软起动,每天工作 8h。

## 任务分析

V 带传动设计与平带传动设计一样,也是根据其工作条件和工作环境来进行的。要完成对 V 带轮传动的设计,需要掌握 V 带的材料、结构、类型及基准长度,合理选择 V 带传动的几何参数,根据所传递功率的大小确定 V 带根数,并验算 V 带带轮和小带轮的包角,计算作用在轴上的载荷。在全面掌握和学习 V 带传动的设计基础知识之后,即可按照 V 带传动设计给定的已知条件进行合理的设计。

## 相关知识

V 带传动是由一条或数条 V 带和 V 带轮组成的摩擦传动。V 带安装在相应的轮槽内,仅与轮槽的两侧面接触,而不与轮槽底接触。

### 一、V 带

1. V 带的几何参数

(1) 节宽 $b_p$。如图 4-9 所示,节宽就是带的节面宽度。

(2) 高度 $h$。梯形轮廓的高度叫做带的高度。

(3) 顶宽 $b$。V 带横截面中梯形轮廓的最大宽度叫做顶宽。

(4) 楔角 $\alpha$。V 带两侧边的夹角为楔角。V 带楔角 $\alpha$ 等于 $40°$。

(5) V 带的基准长度 $L_d$。V 带的基准长度是 V 带在规定的张紧力下位于测量带轮基准直径上的周线长度。

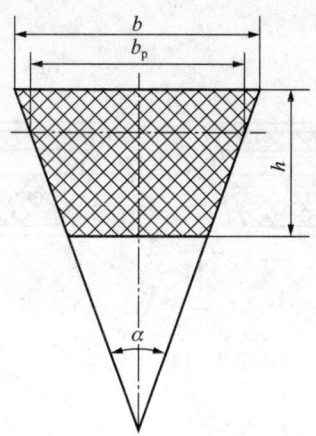

**图 4-9　V 带的几何参数**

GB/T 11544—1997《普通 V 带和窄 V 带尺寸》对普通 V 带的基准长度作了具体规定,见

表4-2。

表4-2　　　　　普通V带的基准长度和带长的修正系数

| $L_d$(mm) | $K_L$ Y | $K_L$ Z | $K_L$ A | $L_d$(mm) | $K_L$ Z | $K_L$ A | $K_L$ B | $K_L$ C | $K_L$ D | $L_d$(mm) | $K_L$ A | $K_L$ B | $K_L$ C | $K_L$ D | $K_L$ E |
|---|---|---|---|---|---|---|---|---|---|---|---|---|---|---|---|
| 200 | 0.81 | | | 900 | 1.03 | 0.87 | 0.82 | | | 4000 | 1.19 | 1.13 | 1.02 | 0.91 | |
| 224 | 0.82 | | | 1000 | 1.06 | 0.89 | 0.84 | | | 4500 | | 1.15 | 1.04 | 0.93 | 0.90 |
| 250 | 0.84 | | | 1120 | 1.08 | 0.91 | 0.86 | | | 5000 | | 1.18 | 1.07 | 0.96 | 0.92 |
| 280 | 0.87 | | | 1250 | 1.11 | 0.93 | 0.88 | | | 5600 | | 1.20 | 1.09 | 0.98 | 0.95 |
| 315 | 0.89 | | | 1400 | 1.14 | 0.96 | 0.90 | | | 6300 | | | 1.12 | 1.00 | 0.97 |
| 355 | 0.92 | | | 1600 | 1.16 | 0.99 | 0.92 | 0.83 | | 7100 | | | 1.15 | 1.03 | 1.00 |
| 400 | 0.96 | 0.87 | | 1800 | 1.18 | 1.01 | 0.95 | 0.86 | | 8000 | | | 1.18 | 1.06 | 1.02 |
| 450 | 1.00 | 0.89 | | 2000 | | 1.03 | 0.98 | 0.88 | | 9000 | | 1.21 | 1.08 | 1.05 | |
| 500 | 1.02 | 0.91 | | 2240 | | 1.06 | 1.00 | 0.91 | | 10000 | | | 1.23 | 1.11 | 1.07 |
| 560 | | 0.94 | | 2500 | | 1.09 | 1.03 | 0.93 | | 11200 | | | | 1.14 | 1.10 |
| 630 | | 0.96 | 0.81 | 2800 | | 1.11 | 1.05 | 0.95 | 0.83 | 12500 | | | | 1.17 | 1.12 |
| 710 | | 0.99 | 0.83 | 3150 | | 1.13 | 1.07 | 0.97 | 0.86 | 14000 | | | | 1.20 | 1.15 |
| 800 | | 1.00 | 0.85 | 3550 | | 1.17 | 1.09 | 0.99 | 0.89 | 16000 | | | | 1.22 | 1.18 |

**2. V带的结构**

V带是横截面为等腰梯形或近似为等腰梯形的传动带,由包布层、顶胶层、抗拉层和底胶层四部分组成。顶胶层和底胶层采用弹性好的胶料,易于产生弯曲变形;包布层采用胶帆布,较耐磨,可以起到保护作用;抗拉层有帘布芯和线绳芯两种结构,承受带的拉力。V带结构如图4-10所示。

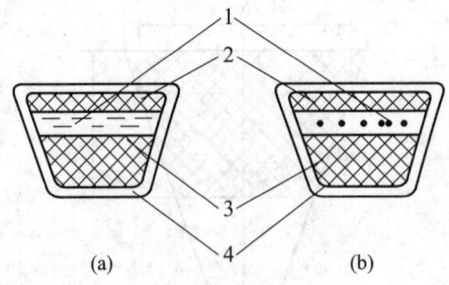

图4-10　V带结构

1—抗拉层　2—顶胶层　3—底胶层　4—包布层

**3. V带的类型**

V带的主要类型有普通V带、窄V带、宽V带、半宽V带等,它们的楔角都是40°。本书主要讨论的是普通 V 带。

**4. 普通 V 带的型号及截面尺寸**

普通 V 带共有 Y、Z、A、B、C、D 及 E 七种型号。各种型号 V 带的截面尺寸见表 4-3 所示,Y 型 V 带截面尺寸最小,E 型 V 带截面尺寸最大。V 带的截面积越大,其传递的功率也越大。

表 4-3　　　　　　　　　　普通 V 带的截面尺寸

| 带型 | | 节宽 $b_p$ | 顶宽 $b$ | 高度 $h$ | 质量 $q$ (kg/m) | 楔角 $\alpha$ |
|---|---|---|---|---|---|---|
| 普通 V 带 | 窄 V 带 | | | | | |
| Y | | 5.3 | 6 | 4 | 0.02 | 40° |
| Z | SPZ | 8.5 | 10 | 6 | 0.06 | |
| A | SPA | 11.0 | 13 | 8 | 0.10 | |
| B | SPB | 14.0 | 17 | 11 | 0.17 | |
| C | SPC | 19.0 | 22 | 14 | 0.30 | |
| D | | 27.0 | 32 | 19 | 0.62 | |
| E | | 32.0 | 38 | 25 | 0.90 | |

**5. V 带的标注**

例如,截面形状为 A 型、基准长度 $L_d = 1400$mm 的普通 V 带,标准号为 GB/T 11544—1997,则该 V 带的标注为:A1400　GB/T11544—1997。

## 二、V 带轮

**1. V 带轮几何参数**

(1) V 带轮的基准宽度 $b_d$。通常基准宽度 $b_d$ 和所配用的 V 带的节面处于同一位置,也就是基准宽度等于节宽,即 $b_d = b_p$,如图 4-11 所示。

(2) V 带轮的基准直径 $d_d$。带轮轮槽基准宽度处的带轮直径称为基准直径。

(3) 槽角 $\varphi$。轮槽横截面两侧边的夹角为槽角。槽角 $\varphi$ 常取 38°、36°、34°。由于小直径带轮上的 V 带变形较严重,$\varphi$ 值应小些;大带轮的 $\varphi$ 值应大些。

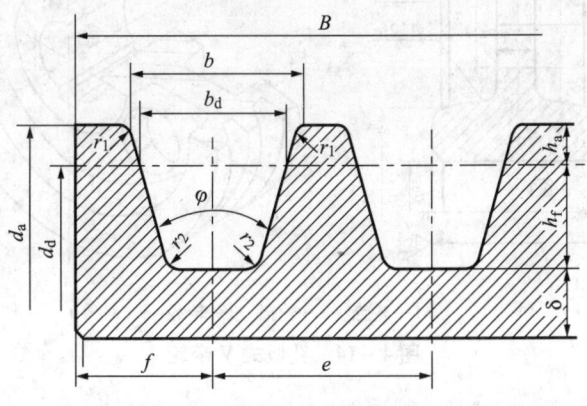

图 4-11　V 带轮的轮槽剖面尺寸

## 2. V 带轮的结构

V 带轮必须满足如下要求:易于制造,质量轻且分布均匀,安装对中性好,铸造或焊接时所引起的应力要小;与带接触的槽轮侧面应仔细加工,以延长 V 带的使用寿命。不同结构的 V 带轮的基准直径,见表 4-4,相应的 V 带轮结构如图 4-12 至图 4-15 所示。

表 4-4　　　　　　　　　　不同结构 V 带轮的基准直径

| 带轮结构 | 实体式 V 带轮 | 腹板式 V 带轮 | 孔板式 V 带轮 | 椭圆轮辐式 V 带轮 |
| --- | --- | --- | --- | --- |
| 使用范围 | $d_d \leq 200$mm 或 $d_d \leq (1.5 \sim 3) d_0$ ($d_0$ 为辅孔的直径) | $d_d \leq 300$mm | $d_d \leq 400$mm | $d_d > 400$mm |

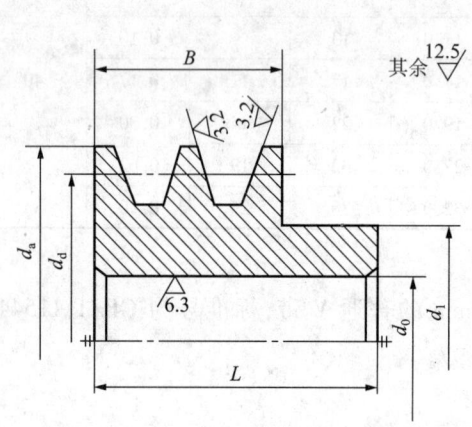

图 4-12　实体式 V 带轮　　　　　　图 4-13　腹板式 V 带轮

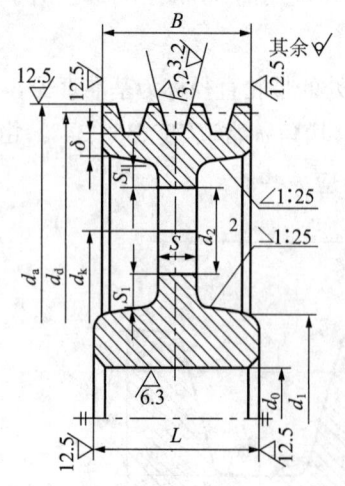

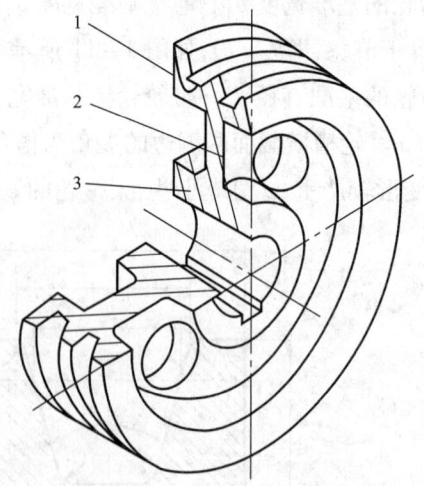

1—轮缘　2—轮辐　3—轮毂

图 4-14　孔板式 V 带轮

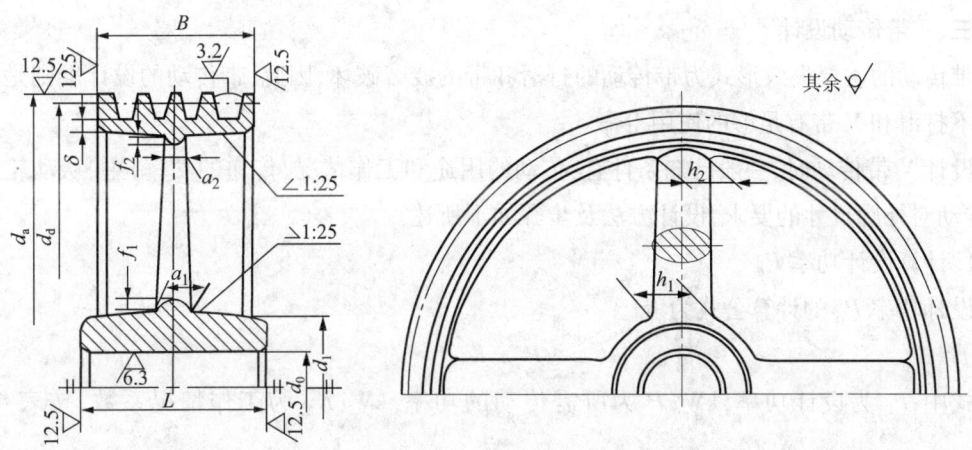

图 4-15 椭圆轮辐式 V 带轮

### 3. V 带轮的材料

V 带轮的材料可根据 V 带轮的线速度或带轮的直径来选取，见表 4-5。

表 4-5　　　　　　　　　　　　V 带轮的材料

| 带轮材料 | HT200、HT150 | HT200、钢制带轮 | 钢板焊接式的带轮 | 塑料带轮 | 铝合金带轮 |
|---|---|---|---|---|---|
| 使用范围 | $v \leq 30\text{m/s}$ | $v > 30\text{m/s}$ | $d \geq 500\text{mm}$ | 低速传动，小功率传动，$v < 15\text{m/s}$ | 高速传动时的带轮 |

### 4. V 带轮的轮槽及轮缘的截面尺寸

V 带轮的轮槽及轮缘的截面形状，如图 4-11 所示，其主要参数见表 4-6。

表 4-6　　　　　　　　　　　　V 带轮的轮槽尺寸

| 普通 V 带型号 | | Y | Z | A | B | C | D | E |
|---|---|---|---|---|---|---|---|---|
| 带轮基准宽度 | $b_d$ | 5.3 | 8.5 | 11 | 14 | 19 | 27 | 32 |
| 带轮最小基准直径 | $d_{d\min}$ | 20 | 50 | 75 | 125 | 200 | 355 | 500 |
| 顶宽 | $b$ | 6.3 | 10.1 | 13.1 | 17.2 | 23 | 32.7 | 38.7 |
| 基准线上槽深 | $h_{a\min}$ | 1.6 | 2.0 | 2.75 | 3.5 | 4.8 | 8.1 | 9.6 |
| 基准线下槽深 | $h_{f\min}$ | 4.7 | 7.0 | 8.7 | 10.8 | 14.3 | 19.9 | 23.4 |
| 槽间距 | $e$ | $8 \pm 0.3$ | $12 \pm 0.3$ | $15 \pm 0.3$ | $19 \pm 0.4$ | $25.5 \pm 0.5$ | $37 \pm 0.6$ | $44.5 \pm 0.7$ |
| 槽中心至轮端面间距 | $f$ | $7 \pm 1$ | $8 \pm 1$ | $10^{+2}_{-1}$ | $12.5^{+2}_{-1}$ | $17^{+2}_{-1}$ | $23^{+3}_{-1}$ | $29^{+4}_{-1}$ |
| 最小轮缘厚度 | $\sigma_{\min}$ | 5 | 5.5 | 6 | 7.5 | 10 | 12 | 15 |
| 轮槽角(°) 32 对应基准直径 $d_d$ | | ≤60 | — | — | — | — | — | — |
| 轮槽角(°) 34 对应基准直径 $d_d$ | | — | ≤80 | ≤118 | ≤190 | ≤315 | — | — |
| 轮槽角(°) 36 对应基准直径 $d_d$ | | >60 | — | — | — | — | ≤475 | ≤600 |
| 轮槽角(°) 38 对应基准直径 $d_d$ | | — | >80 | >118 | >190 | >315 | >475 | >600 |
| 带轮外径 | $d_a$ | $d_a = d_d + 2h_a$ | | | | | | |
| 轮缘宽度 | $B$ | $B = (z-1)e + 2f$（$z$ 为轮槽数） | | | | | | |

### 三、V 带传动设计

带传动的主要失效形式为带传动的打滑和带的疲劳破坏,因此,带传动的设计准则是保证传动不打滑和 V 带有足够的使用寿命。

设计 V 带传动时,一般已知条件有:传动的用途和工作情况,传递的功率,主、从动轮的转速,传动对外廓尺寸的要求,设计方法及步骤如下所述。

**1. 计算设计功率 $P_d$**

设计功率 $P_d$ 的计算公式为

$$P_d = K_A P$$

式中,$P_d$ 为设计功率,kW;$P$ 为所需传动的功率,kW;$K_A$ 为工作情况系数,按表 4-7 选取。

表 4-7　　　　　　　　　　　工作情况系数 $K_A$

| 工作机 | | $K_A$ | | | | | |
|---|---|---|---|---|---|---|---|
| | | 空、轻载启动 | | | 重载启动 | | |
| | | 每天工作小时数/h | | | | | |
| | | <10 | 10~16 | >16 | <10 | 10~16 | >16 |
| 载荷变动微小 | 液体搅拌机,通风机和鼓风机(≤7.5kW),离心式水泵和压缩机,轻负荷输送机 | 1.0 | 1.1 | 1.2 | 1.1 | 1.2 | 1.3 |
| 载荷变动小 | 带式输送机(不均匀负荷),通风机(≥7.5kW),旋转式水泵和压缩机(非离心式),发电机,金属切削机床,印刷机,旋转筛,锯木机和木工机械 | 1.1 | 1.2 | 1.3 | 1.2 | 1.3 | 1.4 |
| 载荷变动较大 | 制砖机,斗式提升机,往复式水泵和压缩机,起重机,磨粉机,冲剪机床,橡胶机械,振动筛,纺织机械,重载输送机 | 1.2 | 1.3 | 1.4 | 1.4 | 1.5 | 1.6 |
| 载荷变动很大 | 破碎机(旋转式、颚式等),磨碎机(球磨、棒磨、管磨) | 1.3 | 1.4 | 1.5 | 1.5 | 1.6 | 1.8 |

**2. 选择 V 带的型号**

普通 V 带的带型根据传动的设计功率 $P_d$ 和小带轮的转速 $n_1$ 按图 4-16 选取(Y 型主要传动运动未列入图内)。

**3. 确定带轮的基准直径**

带轮的基准直径不能太小,基准直径越小,传动时 V 带在带轮上弯曲变形越严重,弯曲应力就越大。因此,对于各种型号的普通 V 带带轮都规定了最小基准直径 $d_{dmin}$,即应满足 $d_{d1} \geq d_{dmin}$,则大带轮的基准直径 $d_{d2} = i d_{d1}$,并取标准值。$d_{dmin}$ 可从表 4-6 查取,并按表 4-8 选取 V 带轮的基准直径。

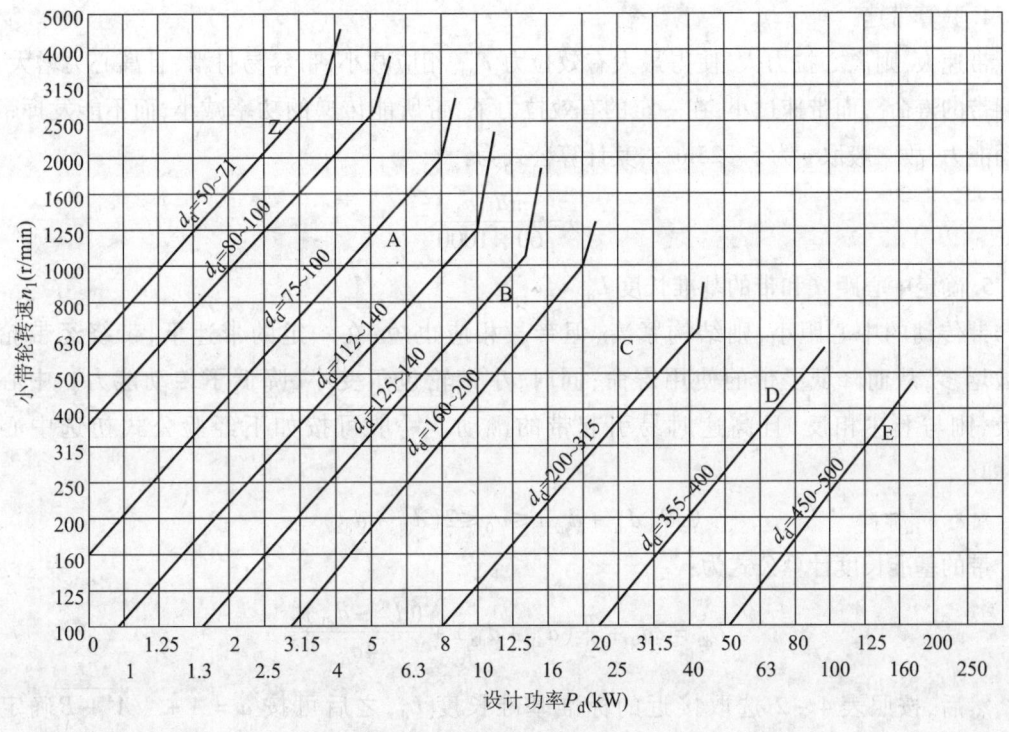

图 4-16　V 带带型选取依据

表 4-8　　　　　　　　　各种型号 V 带轮基准直径系列

| 型号 | 基准直径 $d_d$ | | | | | | | | | | | | |
|---|---|---|---|---|---|---|---|---|---|---|---|---|---|
| Y | 20 | 22.4 | 25 | 28 | 31.5 | 35.5 | 40 | 45 | 50 | 56 | 63 | 71 | 80 | 90 |
|  | 100 | 112 | 125 | | | | | | | | | | | |
| Z | 50 | 56 | 63 | 71 | 75 | 80 | 90 | 100 | 112 | 125 | 132 | 140 | 150 | 160 |
|  | 180 | 200 | 224 | 250 | 280 | 315 | 355 | 400 | 500 | 560 | 630 | | | |
| A | 75 | 80 | (85) | 90 | (95) | 100 | (106) | 112 | (118) | 125 | (132) | 140 | 150 | 160 |
|  | 180 | 200 | 224 | (250) | 280 | 315 | (355) | 400 | (450) | 500 | 560 | 630 | 710 | 800 |
| B | 125 | (132) | 140 | 150 | 160 | (170) | 180 | 200 | 224 | 250 | 280 | 315 | 355 | 400 |
|  | 150 | 500 | 560 | (600) | 630 | 710 | (750) | 800 | (900) | 1000 | 1120 | | | |
| C | 200 | 212 | 224 | 236 | 250 | (265) | 280 | 300 | 315 | (335) | 355 | 400 | 450 | 500 |
|  | 560 | 600 | 630 | 710 | 750 | 800 | 900 | 1000 | 1120 | 1250 | 1400 | 1600 | 2000 | |
| D | 355 | (375) | 400 | 425 | 450 | (475) | 500 | 560 | (600) | 630 | 710 | 750 | 800 | 900 |
|  | 1000 | 1060 | 1120 | 1250 | 1400 | 1500 | 1600 | 1800 | 2000 | | | | | |
| E | 500 | 530 | 560 | 600 | 630 | 670 | 710 | 800 | 900 | 1000 | 1120 | 1250 | 1400 | 1500 |
|  | 1600 | 1800 | 2000 | 2240 | 2500 | | | | | | | | | |

注：括号内的数字尽量不采用。

**4. 验算带速**

带速大，则离心拉力大，使得最大有效拉力 $F_{max}$ 相应减小，带容易打滑，且离心力增大，会影响带的寿命。而带速过小，在一定的有效拉力下，带所能传递的功率减小，而不能发挥带的传动能力，故一般取 $v$ 为 5～25m/s，其计算公式为：

$$v = \frac{\pi d_{d1} n_1}{60 \times 1000}$$

**5. 确定中心距 $a$ 和带的基准长度 $L_d$**

带传动的中心距小，则结构紧凑，但带长相应也短；在一定的带速下，带绕经带轮的次数增多，从而降低了带的使用寿命；同时，小带轮包角变小，降低了传动能力。中心距过大，则与上述相反，且高速时易引起带的颤动。一般可按如下经验公式初选中心距 $a_0$，即

$$0.7(d_{d1} + d_{d2}) \leqslant a_0 \leqslant 2(d_{d1} + d_{d2})$$

带的基准长度计算公式为：

$$L_{d0} = 2a_0 + \frac{\pi}{2}(d_{d1} + d_{d2}) + \frac{(d_{d2} - d_{d1})^2}{4a_0}$$

然后，按照表 4-2 选取接近的标准基准长度 $L_d$，之后可按 $a = A + \sqrt{A^2 - B}$ 确定中心距。

**6. 验算小带轮包角**

中心距 $a$ 和大、小带轮的基准直径直接影响小带轮包角 $\alpha_1$，可按下式计算小带轮的包角，即

$$\alpha_1 = 180° - 57.3° \times \frac{d_{d2} - d_{d1}}{a}$$

对于 V 带传动，小带轮的包角一般要求 $\alpha_1 \geqslant 120°$。

**7. 确定 V 带的根数 $z$**

确定 V 带根数可按下式计算，并取整数，即

$$z = \frac{P_d}{(P_1 + \Delta P_1) K_\alpha K_L}$$

式中，$P_1$ 为单根 V 带基本额定功率，单位为 kW，见表 4-9；$\Delta P_1$ 为计入传动比影响时，单根 V 带所能传递功率的增量，单位为 kW；$K_\alpha$ 为包角修正系数，见表 4-10；$K_L$ 为带长修正系数，见表 4-2。

其中，$\Delta P_1 = 0.0001 \Delta T n_1$，$\Delta T$ 为单根 V 带所能传递的转矩修正值，单位为 N·m，见表 4-11。

表4-9　　单根V带基本额定功率 $P_1$（载荷平衡，$\alpha_1 = \alpha_2 = 180°$，特定长度）　　　　　　　　kW

| 带型 | 小带轮基准直径 $d_{d1}$/mm | V带带速 $v_s$(m/s) | | | | | | | | |
|---|---|---|---|---|---|---|---|---|---|---|
| | | 3 | 6 | 9 | 12 | 15 | 18 | 21 | 24 | 27 | 30 |
| Y | 20 | 0.04 | 0.09 | — | — | — | — | — | — | — | — |
| | 28 | 0.06 | 0.11 | 0.15 | — | — | — | — | — | — | — |
| | 35.5 | 0.07 | 0.12 | 0.17 | — | — | — | — | — | — | — |
| | 40 | 0.08 | 0.14 | 0.18 | 0.21 | — | — | — | — | — | — |
| | 50 | 0.09 | 0.16 | 0.21 | 0.23 | 0.25 | — | — | — | — | — |
| Z | 50 | 0.14 | 0.21 | 0.29 | 0.33 | 0.32 | — | — | — | — | — |
| | 56 | 0.15 | 0.26 | 0.33 | 0.39 | 0.41 | — | — | — | — | — |
| | 63 | 0.17 | 0.30 | 0.40 | 0.47 | 0.50 | 0.49 | — | — | — | — |
| | 71、80 | 0.20 | 0.33 | 0.47 | 0.54 | 0.61 | 0.62 | 0.61 | 0.61 | — | — |
| | 90 | 0.21 | 0.35 | 0.49 | 0.56 | 0.64 | 0.71 | 0.71 | 0.71 | — | — |
| A | 75 | 0.45 | 0.72 | 0.90 | 1.03 | 1.09 | 1.05 | 0.98 | — | — | — |
| | 80 | 0.52 | 0.80 | 1.12 | 1.34 | 1.36 | 1.81 | 1.26 | — | — | — |
| | 90 | 0.56 | 0.97 | 1.30 | 1.56 | 1.74 | 1.86 | 1.87 | 1.80 | — | — |
| | 100 | 0.62 | 1.10 | 1.47 | 1.82 | 2.07 | 2.25 | 2.33 | 2.32 | 2.20 | 1.96 |
| | 112 | 0.69 | 1.22 | 1.68 | 2.07 | 2.39 | 2.63 | 2.77 | 2.83 | 2.77 | 2.58 |
| | 125 | 0.75 | 1.33 | 1.85 | 2.29 | 2.66 | 2.95 | 3.16 | 3.26 | 3.26 | 3.13 |
| | 140 | 0.78 | 1.45 | 1.98 | 2.49 | 2.89 | 3.26 | 3.50 | 3.66 | 3.71 | 3.65 |
| B | 125 | 0.94 | 1.60 | 2.13 | 2.54 | 2.82 | 2.98 | 2.79 | 2.43 | 1.86 | |
| | 140 | 1.07 | 1.86 | 2.52 | 3.06 | 3.48 | 3.75 | 3.83 | 3.61 | 3.61 | |
| | 160 | 1.21 | 2.13 | 2.93 | 3.60 | 4.15 | 4.56 | 4.92 | 4.82 | 4.52 | |
| | 180 | 1.31 | 2.34 | 3.24 | 4.03 | 4.68 | 5.20 | 5.76 | 5.77 | 5.57 | |
| | 200 | 1.42 | 2.46 | 3.60 | 4.48 | 5.12 | 5.97 | 6.28 | 6.45 | 6.43 | |
| C | 200 | 1.86 | 3.20 | 4.30 | 5.19 | 5.84 | 6.26 | 6.38 | 6.22 | 5.73 | 4.84 |
| | 244 | 2.09 | 3.66 | 5.00 | 6.11 | 6.99 | 7.64 | 8.01 | 8.06 | 7.81 | 7.15 |
| | 250 | 2.29 | 4.06 | 5.60 | 6.90 | 7.98 | 8.83 | 9.40 | 9.66 | 9.60 | 9.13 |
| | 280 | 2.48 | 4.43 | 6.15 | 7.65 | 8.90 | 9.94 | 10.68 | 11.11 | 11.27 | 10.98 |
| | 315 | 2.84 | 4.73 | 6.70 | 8.34 | 9.71 | 10.96 | 11.70 | 12.15 | 12.71 | 12.69 |
| D | 355 | 4.45 | 7.78 | 10.64 | 12.97 | 14.83 | 16.20 | 17.06 | 17.25 | 16.73 | 15.44 |
| | 400 | 4.94 | 8.79 | 12.07 | 14.91 | 17.35 | 19.05 | 20.27 | 21.09 | 21.07 | 20.21 |
| | 450 | 5.35 | 9.64 | 13.34 | 16.61 | 19.36 | 21.67 | 23.22 | 24.68 | 24.84 | 24.48 |
| | 500 | 5.69 | 10.31 | 14.33 | 17.93 | 21.08 | 23.63 | 25.78 | 26.95 | 27.78 | 27.42 |
| | 560 | 6.03 | 10.97 | 15.33 | 19.27 | 22.72 | 25.64 | 28.57 | 29.70 | 30.52 | 30.95 |
| E | 500 | 6.88 | 12.09 | 16.58 | 20.36 | 23.52 | 25.83 | 27.58 | 28.19 | 28.09 | 26.49 |
| | 560 | 7.46 | 14.60 | 18.42 | 22.84 | 26.60 | 29.59 | 31.73 | 33.03 | 33.01 | 32.41 |
| | 630 | — | 14.44 | 20.10 | 25.12 | 29.36 | 32.95 | 35.62 | 37.59 | 38.38 | 37.65 |
| | 710 | — | 15.46 | 21.64 | 27.15 | 32.01 | 36.06 | 39.27 | 41.45 | 43.00 | 43.37 |

表 4-10　　　　　　　　　　小带轮包角修正系数 $K_a$

| 小带轮包角/° | $K_a$ | 小带轮包角/° | $K_a$ | 小带轮包角/° | $K_a$ |
|---|---|---|---|---|---|
| 180 | 1 | 155 | 0.93 | 130 | 0.86 |
| 175 | 0.99 | 140 | 0.92 | 125 | 0.84 |
| 170 | 0.98 | 145 | 0.91 | 120 | 0.82 |
| 165 | 0.96 | 140 | 0.89 | | |
| 160 | 0.95 | 135 | 0.88 | | |

表 4-11　　　　　　　　　单根 V 带所能传递的转矩修正值 $\Delta T$

| 带型 | 传动比 $i$ | | | | | | | |
|---|---|---|---|---|---|---|---|---|
| | 1.03~1.07 | 1.08~1.13 | 1.14~1.2 | 1.21~1.3 | 1.31~1.4 | 1.41~1.6 | 1.61~2.39 | ≥2.4 |
| Y | 0.00 | 0.02 | 0.03 | 0.06 | 0.08 | 0.1 | 0.13 | 0.15 |
| Z | 0.08 | 0.15 | 0.23 | 0.30 | 032 | 0.38 | 0.4 | 0.50 |
| A | 0.2 | 0.4 | 0.6 | 0.8 | 0.9 | 1.0 | 1.1 | 1.2 |
| B | 0.5 | 1.1 | 1.6 | 2.1 | 2.3 | 2.6 | 2.9 | 3.1 |
| C | 1.5 | 2.9 | 4.4 | 5.8 | 6.6 | 7.3 | 8.0 | 9.0 |
| D | 5.2 | 10.3 | 15.5 | 21.0 | 23.0 | 26.0 | 28.4 | 31.0 |
| E | 10 | 20 | 29 | 39 | 44 | 49 | 53.4 | 58 |

8. 初拉力 $F_0$

初拉力的大小是保证带传动正常工作的重要因素。若初拉力 $F_0$ 过大,将增大带对轴和轴承的压力,并降低带的寿命;若初拉力过小,带与带轮间摩擦过小,易发生打滑。初拉力可按下式计算:

$$F_0 = \frac{500 P_d}{zv}\left(\frac{2.5}{K_a} - 1\right) + qv^2$$

式中,$K_a$ 为包角修正系数,见表 4-10;$q$ 为 V 带单位长度质量,kg/m,见表 4-3。

9. 作用在轴上的载荷

为了设计支撑带轮的轴和轴承,需先确定带传动在轴上的载荷 $F_Q$,如图 4-17 所示。$F_Q$ 一般可按下式近似计算:

$$F_Q = 2zF_0 \sin\frac{\alpha_1}{2}$$

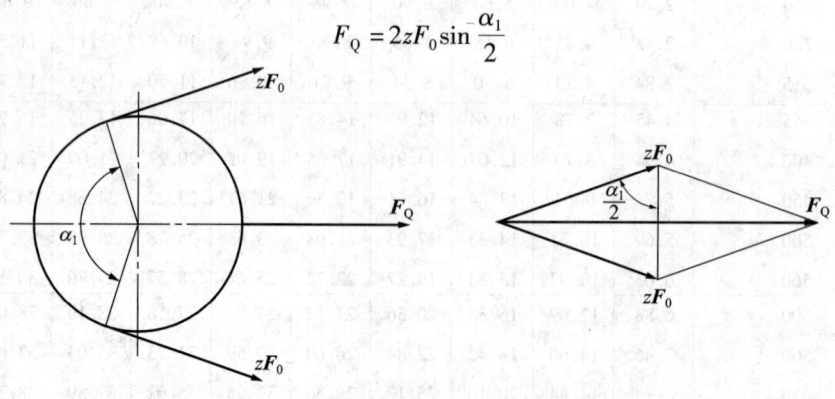

图 4-17　带传动作用在带轮轴上的载荷

### 四、V 带传动的张紧和维护

**1. V 带传动的张紧装置**

由于传动带的材料不是完全的弹性体,因而,带在工作一段时间后会发生塑性伸长而松弛,使张紧力降低。为了保证带传动的能力,应定期检查张紧力的数值,发现不足时,必须重新张紧,才能正常工作。带传动需要有重新张紧的装置。张紧装置分定期张紧装置和自动张紧装置两类。

**2. 带传动的使用和维护**

正确安装、使用和妥善保养,是保证带传动正常工作、延长胶带寿命的有效措施。

(1)安装时两轮轴线应相互平行,各带轮轴线的平行度应小于 $0.006a$;两轮相对应的 V 型槽的对称平面应重合,误差不得超过 $20'$,否则将加剧带的磨损,甚至使带从带轮上脱落。

(2)安装 V 带时,应先缩小中心距,将 V 带套入槽中后再调整中心距并予以张紧,不应将带硬往带轮上撬,以免损坏带的工作表面,降低带的弹性。

(3)胶带不宜与酸、碱或油接触,工作温度不宜超过 60℃,避免日光直接曝晒。

(4)带传动装置应加防护罩,以免发生意外事故。

(5)定期检查胶带,发现其中一根过度松弛或疲劳破坏时,应全部更换新带,不可新旧混合使用。

### 📝 任务实施

**1. 确定设计功率**

选取 $K_A = 1.1$,则 $P_d = K_A P = 5.5$。

**2. 选 V 带型号**

根据 $P_d$ 和 $n_1$,查图 4-16,选 A 型普通 V 带。

**3. 确定带轮直径**

由表 4-6 和表 4-8 选取 A 型 V 带小带轮基准直径为 $d_{d1} = 106\text{mm}$,则大带轮直径 $d_{d2} = id_{d1} = 318\text{mm}$,查表 4-8 取 $d_{d2} = 315\text{mm}$。实际传动比 $i = \dfrac{d_{d2}}{d_{d1}} = 2.9716$,传动比误差 $\Delta' = \dfrac{2.9716 - 3}{3} = -0.95\% < 5\%$,满足误差条件。

**4. 验算带的速度**

$$v = \frac{\pi d_{d1} n_1}{60 \times 1000} = 5.33\text{m/s} < 25\text{m/s}$$,符合带速要求。

**5. 确定带的基准长度**

因为 $0.7(d_{d1} + d_{d2}) \leq a_0 \leq 2(d_{d1} + d_{d2})$,取 $a_0 = (d_{d1} + d_{d2}) = 421$,则:

$$L_{d0} = 2a_0 + \frac{\pi}{2}(d_{d1} + d_{d2}) + \frac{(d_{d2} - d_{d1})^2}{4a_0} = 1529\text{mm}$$

由表 4-2 可选取相近长度 $L_d = 1550\text{mm}$。

6. 确定实际中心距

$$A = \frac{L}{4} - \frac{\pi(d_{d1} + d_{d2})}{8} = 222.26$$

$$B = \frac{(d_{d2} - d_{d1})^2}{8} = 5460.125$$

则

$$a = A + \sqrt{A^2 - B} = 431.9\text{mm}$$

7. 验算小带轮包角

由式 $\alpha_1 = 180° - 57.3° \times \dfrac{d_{d2} - d_{d1}}{a}$ 得:

$$\alpha_1 = 180° - 57.3° \times \frac{d_{d2} - d_{d1}}{a} = 157.83° > 120°$$

8. 计算带的根数

根据 V 带速度和带轮直径,查表 4-9,用插值法可得 $P_1 = 1.05$,查表 4-11 可得 $\Delta T = 1.2$,则 $\Delta P_1 = 0.0001$, $\Delta T n_1 = 0.14$。

查表 4-10 和表 4-2,可得 $K_a = 0.94$, $K_L = 0.98$,代入公式 $z = \dfrac{P_d}{(P_1 + \Delta P_1)K_a K_L}$ 即可得到 $z = 4.98$ 根,故取 5 根。

9. 计算带的初拉力

由表 4-3 可得 $q = 0.11$,代入公式即可求得带的初拉力为:

$$F_0 = \frac{500P_d}{zv}\left(\frac{2.5}{K_a} - 1\right) + qv^2 = 175\text{N}$$

10. 计算轴上的载荷

$$F_Q = 2zF_0 \sin\frac{\alpha_1}{2} = 1717\text{N}$$

## 习 题

试设计某车床电动机与床头箱动力连接的 V 带传动,已知用 Y100L2-4 三相异步电动机驱动,额定功率为 $P = 3\text{kW}$,转速 $n = 1420\text{r/min}$,从动轮转速 $n_2 = 340\text{r/min}$,二班制工作。

# 课题三 链传动

## 任务 链传动的设计

【学习目标】

1. 了解链传动的基本参数、链轮结构、材料;
2. 滚子链的结构及主要参数;
3. 链传动的常用类型及设计步骤。

### 任务引入

设计带式输送机的滚子链传动。已知传动功率为 $P_1 = 10kW$,主动链轮转速为 $n_1 = 720r/min$,从动链轮转速为 $n_2 = 230r/min$,工作载荷平稳,中心距可以调整。

### 任务分析

如图4-18所示,链传动是一种具有中间挠性件的啮合传动。由主动链轮1、从动链轮3和链条2组成,依靠链轮的轮齿与链条的链节之间的啮合来传递运动和动力。设计链传动,就是要确定链轮、链条的结构、材料,确定链轮的齿数、链的节距和排数、两轴的中心距、链长及链传动的润滑方式等。

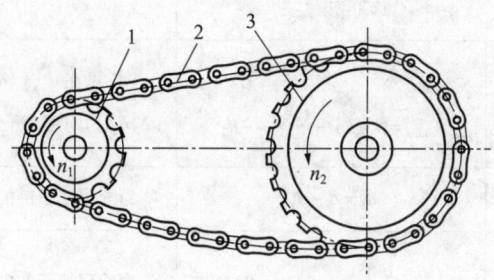

1—主动链轮 2—链条 3—从动链轮

图4-18 链传动的组成

### 相关知识

链传动的参数已标准化,在设计时要执行国家标准,使所设计的链传动设备不仅满足使用要求,也应具备良好的维修互换性,使其经济性达到最好的效果,解决链传动设备中出现的问题。

**一、链传动的传动比**

链传动的传动比为:

$$i_{12} = \frac{n_1}{n_2} = \frac{z_2}{z_1}$$

式中,$n_1$ 为主动链轮转速,单位为 r/min;$n_2$ 为从动链轮转速,单位为 r/min;$z_1$ 为主动链轮齿数;$z_2$ 为从动链轮齿数。

链轮的齿数不同,转速也不同,但在单位时间内主动链轮转过的齿数与从动链轮转过的齿数是相等的。

## 二、滚子链链轮

### 1. 链轮的基本参数

(1)链轮的(弦)节距、滚子外径、排距均与配用的链条相同。

(2)链轮的齿数 $z$ 的范围为 9~150,优先选用的齿数为 17、19、21、23、25、38、57、76、95 和 114。

(3)链轮的直径尺寸及其计算公式见表 4-12。

表 4-12　　　　　　　　链轮直径尺寸的计算公式

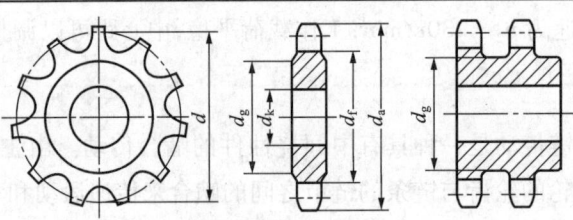

| 名称 | 代号 | 计算公式 | 备注 |
|---|---|---|---|
| 分度圆直径 | $d$ | $d = p/\sin\frac{180°}{z}$ | |
| 齿顶圆直径 | $d_a$ | $d_{amax} = d + 1.25p - d_1$<br>$d_{amin} = d + \left(1 - \frac{1.6}{z}\right)p - d_1$ | (1) $d_a$ 可在 $d_{amax}$、$d_{amin}$ 范围内任意选取;<br>(2) $d_1$ 为配用滚子链的滚子外径 |
| 齿根圆直径 | $d_f$ | $d_f = d - d_1$ | $d_1$ 为配用滚子链的滚子半径 |
| 齿侧凸缘(或排间槽)直径 | $d_g$ | $d_g = p\frac{180°}{z} - 1.04h_2 - 0.76$ | $h_2$ 为配用链子的内链板高度 |

### 2. 链轮的齿形、结构和材料

(1)链轮的齿形。链轮的齿形应保证链条顺利进入和退出啮合,受力须均匀,应不易脱链,便于加工。目前,较为流行的一种齿形是三圆弧一直线齿形,或称为凹齿形。

(2)链轮的结构。小直径的链轮可制成整体式,如图 4-19(a)所示;中等尺寸的链轮可制成孔板式,如图 4-19(b)所示;大直径的链轮常采用可更换的齿圈用螺栓连接在轮芯上,如图 4-19(c)所示。

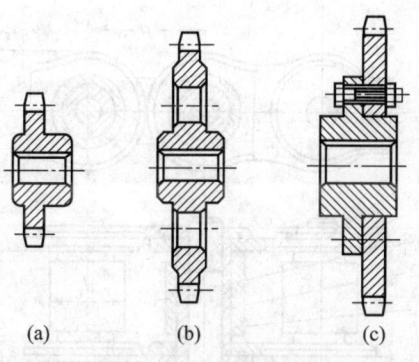

**图 4-19 链轮的结构**

(3) 链轮的材料。链轮的材料应保证轮齿有足够的耐磨性和强度。因此,链轮齿面一般要经过热处理。由于小链轮的啮合次数比大链轮的啮合次数多,所受冲击也更严重,因此,小链轮采用的材料应优于大链轮。链轮常用的材料,见表 4-13。

表 4-13　　　　　　　　　　链轮常用材料及齿面硬度

| 材料 | 热处理 | 齿面硬度 | 应 用 范 围 |
|---|---|---|---|
| 15 钢、20 钢 | 渗碳、淬火、回火 | 50~60HRC | $z \leq 25$,有冲击载荷的链轮 |
| 35 钢 | 正火 | 160~200HBS | $z > 25$ 的主、从动链轮,低速、轻载及平稳传动 |
| 40 钢、50 钢、45Mn、ZG310—570 | 淬火、回火 | 40~50HRC | 无剧烈冲击、振动和要求耐磨的主、从动链轮,中速、中载 |
| 15Cr、20Cr | 渗碳、淬火、回火 | 55~60HRC | $z < 30$,传递较大功率的重要链轮,中速、中载 |
| 40Cr、35SiMn、35CrMo | 淬火、回火 | 40~50HRC | 要求强度较高和耐磨损的重要链轮 |
| Q235、Q255 | 焊接后退火 | ≈140HBS | 中、低速,功率不大的较大链轮 |
| HT200 | 淬火、回火 | 260~280HBS | $z > 50$ 的从动链轮以及外形复杂或强度要求一般的链轮 |
| 夹布胶木 | — | — | $P < 6kW$,速度较高,要求传动平稳、噪声小的链轮 |

**三、滚子链链条**

**1. 滚子链链条的结构**

滚子链的结构如图 4-20 所示,由滚子、套筒、销轴、内链板和外链板组成。内链板与套筒之间、外链板与销轴之间分别用过盈配合固联。滚子与套筒之间,套筒与销轴之间均为间隙配合。

滚子链有单排链和多排链之分。当传递大功率时,可采用双排链或多排链,多排链的承载能力与排数成正比,但排数一般不宜超过 4 排。

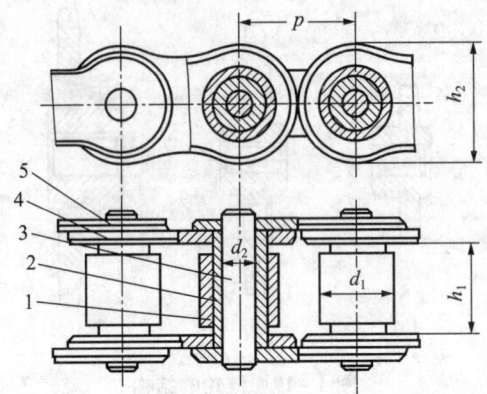

1—滚子 2—套筒 3—销轴 4—内链板 5—外链板

图 4-20 滚子链

### 2. 滚子链的主要参数

(1) 节距 $p$。两相邻链节铰链副理论中心间的距离称为链的节距。链的节距大,则链的各组成元件的尺寸也大,链所能传递的功率就大,所以节距是链传动中最主要的参数。

(2) 整链链节数 $L_p$。整挂链条的链节数,用 $L_p$ 表示。对于多排链,按单排链计算。

(3) 整链总长。整链链节数 $L_p$ 与节距的乘积,即为整链总长 $l = L_p p$。

(4) 排距 $p_t$。双排链或多排链中,相邻两排链中心平面间的距离。

### 3. 滚子链的型号、主要结构尺寸、抗拉载荷以及规定标记

(1) 滚子链型号。滚子链已经标准化,按 GB/T 1243—1997 规定共有 30 种型号规格,并分成 A、B 两个系列。链的型号用链号数加系列代号 A 或 B 表示。其中,链号数表示节距 $p \times 16/25.4$ 的值,因此,由链号数即可求得节距值,即 $p$ = 链号数 $\times 25.4/16$。表 4-14 摘录了 A 系列中 10 种型号的滚子链的主要结构尺寸和抗拉载荷。

表 4-14　　　　滚子链的型号、主要结构尺寸和抗拉载荷(GB/T 1243—1997)

| 链号 | 节距 $p$(mm) | 排距 $p_t$(mm) | 滚子外径 $d_1$(mm) 最大 | 内链节内宽 $b_1$(mm) 最小 | 销轴直径 $d_2$(mm) 最大 | 内链节外宽 $b_2$(mm) 最大 | 销轴长度 单排 $b_3$(mm) 最大 | 销轴长度 双排 $b_4$(mm) 最大 | 内链板高度 $h_1$(mm) 最大 | 抗拉载荷 $F_{\lim}$(kN) 单排 | 抗拉载荷 $F_{\lim}$(kN) 双排 | 每米质量 $q$(kg/m) |
|---|---|---|---|---|---|---|---|---|---|---|---|---|
| 08A | 12.7 | 14.38 | 7.93 | 7.85 | 3.98 | 11.18 | 17.8 | 32.3 | 12.07 | 13.8 | 27.6 | 0.6 |
| 10A | 15.875 | 18.11 | 10.16 | 9.4 | 5.09 | 13.84 | 21.8 | 39.9 | 15.09 | 21.8 | 43.6 | 1.0 |
| 12A | 19.05 | 22.78 | 11.91 | 12.57 | 5.96 | 17.75 | 26.9 | 49.8 | 18.08 | 31.1 | 62.3 | 1.5 |
| 16A | 25.4 | 29.29 | 15.88 | 15.75 | 7.94 | 22.61 | 33.5 | 62.7 | 24.13 | 55.6 | 111.2 | 2.6 |
| 20A | 31.75 | 35.76 | 19.05 | 18.9 | 9.54 | 27.46 | 41.1 | 77 | 30.18 | 86.7 | 173.5 | 3.8 |
| 24A | 38.1 | 45.44 | 22.23 | 25.22 | 11.14 | 35.46 | 50.8 | 96.3 | 36.2 | 124.6 | 249.1 | 5.6 |
| 28A | 44.45 | 48.87 | 25.4 | 25.22 | 12.71 | 37.19 | 54.9 | 103.6 | 42.24 | 169 | 338.1 | 7.5 |
| 32A | 50.8 | 58.55 | 28.58 | 31.55 | 14.29 | 45.21 | 65.5 | 124.2 | 48.26 | 222.4 | 444.8 | 10.1 |
| 40A | 63.5 | 71.55 | 39.68 | 37.85 | 19.85 | 54.89 | 80.3 | 151.9 | 60.33 | 347 | 693.0 | 16.1 |
| 48A | 76.2 | 87.83 | 47.63 | 47.35 | 23.81 | 67.82 | 95.5 | 183.4 | 72.39 | 500.4 | 1000.8 | 22.6 |

(2)滚子链标记。滚子链的标记为:

链号－排数×整链链节数　标准编号

例如,08A－1×88　GB1243－1997 表示按 GB1243－1997 制造的 A 系列、节距为 12.7mm、单排、88 节的滚子链。

### 四、链传动的应用场合、布置原则、张紧和润滑

**1. 链传动的应用场合**

链传动主要用在要求工作可靠、平均传动比准确且两轴相距较远及其他不宜采用齿轮传动的场合。目前,链传动广泛应用于农业、矿山、起重运输、冶金、建筑、石油及化工等各行业的各种机械中。

链传动传递的功率一般在 100kW 以下,其链速一般不超过 15m/s,推荐使用的最大传动比为 $i_{max}=8$,常用 $i=2\sim2.5$。

**2. 链传动的布置原则**

(1)两链轮应位于同一铅垂面内,且两轴线平行;紧边在上在下都可以,但在上好些。
(2)两链轮中心线最好水平布置或与水平线成 45°以下的倾斜角,尽量避免垂直布置。
(3)当必须采用垂直传动时,两链轮应偏置,使两链轮中心不在同一铅垂面内,否则需要采用张紧装置。

**3. 链传动的张紧**

链传动张紧的目的主要是避免在链条垂直过大时产生啮合不良和链条的振动现象,同时也可以增大链条与链轮的啮合包角。当两轮轴心连线倾斜角大于 0°时,通常应设有张紧装置。

常用的张紧方法有:调整中心距及用张紧装置。

**4. 链传动的润滑**

良好的润滑可以减轻链传动的磨损,有利于缓和冲击,延长链条的使用寿命。链传动常用的润滑方法有:人工定期润滑、滴油润滑、油浴或飞溅润滑及压力供油润滑,选择标准如图 4－21 所示。

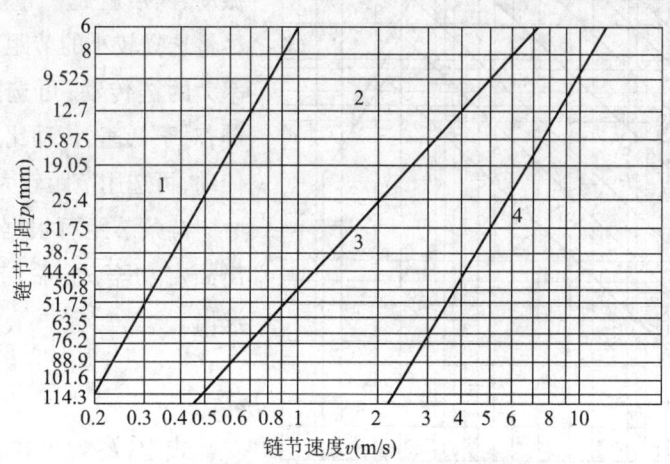

1—人工用油壶或油刷定期加油　2—用油杯滴油润滑
3—油浴或飞溅润滑　4—压力供油润滑

**图 4－21　润滑方式的选择**

### 五、设计链传动时主要参数的选择

**1. 链轮齿数 $z_1$、$z_2$**

小链轮齿数 $z_1$ 对链传动的平稳性、使用寿命以及外廓尺寸影响较大。

(1) 当小链轮齿数 $z_1$ 少时,有利于减小外廓尺寸。但 $z_1$ 过小,将导致传动的不均匀性和载荷增大;链条进入和退出啮合时的相对转角增大,加速链条铰链的磨损;增大圆周力、加速链条和链轮的损坏。

(2) 当链轮齿数过多时,不仅会加大传动的尺寸,还将缩短链条的使用寿命。链轮的最大齿数 $z_{max} = 120$。

(3) 由于链条节数一般为偶数,为使链条和链轮轮齿的磨损均匀,链轮齿数一般取与链条节数互质的奇数。小链轮的齿数可依据链条的速度选取,见表 4-15。

表 4-15  小链轮的齿数

| 链速 $v$(m/s) | 0.6~3 | 3~8 | >8 |
|---|---|---|---|
| 齿数 $z_1$ | ≥17 | ≥19~21 | ≥23~25 |

**2. 传动比的选择**

传动比过大时,将导致链条在小链轮上的包角过小,啮合的齿数减少,这样容易出现跳齿或加速链条的磨损现象,故包角最好不小于 120°。为此,通常限制链传动的传动比满足 $i \leq 6$,推荐 $i = 2 \sim 3.5$。

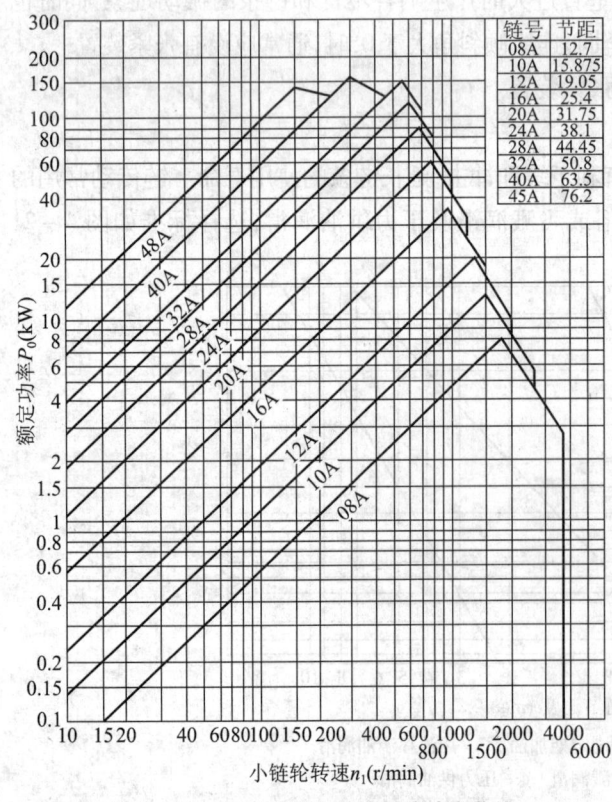

图 4-22  A 系列滚子链的额定功率曲线

**3. 链条的节距和排数**

链节距是链传动的特征参数,反映了链条和链轮各部分的尺寸大小。在一定条件下,链节距越大,链条承载能力就越大,但是运动的不均匀性、冲击、振动、噪声就越严重。因此,设计时应尽量选择较小的节距。对于速度高、功率大的链传动,可选用小节距的多排链;对于低速、传动比大、中心距大的链传动,可选用节距较大的单排链。

链条节距可根据功率 $P$ 按下式算出额定功率 $P_0$ 后,再从图 4-22 中选出。

$$P_0 = \frac{K_A P}{K_Z K_L K_M}$$

式中,$P$ 为单排链所能传递的功率;$K_A$ 为工作情况系数,见表 4-16;$K_Z$ 为小链轮齿数系数,见表 4-17;$K_L$ 为链长系数,见表4-17;$K_M$为多排链系数,见表4-18。

**表4-16　　　　　　　　　　　工作情况系统$K_A$**

| 工作情况 | | 动力机种类 | | |
|---|---|---|---|---|
| | | 内燃机(液力传动) | 电动机或汽轮机 | 内燃机(机械传动) |
| 平衡载荷 | 液体搅拌机,中小型离心式鼓风机,离心式压缩机,谷物机械,均匀负载输送机,发电机,均匀负载不反转的一般机械 | 1.0 | 1.1 | 1.2 |
| 中等冲击 | 半液体搅拌机,三缸以上往复压缩机,大型或不均匀负载输送机,中型起重机和升降机,金属切削机床,食品机械,木工机械,印染纺织机械,大型风机,不反转的一般机械 | 1.2 | 1.3 | 1.4 |
| 严重冲击 | 船用螺旋桨,制砖机,单、双缸往复压缩机,挖掘机,往复式、振动式输送机,破碎机,重型起重机,石油钻井机械,锻压机械,线材拉拔机械,冲床,严重冲击、有反转的机械 | 1.4 | 1.5 | 1.7 |

**表4-17　　　　　小链轮齿数系数$K_z$和链长系数$K_L$**

| 在图4-22中的位置 | 位于功率曲线顶点左侧时(链板疲劳) | 位于功率曲线顶点右侧时(滚子套筒冲击疲劳) |
|---|---|---|
| 小链轮齿数系数$K_z$ | $\left(\dfrac{z_1}{19}\right)^{1.08}$ | $\left(\dfrac{z_1}{19}\right)^{1.5}$ |
| 链长系数$K_L$ | $\left(\dfrac{L_p}{100}\right)^{0.26}$ | $\left(\dfrac{L_p}{100}\right)^{0.5}$ |

**表4-18　　　　　　　　　多排链系数$K_M$**

| 排数$M$ | 1 | 2 | 3 | 4 | 5 | 6 |
|---|---|---|---|---|---|---|
| 排数系数$K_M$ | 1 | 1.7 | 2.5 | 3.5 | 4.0 | 4.6 |

4. 链节数$L_p$与中心距$a$

若中心距过小,虽然传动的整体尺寸相对较小,但链条在小链轮上的包角变小,啮合齿数减小,分担在每个轮齿上的载荷加大,磨损增加,易产生跳齿和脱链现象;当链条速度不变时,单位时间内链条的绕转次数增多,其伸曲次数和应力循环次数增多,便加剧了链条的磨损和疲劳。在设计时,一般取$a_0 = (30 \sim 50)p$,最大可取为$a_{max} = 80p$,即

$$L_p = \frac{2a_0}{p} + \frac{z_1 + z_2}{2} + \frac{p}{a_0}\left(\frac{z_2 - z_1}{2\pi}\right)^2$$

为了避免使用过渡链节,链节数取偶数。

链的计算中心距$a$为:

$$a = \frac{p}{4}\left[L_p - \frac{z_1 + z_2}{2} + \sqrt{\left(L_p - \frac{z_1 + z_2}{2}\right)^2 - 8\left(\frac{z_2 - z_1}{2\pi}\right)^2}\right]$$

链的实际中心距 $a'$ 为：

$$a' = a - \Delta a$$

对于中心距可调的链传动，为保证松边有一定的安装垂度，应使实际中心距比计算中心距小 $\Delta a$，一般取 $\Delta a = (0.002 \sim 0.004)a$。

5. 链条作用在轴上的载荷 $F_Q$

$$F_Q = (1.15 \sim 1.2)\frac{1000P}{v}$$

6. 低速链传动的静强度计算

当链条速度 $v < 0.6\text{m/s}$ 时，链条的过载拉断为链传动的主要失效形式。因此，设计时按静强度计算，此时应满足：

$$\frac{mF_{\lim}}{F_1 K_A} \geq S$$

式中，$F_{\lim}$，见表 4-14；$m$ 为排数；$F_1$ 为链的紧边工作拉力；$K_A$ 为工作情况系数，见表 4-16。

### 📝 任务实施

1. 确定链轮的齿数 $z_1$、$z_2$

设链条速度为 $3 \sim 8\text{m/s}$，由表 4-15 取：$z_1 = 19$，则 $z_2 = iz_1 = \frac{720}{230} \cdot z_1 = 59.47$，取 $z_2 = 59$。

2. 确定链条节数 $L_p$

初定中心距 $a_0 = 40p$，则 $L_p = \frac{2a_0}{p} + \frac{z_1+z_2}{2} + \frac{p}{a_0}\left(\frac{z_2-z_1}{2\pi}\right)^2 = 120.01$，取偶数 120。

3. 计算额定功率 $P_0$

$P_0 = \frac{K_A P}{K_Z K_L K_M}$，由表 4-16 选取 $K_A = 1.0$，由表 4-17 取 $K_Z = 1.0$，$K_L = 1.05$；采用单排链，有 $K_M = 1.0$，则

$$P_0 = 9.5\text{kW}$$

4. 选取链条的节距

根据 $n_1 = 720\text{r/min}$，$P_0 = 9.5\text{kW}$，确定链条型号为 12A，得节距为 $p = 19.05$。

5. 确定实际中心距 $a'$

$$a' = \frac{p}{4}\left[L_p - \frac{z_1+z_2}{2} + \sqrt{\left(L_p - \frac{z_1+z_2}{2}\right)^2 - 8\left(\frac{z_2-z_1}{2\pi}\right)^2}\right] = 761.8723\text{mm}$$

因中心距可调，实际中心距为 $a' = a - \Delta a$，取 $\Delta a = 0.004a$，则 $a' = 758.8\text{mm}$，取 $a' = 760\text{mm}$。

6. 计算链条速度

链条速度为

$$v = \frac{z_1 p n_1}{60 \times 1000} = 4.8 \leq 15 \text{m/s}$$

可见,其在假设范围内,符合要求。

**7. 选择润滑方式**

按 $p = 19.05, v = 4.8$,查图 4-21,选择滴油润滑方式。

**8. 求作用在轴上的载荷 $F_Q$**

取系数 1.2,由式 $F_Q = 1.2 \dfrac{1000P}{v}$ 得:

$$F_Q = 1.2 \frac{1000P}{v} = 2375 \text{N}$$

试设计某输送机装置用的滚子链传动,已知用 Y132M2-6,额定功率为 $p = 5.5 \text{kW}$,主动链轮转速为 $n_1 = 960 \text{r/min}$,从动链轮转速为 $n_2 = 320 \text{r/min}$;在工作中有较大冲击,要求中心距小于 650mm,中心距可调。

# 项目五　齿轮传动

齿轮传动是机械传动中应用最为广泛的一种传动形式,不仅能传递两轴间的回转运动,实现回转运动和直线运动之间的转换,而且能够传递动力。如图5-1所示为普通车床的传动系统,该传动系统是由带传动、齿轮传动、螺旋传动和蜗轮蜗杆传动等组成的。在该实例项目中典型运用了齿轮传动的既能传递回转运动又能传递动力的特点。本项目主要介绍直齿圆柱齿轮传动和斜齿圆柱齿轮传动的设计与应用。

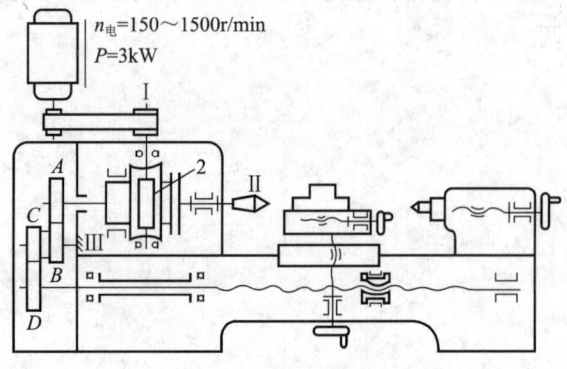

图5-1　车床传动系统

## 课题一　设计直齿圆柱齿轮传动

### 任务1　认识直齿圆柱齿轮

【学习目标】

1. 了解齿轮传动的特点、类型及其应用;
2. 掌握直齿圆柱齿轮的主要参数与几何尺寸的计算;
3. 掌握渐开线直齿圆柱齿轮的加工原理;
4. 掌握渐开线直齿圆柱齿轮的几何参数的测定与设计计算。

## 任务引入

如图 5-2 所示为 CA6140 车床主轴箱的传动系统,应用最多的传动就是直齿圆柱齿轮传动。图中,$A$ 为直齿圆柱齿轮传动,$B$ 为斜齿圆柱齿轮传动。如已知一个标准直齿圆柱齿轮的齿数为 $z=43$,齿顶圆直径为 $d_a=360\text{mm}$。试计算该齿轮其他各部分的几何尺寸以及该传动系统的传动比为多少。

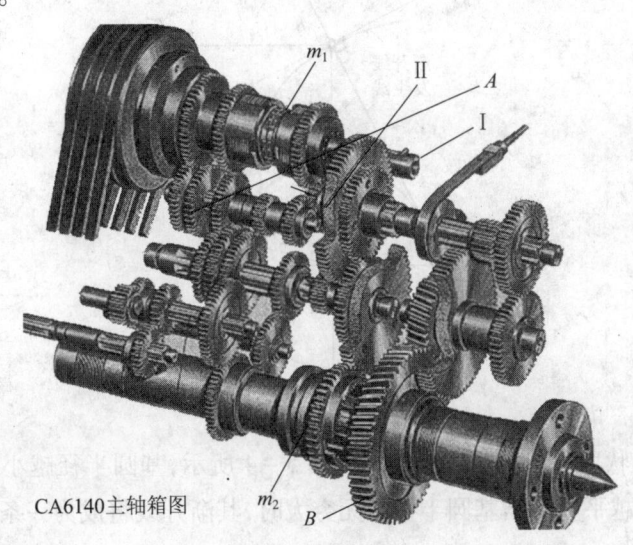

图 5-2 CA6140 车床主轴箱传动

## 任务分析

解决上述问题,必须要先了解直齿圆柱齿轮齿廓曲线的形状及形成,掌握直齿圆柱齿轮传动的特点及齿轮几何尺寸的计算方法。

## 相关知识

### 一、渐开线齿廓曲线

**1. 渐开线的形成**

如图 5-3 所示,一条直线 $nn$ 沿一个半径为 $r_b$ 的圆的圆周作纯滚动,该直线上任一点 $K$ 的轨迹称为该圆的渐开线,这个被滚过的圆称为基圆,该直线称为渐开线的发生线。渐开线上任一点 $K$ 的向径与起始点 $A$ 的向径 $OA$ 间的夹角 $\angle AOK$($\angle AOK = \theta_k$)称为渐开线($AK$)展角。

**2. 渐开线的性质**

由渐开线的形成可知,渐开线具有如下性质。

(1) 发生线在基圆上滚过的长度等于基圆上被滚过的弧长,即 $\overline{NK} = \widehat{NA}$。

(2) 渐开线上任一点的法线恒与基圆相切。由于发生线 $NK$ 沿基圆圆周作纯滚动,故它与基圆的切点 $N$ 就是渐开线 $K$ 点的瞬时速度中心,发生线 $NK$ 就是渐开线在 $K$ 点的法线,同时它也是基圆在 $N$ 点的切线。

(3) 渐开线上离基圆越远的部分曲率半径越大,所以渐开线越平直。由于切点 $N$ 是渐开

线上 $K$ 点的曲率中心，$NK$ 是渐开线上 $K$ 点的曲率半径，渐开线上离基圆越远的部分其曲率越大，渐开线越平直；渐开线上离基圆越近的部分，其曲率越小，渐开线越弯曲。如图 5-3 所示，$N_1K_1 < N_2K_2$。渐开线在基圆上起始点处的曲率半径为零。

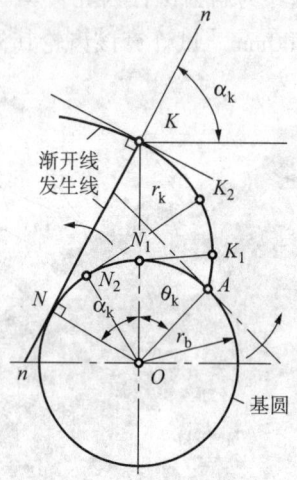

图 5-3　渐开线的形成

（4）渐开线的形状取决于基圆的大小。如图 5-4 所示，基圆半径越小，渐开线越弯曲；基圆半径越大，渐开线越平直。当基圆半径为无穷大时，其渐开线将成为一条垂直于发生线的直线，即齿条齿廓曲线。

（5）基圆内无渐开线。由于渐开线是由基圆开始向外展开的，所以基圆内无渐开线。

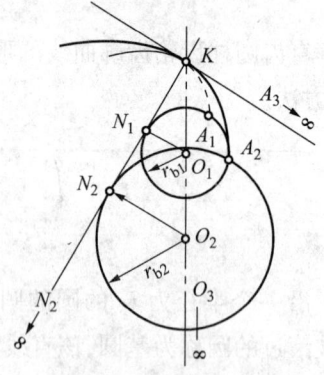

图 5-4　渐开线形状与基圆大小的关系

3. 渐开线方程

如图 5-3 所示，渐开线上任一点 $K$ 的位置可用其向径 $r_k$ 和展角 $\theta_k$ 来表示。若用此渐开线作为齿轮的齿廓，当两齿轮在 $K$ 点啮合时，其正压力方向沿着 $K$ 点的法线方向，而齿廓上 $K$ 点的速度 $v$ 垂直于转动半径 $OK$ 线。$K$ 点的受力方向与速度方向之间所夹的锐角称为压力角，用 $\alpha_k$ 表示。在 $\triangle NOK$ 中可得出：

$$\cos\alpha_k = \frac{ON}{OK} = \frac{r_b}{r_k} \text{ 或 } r_k = \frac{r_b}{\cos\alpha_k}$$

可知，向径 $r_k$ 越大，压力角 $\alpha_k$ 越大。又在 $\triangle NOK$ 中可得出：

$$\tan\alpha_k = \frac{NK}{ON} = \frac{NA}{ON} = \frac{r_b(\alpha_k + \theta_k)}{R_b} = \alpha_k + \theta_k$$

即：

$$\theta_k = \tan\alpha_k - \alpha_k$$

则可得渐开线的极坐标方程为

$$\left.\begin{array}{l} r_k = \dfrac{r_b}{\cos\alpha_k} \\ \theta_k = \tan\alpha_k - \alpha_k \end{array}\right\}$$

上式表明，$\theta_k$ 随着压力角 $\alpha_k$ 改变，称 $\theta_k$ 为压力角 $\alpha_k$ 的渐开线函数，记作 $\mathrm{inv}\alpha_k$，即 $\theta_k = \mathrm{inv}\alpha_k = \tan\alpha_k - \alpha_k$，$\theta_k$ 以弧度度量。工程上已将不同压力角的渐开线函数的值列成表 5-1，以备查阅。

表 5-1　　　　渐开线函数 $\mathrm{inv}\alpha_k = \tan\alpha_k - \alpha_k$

| $\alpha_k(°)$ | 0′ | 5′ | 10′ | 15′ | 20′ | 25′ | 30′ | 35′ | 40′ | 45′ | 50′ | 55′ |
|---|---|---|---|---|---|---|---|---|---|---|---|---|
| 10 | 0.00 | 1 794 1 | 1 839 7 | 1 886 0 | 1 932 2 | 1 981 2 | 2 029 9 | 2 079 5 | 2 129 9 | 2 181 0 | 2 233 0 | 2 285 9 | 2 339 6 |
| 11 | 0.00 | 2 394 1 | 2 449 5 | 2 505 7 | 2 562 8 | 2 620 8 | 2 679 7 | 2 739 4 | 2 800 1 | 2 861 6 | 2 924 1 | 2 987 5 | 3 051 8 |
| 12 | 0.00 | 3 117 1 | 3 183 2 | 3 250 4 | 3 318 5 | 3 387 5 | 3 457 5 | 3 528 5 | 3 600 5 | 3 673 5 | 3 747 5 | 3 822 4 | 3 898 4 |
| 13 | 0.00 | 3 975 4 | 4 053 4 | 4 132 5 | 4 212 4 | 4 293 8 | 4 376 0 | 4 459 3 | 4 543 7 | 4 629 1 | 4 715 7 | 4 803 3 | 4 892 1 |
| 14 | 0.00 | 4 981 9 | 50372 9 | 5 165 0 | 5 258 2 | 5 352 6 | 5 448 2 | 5 544 8 | 5 642 7 | 5 741 7 | 5 842 0 | 5 943 4 | 6 046 0 |
| 15 | 0.00 | 6 149 8 | 6 254 8 | 6 361 1 | 6 468 6 | 6 577 3 | 6 687 3 | 6 798 5 | 6 911 0 | 7 024 8 | 7 139 8 | 7 256 1 | 7 373 8 |
| 16 | 0.0 | 07 493 | 07 613 | 07 735 | 07 857 | 07 982 | 08 107 | 08 234 | 08 362 | 08 492 | 08 623 | 08 756 | 08 889 |
| 17 | 0.0 | 09 025 | 09 161 | 09 299 | 09 439 | 09 580 | 09 722 | 09 866 | 10 012 | 10158 | 10 307 | 10 456 | 10 608 |
| 18 | 0.0 | 10 760 | 10 915 | 11 071 | 11 228 | 11 387 | 11 547 | 11 709 | 11 837 | 12 038 | 12 205 | 12 373 | 12 543 |
| 19 | 0.0 | 12 715 | 12 888 | 13 063 | 13 240 | 13 418 | 13 598 | 13 779 | 13 963 | 14 148 | 14 334 | 14 523 | 14 713 |
| 20 | 0.0 | 14 904 | 15 098 | 15 293 | 15 490 | 15 689 | 15 890 | 16 092 | 16 296 | 16 502 | 16 710 | 16 920 | 17 132 |
| 21 | 0.0 | 17 345 | 17 560 | 17 777 | 17 996 | 18 217 | 18 440 | 18 665 | 18 891 | 19 120 | 19 350 | 19 583 | 19 817 |
| 22 | 0.0 | 20 054 | 20 292 | 20 533 | 20 775 | 21 019 | 21 266 | 21 514 | 21 765 | 22 018 | 22 272 | 22 529 | 22 788 |
| 23 | 0.0 | 23 049 | 23 312 | 23 577 | 23 845 | 24 114 | 24 386 | 24 660 | 24 936 | 25 214 | 25 495 | 25 778 | 26 062 |
| 24 | 0.0 | 26 350 | 26 639 | 26 931 | 27 225 | 27 521 | 27 820 | 28 121 | 28 424 | 28 729 | 29 037 | 29 348 | 29 660 |
| 25 | 0.0 | 29 975 | 30 293 | 30 613 | 30 935 | 31 587 | 31 597 | 32249 | 32 249 | 32 583 | 32 920 | 33 260 | 23 602 |
| 26 | 0.0 | 33 947 | 34 294 | 34 644 | 34 997 | 35 352 | 35 709 | 36 069 | 36 432 | 36 798 | 37 166 | 37 537 | 37 910 |
| 27 | 0.0 | 38 287 | 38 666 | 39 047 | 39 432 | 39 819 | 40 209 | 40 602 | 40 997 | 41 395 | 41 797 | 42 201 | 42 607 |
| 28 | 0.0 | 43 017 | 43 430 | 43 845 | 44 364 | 44 685 | 45 110 | 45 537 | 45 967 | 46 400 | 46 837 | 47 276 | 47 718 |
| 29 | 0.0 | 48 164 | 48 612 | 490164 | 49 518 | 49 976 | 50 437 | 50 901 | 51 368 | 51 838 | 52 312 | 52 788 | 53 268 |
| 30 | 0.0 | 53 751 | 54 238 | 54 728 | 55 221 | 55 717 | 56 217 | 56 720 | 57 226 | 57 736 | 58 249 | 58 765 | 59 285 |
| 31 | 0.0 | 59 809 | 60 336 | 60 866 | 61 400 | 61 937 | 62 478 | 63 022 | 63 570 | 64 122 | 64 677 | 65 236 | 65 799 |

续表

| $\alpha_k(°)$ | 0′ | 5′ | 10′ | 15′ | 20′ | 25′ | 30′ | 35′ | 40′ | 45′ | 50′ | 55′ |
|---|---|---|---|---|---|---|---|---|---|---|---|---|
| 32 | 0.0 | 66 364 | 66 934 | 67 507 | 68 084 | 68 665 | 69 250 | 69 838 | 70 430 | 71 026 | 71 626 | 72 230 | 72 838 |
| 33 | 0.0 | 73 449 | 74 064 | 74 684 | 75 307 | 75 934 | 76 565 | 77 200 | 77 839 | 78 483 | 79 130 | 79 781 | 80 437 |
| 34 | 0.0 | 81 097 | 81 760 | 82 428 | 83 100 | 83 777 | 84 457 | 85 142 | 85 832 | 86 525 | 87 223 | 87 925 | 88 631 |
| 35 | 0.0 | 39 342 | 90 058 | 90 777 | 91 502 | 92 230 | 92 963 | 93 701 | 94 443 | 95 190 | 95 942 | 96 698 | 97 459 |
| 36 | 0.0 | 098 22 | 098 99 | 099 77 | 100 55 | 101 33 | 102 12 | 102 92 | 103 71 | 104 52 | 105 33 | 106 14 | 106 96 |
| 37 | 0.0 | 107 78 | 108 61 | 109 44 | 110 28 | 111 13 | 111 97 | 112 83 | 113 69 | 114 55 | 115 42 | 106 30 | 117 18 |
| 38 | 0.0 | 118 06 | 118 95 | 119 85 | 120 75 | 121 65 | 122 57 | 123 48 | 124 41 | 125 34 | 126 27 | 127 21 | 128 15 |
| 39 | 0.0 | 129 11 | 130 06 | 131 02 | 131 99 | 132 97 | 133 95 | 134 93 | 135 92 | 136 92 | 137 92 | 138 93 | 139 95 |
| 40 | 0.0 | 140 97 | 142 00 | 143 03 | 144 07 | 145 11 | 146 16 | 147 22 | 148 29 | 149 36 | 150 43 | 151 52 | 152 61 |
| 41 | 0.0 | 153 70 | 154 80 | 155 91 | 157 03 | 158 15 | 159 28 | 160 41 | 161 56 | 162 70 | 163 86 | 165 02 | 166 19 |
| 42 | 0.0 | 167 37 | 168 55 | 169 74 | 170 93 | 172 14 | 173 36 | 174 57 | 175 79 | 177 02 | 178 26 | 179 51 | 180 76 |
| 43 | 0.0 | 182 02 | 183 29 | 184 57 | 185 85 | 187 14 | 188 44 | 189 75 | 191 06 | 192 38 | 193 71 | 195 05 | 196 39 |
| 44 | 0.0 | 197 74 | 199 10 | 200 47 | 201 85 | 203 23 | 204 63 | 206 03 | 207 43 | 208 85 | 210 28 | 211 71 | 213 15 |
| 45 | 0.0 | 214 60 | 216 06 | 217 53 | 219 00 | 220 49 | 221 98 | 223 48 | 224 99 | 226 51 | 228 04 | 229 58 | 231 12 |
| 46 | 0.0 | 232 68 | 234 24 | 235 82 | 237 40 | 238 99 | 240 59 | 242 20 | 243 82 | 245 45 | 247 09 | 248 74 | 250 40 |
| 47 | 0.0 | 252 06 | 253 74 | 255 43 | 257 13 | 258 83 | 260 55 | 262 28 | 264 01 | 265 75 | 267 52 | 269 29 | 271 07 |
| 48 | 0.0 | 272 85 | 274 65 | 276 46 | 278 28 | 280 12 | 281 96 | 283 81 | 285 67 | 287 55 | 289 43 | 291 33 | 293 24 |
| 49 | 0.0 | 295 16 | 297 09 | 299 03 | 300 98 | 302 95 | 304 92 | 306 91 | 308 91 | 310 92 | 312 95 | 314 98 | 317 03 |
| 50 | 0.0 | 319 09 | 321 16 | 323 24 | 325 34 | 327 45 | 329 57 | 331 71 | 333 85 | 336 01 | 338 18 | 340 37 | 342 57 |
| 51 | 0.0 | 344 78 | 347 00 | 349 24 | 351 49 | 353 76 | 356 04 | 358 33 | 360 63 | 362 95 | 365 29 | 367 63 | 369 99 |
| 52 | 0.0 | 372 37 | 374 76 | 377 16 | 379 58 | 382 02 | 384 46 | 386 93 | 389 41 | 391 90 | 394 41 | 396 93 | 399 47 |
| 53 | 0.0 | 402 02 | 404 59 | 407 17 | 409 77 | 412 39 | 415 02 | 417 67 | 420 34 | 423 02 | 425 71 | 428 43 | 431 16 |
| 54 | 0.0 | 433 90 | 436 67 | 439 45 | 442 25 | 445 06 | 447 89 | 450 74 | 453 61 | 456 50 | 459 40 | 462 32 | 465 26 |
| 55 | 0.0 | 468 22 | 471 19 | 474 19 | 477 20 | 480 23 | 483 28 | 486 35 | 489 44 | 492 55 | 495 68 | 498 82 | 501 99 |
| 56 | 0.0 | 505 18 | 508 38 | 511 61 | 514 86 | 518 13 | 521 41 | 524 72 | 523 05 | 531 41 | 534 78 | 538 17 | 541 59 |
| 57 | 0.0 | 545 03 | 548 49 | 551 97 | 555 47 | 559 00 | 562 55 | 566 12 | 560 72 | 573 33 | 576 98 | 580 64 | 584 33 |
| 58 | 0.0 | 588 04 | 591 78 | 595 54 | 599 33 | 603 14 | 606 97 | 610 83 | 614 72 | 618 63 | 622 57 | 626 53 | 630 52 |
| 59 | 0.0 | 634 54 | 638 58 | 642 65 | 646 74 | 650 86 | 655 01 | 650 19 | 663 40 | 667 63 | 671 89 | 676 18 | 680 50 |

**二、渐开线直齿圆柱齿轮的基本参数和几何计算**

**1. 齿轮的基本尺寸**

如图 5-5 所示为直齿圆柱外齿轮的一部分。由图可知，轮齿排列在圆柱的外表面，轮齿两侧的齿廓是形状相同、方向相反的渐开线曲线。圆周上均匀分布的轮齿总数称为齿数，用 $z$ 表示，其他基本尺寸及代号如下。

(1) 基圆：产生渐开线的圆被称为基圆，其半径用 $r_b$ 表示，直径用 $d_b$ 表示。

(2) 齿顶圆：过所有轮齿齿顶的圆称为齿顶圆，半径用 $r_a$ 表示，直径用 $d_a$ 表示。

(3) 齿根圆：过所有轮齿齿根的圆称为齿根圆，半径用 $r_f$ 表示，直径用 $d_f$ 表示。

(4) 分度圆：在齿轮上人为取一个特定圆，使其具有标准模数和压力角，这样的圆称为分度圆。它是设计齿轮的基准圆，在齿顶圆与齿根圆之间。对于标准齿轮，在此圆上的齿厚和齿槽宽相等，即 $s = e = \dfrac{p}{2}$。在此圆上，所有的参数下标均省略。此圆半径用 $r$ 表示，直径用 $d$ 表示。

(5) 齿厚：任意半径为 $r_k$ 的圆周上，一个轮齿的两侧齿廓之间弧长称为该圆上的齿厚，用 $s_k$ 表示。

(6) 齿槽宽：任意半径为 $r_k$ 的圆周上，一个齿槽的两侧齿廓之间的弧长称为该圆上的齿槽宽，用 $e_k$ 表示。

(7) 齿距：任意半径为 $r_k$ 的圆周上，相邻两齿同侧齿廓之间的弧长称为该圆上的齿距，用 $p_k$ 表示，且有 $p_k = s_k + e_k$。

(8) 齿顶高：齿顶圆与分度圆之间的径向距离称为齿顶高，用 $h_a$ 表示。

(9) 齿根高：齿根圆与分度圆之间的径向距离称为齿根高，用 $h_f$ 表示。

(10) 全齿高：齿根圆与齿顶圆之间的径向距离称为全齿高，用 $h$ 表示，且 $h = h_a + h_f$。

当一对啮合外齿轮中一个齿轮的基圆半径为无穷大时，基圆将变成一条直线，齿轮变成齿条，即形成齿轮与齿条的啮合。与齿轮的齿顶圆、分度圆、齿根圆相对应，齿条有齿顶线、分度线和齿根线。与齿轮相比，齿条具有如下特点。

① 齿条的齿廓为直线，同一齿廓上各点的法线相互平行。由于齿条作平动，故齿廓上各点的压力角均等于分度线上的压力角。

② 齿条上各同侧齿廓相互平行，故与分度线平行的任意节线上的齿距均等于 $p$，且 $p = m\pi$。但只有在节线上齿厚与齿槽宽相等，即 $s = e$。

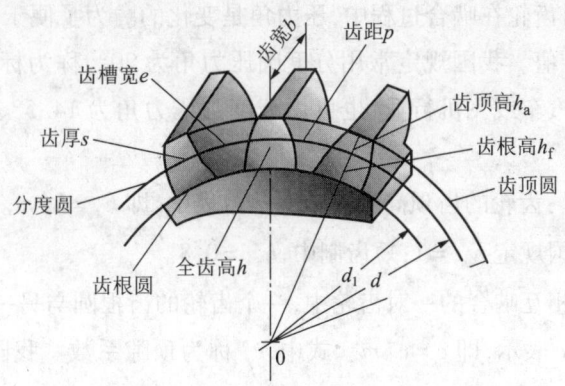

图 5－5 直齿圆柱齿轮的各尺寸名称和符号

2. 齿轮的基本参数

渐开线标准齿轮的基本参数有 5 个，即齿数 $z$、模数 $m$、压力角 $\alpha$、齿顶高系数 $h_a^*$ 和顶隙系数 $c^*$。

(1) 齿数 $z$：整个齿轮圆周上轮齿的总数。

(2) 模数 $m$：在任意直径为 $d_k$ 的圆周上，其齿距 $p_k$、齿数 $z$ 与 $d_k$ 之间的关系为：

$$\pi d_k = z p_k \quad \text{或} \quad d_k = \frac{p_k}{\pi} z$$

令 $\dfrac{p_k}{\pi} = m_k$，则有：

$$d_k = m_k z$$

由此可知，在不同直径的圆周上，$m_k$ 不同，且为无理数。尽管齿数为整数，其 $d_k$ 也是无理数。$m_k$ 称为该圆上的模数，单位为 mm。模数是设计和制造齿轮的一个重要参数，模数的大小直接反映出轮齿的大小，模数大时，轮齿厚，模数小时，轮齿薄。为了便于设计、制造和互换，规定分度圆上的模数为标准值，称为标准模数，具体值见表 5–2。

表 5–2  渐开线齿轮的模数（GB/T 1357—2008）

| 第一系列 | 1 | 1.25 | 1.5 | 2 | 2.5 | 3 | 4 | 5 | 6 | 8 | 10 |
|---|---|---|---|---|---|---|---|---|---|---|---|
|  | 12 | 16 | 20 | 25 | 32 | 40 | 50 |  |  |  |  |
| 第二系列 | 1.125 | 1.375 | 1.75 | 2.25 | 2.75 | 3.5 | 4.5 | 5.5 | (6.5) | 7 | 9 |
|  | (11) | 14 | 18 | 22 | 28 | (30) | 36 | 45 |  |  |  |

注：①本表适用于渐开线直齿圆柱齿轮，对于斜齿轮是指法面模数；

②选用模数时，应优先选用第一系列，其次是第二系列，括号内的模数尽可能不用。

在采用英制单位的国家，用径节 $D_p$（齿数与分度圆直径之比，即 $D_p = z/d$，单位是 1/英寸）来计算齿轮的基本尺寸。由于 $d = z/D_p$（英寸）和 $d = mz$（mm），可以得到径节与模数的关系为 $m = \dfrac{25.4}{D_p}$。

(3) 压力角 $\alpha$：一对齿轮在啮合过程中，压力角是变化的。为了便于设计和制造，规定在分度圆上的压力角为标准值。我国规定常用分度圆压力角为 20°，称为标准压力角，用 $\alpha$ 表示。在某些特殊装置中，如汽车或飞机行业，也可用分度圆压力角为 14.5°、15°、22.5° 和 25° 等的齿轮。

(4) 齿顶高系数 $h_a^*$：齿轮的齿顶高用模数的倍数表示，即 $h_a = h_a^* m$。式中，$h_a^*$ 称为齿顶高系数。正常齿制中，我国规定 $h_a^* = 1$；短齿制中，$h_a^* = 0.8$。

(5) 顶隙系数 $c^*$：相互啮合的一对齿轮中，一个齿轮的齿根圆与另一个齿轮的齿顶圆间的径向距离称为顶隙，用 $c$ 表示，即 $c = c^* m$。式中，$c^*$ 称为顶隙系数。我国（GB/T 1356—1988）规定：在正常齿制中，当 $m \geq 1$ mm 时，$c^* = 0.25$；当 $m < 1$ mm 时，$c^* = 0.35$；在短齿制中，$c^* = 0.3$。

3. 标准直齿圆柱齿轮基本尺寸的计算

如果一个齿轮的模数为 $m$，压力角为 $\alpha = 20°$，齿顶高系数为 $h_a^* = 1$，顶隙系数为 $c^* = 0.25$，并且分度圆上的 $s = e$，则该齿轮为标准齿轮，否则称为非标准齿轮。标准直齿圆柱齿轮的所有尺寸均可用上述5个基本参数来表示,几何尺寸计算公式,见表5-3。

表5-3　　　　　　　　　标准直齿圆柱齿轮几何尺寸的计算公式

| 基本参数 | | $z,\alpha,m,h_a^*,c^*$ |
|---|---|---|
| 名称 | 符号 | 公式 |
| 分度圆直径 | $d$ | $d = zm$ |
| 齿顶高 | $h_a$ | $h_a = h_a^* m$ |
| 齿根高 | $h_f$ | $h_f = (h_a^* + c^*)m$ |
| 全齿高 | $h$ | $h = h_a + h_f = (2h_a^* + c^*)m$ |
| 齿顶圆直径 | $d_a$ | $d_a = d \pm 2h_a = (z \pm 2h_a^*)m$ ① |
| 齿根圆直径 | $d_f$ | $d_f = d \mp 2h_f = (z \mp 2h_a^* \mp 2c^*)m$ |
| 基圆直径 | $d_b$ | $d_b = d\cos\alpha = mz\cos\alpha$ |
| 齿距 | $p$ | $p = \pi m$ |
| 齿厚 | $s$ | $s = \dfrac{\pi m}{2}$ |
| 齿槽宽 | $e$ | $e = \dfrac{\pi m}{2}$ |
| 中心距 | $a$ | $a = \dfrac{1}{2}(d_1 \pm d_2) = \dfrac{m}{2}(z_2 \pm z_1)$ |
| 顶隙 | $c$ | $c = c^* m$ |
| 基圆齿距 | $p_b$ | $p_n = p_b = \pi m \cos\alpha$ |
| 法向齿距 | $p_n$ | |

注:上面符号用于外齿轮,下面符号用于内齿轮。

由表5-3可知,对于齿数、齿顶高系数、顶隙系数和分度圆压力角均相同的齿轮,模数不同,其几何尺寸也不同。模数相当于一个齿轮的"长度比例参数",模数越大,齿轮的尺寸就越大。

### 三、齿轮传动的特点和类型

**1. 齿轮传动的特点**

齿轮传动是由主动齿轮、从动齿轮和机架组成的高副机构,这种机构通过成对的轮齿依次啮合传递任意两轴之间的运动和动力,其圆周速度可达到200m/s,传递功率可达$10^5$kW,齿轮直径可从1mm达到150m以上,是现代机械中应用最广的一种机械传动。

齿轮传动与其他传动相比,主要有以下优点。

(1)传递功率范围广、效率高,单级传动一般效率在95%以上,制造精度高时可达到99%或以上。

(2)寿命长,工作平稳,可靠性高,结构紧凑,外廓尺寸小。

(3)能保证恒定的传动比,能传动成任意夹角两轴间的运动。

但是,需要专用设备及刀具加工齿轮,制造安装精度要求高,因此,成本高;工作时有振动和噪声,运转时无过载保护,不适合做轴间距过大的传动。在机床、汽车、船舶、飞机、载重机械、冶金设备、轻工机械和仪表等工业领域有广泛应用。

2. 齿轮传动的类型

实际工程中使用的齿轮结构形式多种多样,分类方法各异,下面介绍几种常见的分类方法。

(1)按照齿轮传动时的相对运动分类。

①平面齿轮传动。齿轮副中齿轮的运动都是平面运动,它用于传递两平行轴间的运动和动力。齿轮是圆柱形的,又称圆柱齿轮传动,是齿轮传动中应用最广泛的一种。

②空间齿轮传动。两齿轮的轴线不平行,其相对运动为空间运动,它传递两相交轴或交错轴之间的运动和动力。

传递相交轴运动的齿轮传动,由于齿轮的轮齿作用在圆锥的表面上,故又称圆锥齿轮传动,其齿形有直齿、斜齿和曲线齿,应用最广的是直齿圆锥齿轮。

传递交错轴运动的齿轮传动,常见的有交错轴斜齿圆柱齿轮传动、蜗杆蜗轮传动和准双曲面齿轮传动。交错轴斜齿圆柱齿轮传动由两个斜齿轮组成,就其单个齿轮而言,仍是一个斜齿圆柱齿轮,只是不满足螺旋角相等反向的条件;蜗杆蜗轮传动通常两轴垂直,交角为90°;准双曲面齿轮传动的两轴线相互垂直交错。

(2)按照轮齿齿廓曲线分类。

①渐开线齿轮传动。齿轮的齿廓曲线是渐开线,设计、制造简单,部分参数标准化,易达到很高的精度,可实现专业生产,是应用最广的一种。

②圆弧齿轮传动。齿轮的齿廓曲线是圆弧。

③摆线齿轮传动。齿轮的齿廓曲线是摆线,加工制造难度大,目前,应用不是很广泛,只在有特殊要求的机械中应用。

(3)按照齿轮工作环境分类。

①闭式齿轮传动。闭式齿轮传动的齿轮封闭在刚性很大的箱体内,因而能保持良好的润滑和清洁的工作环境,重要的齿轮传动都采用闭式传动。

②开式齿轮传动。开式齿轮传动的齿轮暴露在外,不能保持良好的润滑,工作时随时都有灰尘进入,容易造成齿面磨损。

(4)按照齿廓表面的硬度分类。

①软齿面齿轮传动。齿轮副中至少一个齿轮的齿面硬度不大于350HBS,多用于闭式传动中。

②硬齿面齿轮传动。齿轮副中每个齿轮的齿面硬度都大于350HBS,多用于开式传动中。

(5)其他。

根据轮齿的排列方式不同,又可分为直齿圆柱齿轮传动、平行轴斜齿圆柱齿轮、人字齿齿轮传动和曲线齿圆柱齿轮传动。

根据齿轮的啮合方式,分为外啮合齿轮传动、内啮合齿轮传动和齿轮齿条传动。常见齿轮传动的类型、特点及应用,见表5-4。

表5-4　　　　　　　　　　　　　　常见齿轮传动

| 类型 | 名称 | 例图 | 特点及应用 |
|---|---|---|---|
| 平面齿轮传动(两轴平行的齿轮传动) | 外啮合直齿圆柱齿轮传动 |  | 两齿轮转向相反;轮齿与轴线平行,工作时无轴向力;重合度小,传动平稳性差,承载能力较低;需要时可轴向移动,多用于速度较低的传动;尤其适合于滑移式变速箱的换挡齿轮 |
| | 外啮合斜齿圆柱齿轮传动 |  | 两齿轮转向相反;轮齿与轴线成一夹角,工作时有轴向力;所需支承比较复杂;重合度较大,传动平衡,承载能力较高;适用于速度较高、载荷较大或要求结构紧凑的场合 |
| | 外啮合人字齿圆柱齿轮传动 |  | 两齿轮转向相反;可看成是一个由两个螺旋角大小相等、方向相反的斜齿轮所组成,工作时无轴向力;重合度较大,传动平衡,承载能力高;多用于重载传动,但制造成本高 |
| | 曲线齿圆柱齿轮 |  | 两轴线平行,轮齿沿轴向呈弯曲的弧面;多用于高速重载传动,但加工制作有难度,价格较高 |
| | 内啮合圆柱齿轮传动 | 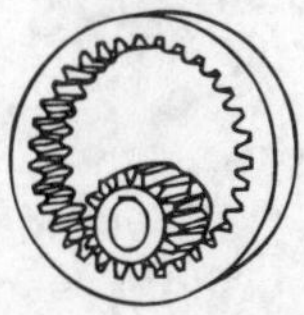 | 两齿轮转向相同;重合度大,轴间距离小,结构紧凑,效率较高;多用于轮系 |
| 空间齿轮传动 | 直齿锥齿轮传动 | 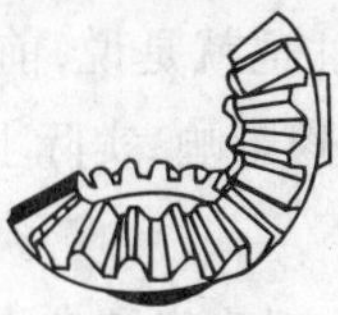 | 两轴线相交;制造和安装简便,传动平稳性较差,承载能力较低;用于速度较低(<5m/s)、载荷小而稳定的传动 |
| | 斜齿锥齿轮传动 | 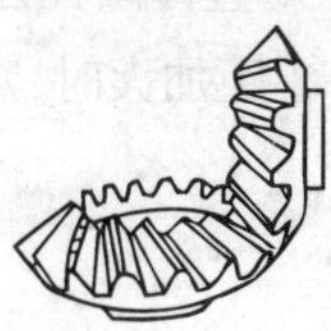 | 两轴线相交,只限于单件或小批量生产,一般只用于高速重载齿轮传动 |
| | 曲线齿锥齿轮传动 |  | 两轴线相交;重合度大,工作平稳,承载能力高,轴向力较大且与齿轮转向有关;用于速度较高及载荷较大的传动 |

续表

| 类型 | 名称 | 例图 | 特点及应用 |
|---|---|---|---|
| 空间齿轮传动 | 交错轴斜齿轮传动 | | 两轴线交错;两齿轮点接触,传动效率低;适用于速度较低、载荷小的传动 |
| | 柱蜗杆传动 | | 两轴线交错,一般为90°;传动比 $i$ 较大,一般 $i=10\sim80$;结构紧凑,传动平稳,噪声和振动小,传动效率低,易发热 |
| | 准双曲面齿轮传动 | | 两轴线交错,传动平稳,利用偏置距可增大小轮直径,实现两端支承,提高刚性;广泛用于越野车和小客车,也用于卡车 |

**四、渐开线标准直齿圆柱齿轮副的正确啮合条件和连续传动条件**

1. 渐开线齿轮的正确啮合条件

一对齿轮能够连续顺利地传动,需要各对轮齿依次正确地啮合,互不干涉。为了保证传动时不出现因两齿廓局部重叠或侧隙过大而引起的卡死或冲击现象,必须使两齿轮的基圆齿距相等,由此可得齿轮副的正确啮合条件如下。

(1) 两齿轮的模数必须相等,即 $m_1 = m_2$。

(2) 两齿轮分度圆上的压力角必须相等,即 $\alpha_1 = \alpha_2$。

2. 渐开线齿轮的连续传动条件

理论上,当重合度 $\varepsilon=1$ 时,齿轮副即能连续传动。也就是说,前一对轮齿啮合终止的瞬间,后续的一对轮齿正好啮合。但由于制造、安装误差的影响,实际上必须使 $\varepsilon>1$,才能可靠地保证传动的连续性。重合度 $\varepsilon$ 越大,传动越平稳。

对于一般的齿轮传动,连续传动的条件是 $\varepsilon \geq 1.2$。对直齿圆柱齿轮($\alpha=20°$,)来说,要求 $1<\varepsilon<2$,标准齿轮传动均能满足上述条件。应注意,中心距加大时,重合度会降低。

### 任务实施

由式 $d_a = d + 2h_a = m(z+2)$ 得:

$$m = \frac{d_a}{z+2} = \frac{360}{43+2} = 8\text{mm}$$

将 $m$ 代入有关各式,得:

$$d = mz = 8 \times 43 = 344\text{mm}$$

$$d_f = d - 2h_f = (z - 2h_a^* - 2c^*)m = (43 - 2.5) \times 8 = 324 \text{mm}$$
$$p = \pi m = 3.14 \times 8 = 25.12 \text{mm}$$
$$h = h_a + h_f = 2h_a^* + c^* = 2.25 \times 8 = 18 \text{mm}$$

### 习题

已知一对外啮合标准直齿圆柱齿轮传动,模数 $m = 4\text{mm}$,齿数 $z_1 = 20$,$z_2 = 60$,求两齿轮的尺寸 $d$、$d_a$、$d_f$、$d_b$ 及中心距 $a$。

## 任务2　直齿圆柱齿轮的受力分析及强度计算

【学习目标】

1. 了解齿轮的失效形式;
2. 掌握直齿圆柱齿轮的设计准则;
3. 掌握直齿圆柱齿轮的受力分析及强度校核。

### 任务引入

如图5-6所示为带式传动装置,该带式传动装置通过带传动、一级齿轮减速器传递动力和运动。其中,一级齿轮减速器为直齿圆柱齿轮传动。已知电动机的输入功率为6kW,输入转速为600r/min,传动比为 $i = 3$,此时应如何设计该直齿圆柱齿轮传动,才能满足该传动装置的使用要求?

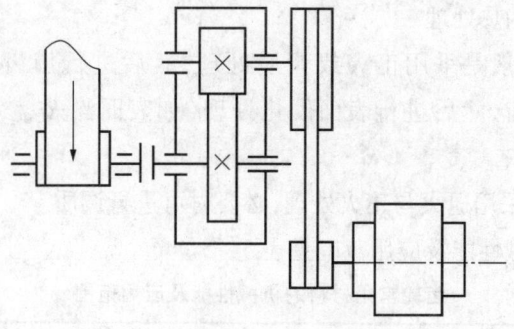

图5-6　带式传动装置

### 任务分析

首先,要考虑工作环境对齿轮传动的影响;其次,应考虑齿轮材料对齿轮在工作过程中所产生的影响,以及由此带来的一系列问题,如齿轮的失效;最后,了解齿轮工作过程中的受力情况及受载荷情况,以此来确定设计准则和设计方法。

## 相关知识

### 一、齿轮的常用材料及热处理

**1. 对齿轮材料的基本要求**

为了使齿轮在使用期限内不发生失效,且有足够长的使用寿命,在选择齿轮的材料时,应使齿轮满足以下的基本要求。

(1)齿轮表面应有较高的硬度和良好的耐磨性能。

(2)轮齿芯部应有足够的强度和韧性,使齿根具有良好的弯曲强度和抗冲击能力。

(3)应有良好的加工工艺性能及热处理性能,使之易达到所需的加工精度及机械性能的要求。

**2. 齿轮的常用材料**

设计齿轮时常采用的材料有锻钢、铸钢、铸铁以及工程塑料等非金属材料。

(1)锻钢具有强度高、韧性好、便于加工制造等特点,且可通过各种热处理方法来改善其机械性能,是齿轮设计中最常用的材料。

(2)铸钢常用于不便锻造的大型齿轮。可用铸造的方法制成铸钢齿坯,由于铸钢晶粒较粗,故需进行正火或退火处理。

(3)普通铸铁的抗弯强度、抗冲击和耐磨性能较差,但铸造时浇铸容易、加工方便,成本较低,故铸铁齿轮一般仅用于低速、轻载、冲击小的不重要的齿轮传动中。由于铸铁较脆,为了避免载荷集中造成轮齿端局部裂断,铸铁齿轮的宽度应大些。

(4)非金属材料齿轮可降低噪声,常用于高速、轻载及精度不高的场合。

**3. 齿轮的常用材料的热处理**

(1)对锻钢材料,一般是采用正火或调质处理,然后进行切齿。但是,当齿轮用于重要场合时,通常是先切齿,然后进行表面硬化处理(如表面淬火、渗碳、氮化等),再进行精加工。

(2)对铸钢材料,常采用退火与正火处理,必要时可进行调质。

齿轮常用材料的机械性能及应用范围见表5-5。

表5-5　　　　　　　齿轮常用材料的机械性能及应用范围

| 材料 | 牌号 | 热处理 | 硬度 | 强度极限 ($\sigma_B$/MPa) | 屈服极限 ($\sigma_s$/MPa) | 应用范围 |
| --- | --- | --- | --- | --- | --- | --- |
| 优质碳素钢 | 45 | 正火 | 169~217 HBS | 580 | 290 | 低速轻载,低速中载;高速重载或低速重载,冲击很小 |
| | | 调质 | 217~255 HBS | 650 | 360 | |
| | | 表面淬火 | 49~50 HRC | 750 | 450 | |
| | 50 | 正火 | 180~220 HBS | 620 | 320 | 低速轻载 |

续表

| 材料 | 牌号 | 热处理 | 硬度 | 强度极限 ($\sigma_B$/MPa) | 屈服极限 ($\sigma_s$/MPa) | 应用范围 |
|---|---|---|---|---|---|---|
| 合金钢 | 40Cr | 调 质 | 240~260 HBS | 700 | 550 | 中速中载;高速中载,无剧烈冲击 |
|  |  | 表面淬火 | 48~55 HRC | 900 | 650 |  |
|  | 42SiMn | 调 质 | 217~269 HBS | 750 | 470 | 高速中载,无剧烈冲击 |
|  |  | 表面淬火 | 45~55 HRC |  |  |  |
|  | 20Cr | 渗碳、淬火 | 56~62 HRC | 650 | 400 | 高速中载,承受冲击 |
|  | 20CrMnTi |  |  | 1100 | 850 |  |
| 铸钢 | ZG310—570 | 正 火 | 160~210 HBS | 570 | 320 | 中速、大载、大直径 |
|  |  | 表面淬火 | 40~50 HRC |  |  |  |
|  | ZG340—640 | 正 火 | 170~230 HBS | 650 | 350 |  |
|  |  | 调 质 | 240~270 HBS | 700 | 380 |  |
| 球墨铸铁 | QT600—2 | 正 火 | 220~280 HBS | 600 |  | 低中速轻载,有小冲击 |
|  | QT500—5 |  | 147~241 HBS | 500 |  |  |
| 灰铸铁 | HT200 | 人工时效 | 170~230 HBS | 200 |  | 低速轻载,冲击很小 |
|  | HT300 | (低温退火) | 187~235 HBS | 300 |  |  |

## 二、齿轮的失效形式及防止办法

齿轮传动的失效主要发生在轮齿,常见的失效形式有轮齿折断、齿面磨损、齿面点蚀、齿面胶合和塑性变形。

1. 轮齿折断

闭式传动中,当齿轮的齿面较硬时,容易出现轮齿折断。另外,齿轮受到突然过载时,也可能发生轮齿折断的现象。

提高轮齿抗折断能力的措施有增大齿根过渡圆角半径、消除加工刀痕、增大轴及支承的刚性、采用合理的热处理方法使齿芯具有足够的韧性及进行喷丸、滚压等表面强化处理。

2. 齿面磨损

齿面磨损是开式齿轮传动的主要失效形式之一。改用闭式齿轮传动是避免齿面磨损的最有效的方法。

3. 齿面点蚀

齿面点蚀是闭式齿轮传动的主要失效形式,特别是在软齿面上更容易产生。

提高齿面抗点蚀能力措施有提高齿轮材料的硬度、在啮合的轮齿间加注润滑油减小摩擦并减缓点蚀。

4. 齿面胶合

对于高速重载的齿轮传动,容易发生齿面胶合现象。另外,低速重载的重型齿轮传动也会产生齿面胶合失效,即冷胶合。

提高齿面抗胶合能力的措施有提高齿面硬度、降低齿面粗糙度值、加强润滑措施等,如采用抗胶合能力高的润滑油,在润滑油中加入添加剂等。

5. 塑性变形

塑性变形一般发生在硬度低的齿面上;但在重载作用下,硬度高的齿轮上也会出现。

提高轮齿抗塑性变形能力的措施有提高轮齿齿面硬度、采用高黏度或加有极压添加剂的润滑油等。

### 三、齿轮的设计准则

目前,设计一般使用的齿轮传动时,通常只按保证齿根弯曲疲劳强度及保证齿面接触疲劳强度两个准则进行计算。

(1)在闭式齿轮传动中,一般应先按接触疲劳强度设计,计算出齿轮的分度圆直径及其他主要几何参数,然后再对其轮齿的抗弯疲劳强度进行校核。但是,当齿面的硬度较高(硬度 > 350 HBS)时,弯曲折断是主要的失效形式,其轮齿的弯曲疲劳强度相对较弱,此时,一般按轮齿齿根的抗弯疲劳强度设计,然后再校核其齿面接触疲劳强度。

(2)在开式(半开式)齿轮传动中,齿轮的失效形式主要是齿面磨损和轮齿的弯曲疲劳折断,因此,目前通常以保证齿根弯曲疲劳强度作为设计准则,并根据具体要求适当增大齿轮的模数。

### 四、齿轮的受力分析

为了对齿轮进行设计计算,首先必须对齿轮进行受力分析,求出其受到的作用力。如图 5-7 所示为在标准中心距安装情况下直齿圆柱齿轮的变力情况分析,以节点 $P$ 处的啮合力为分析对象,并不计啮合轮齿间的摩擦力时,主动轮上所受的法向力 $F_n$ 垂直于齿面,并可分解为圆周力 $F_t$ 和径向力 $F_r$,因此可得:

$$\left.\begin{array}{l} F_t = \dfrac{2T_1}{d_1} \\ F_r = F_t \tan\alpha \\ F_n = \dfrac{F_t}{\cos\alpha} \end{array}\right\}$$

式中,$T_1$ 为主动小齿轮传递的扭矩,单位为 N·mm;$d_1$ 为主动小齿轮的节圆直径,对标准齿轮传动即为分度圆直径,单位为 mm;$\alpha$ 为分度圆压力角。

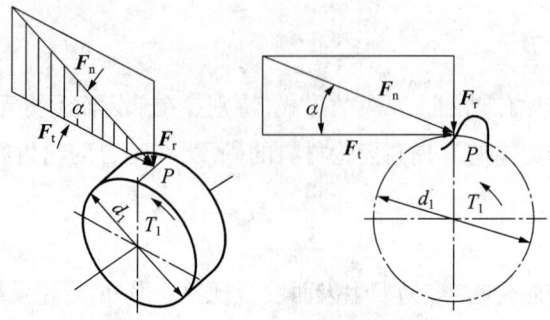

图 5-7 直齿圆柱齿轮的受力分析

过节点的直径称为节圆直径,节点处所受的力的方向与其速度方向所夹的锐角称为啮合角。在标准中心距下,其分度圆直径与节圆直径相等,压力角与啮合角相等。

显然,从动大齿轮所受的力与主动轮上的力大小相等、方向相反。因此,两轮所受各力的方向可以归纳为主动轮上的圆周力与其圆周速度相反,从动轮上的圆周力与其圆周速度方向相同;两轮的径向力分别指向各自的轮心。

若 $P$ 为传递的功率(kW), $n_1$ 为小齿轮的转速(r/min),可得转矩为:

$$T_1 = 9.55 \times 10^6 \frac{P}{n_1}$$

### 五、计算载荷

上述轮齿受力分析中的法向力 $F_n$ 是作用在轮齿上的理想状况下的载荷,此载荷称为名义载荷。当齿轮在实际状况下工作时,由于各种原因实际载荷会比名义载荷大。因此,在进行齿轮传动强度计算时,需引用载荷系数 $K$ 来考虑上述各种因素的影响,以 $KF_n$ 代替名义载荷,使之尽可能符合作用在轮齿上的实际载荷,$KF_n$ 称为计算载荷,用 $F_{nc}$ 表示,即:

$$F_{nc} = KF_n$$

载荷系数 $K$ 值可查表 5-6。

表 5-6　　　　　　　　　　　载荷系数

| 原动机 | 工作机的载荷特性 | | |
|---|---|---|---|
| | 平稳 | 中等冲击 | 大冲击 |
| 电动机 | 1~1.2 | 1.2~1.6 | 1.6~1.8 |
| 多缸内燃机 | 1.2~1.6 | 1.6~1.8 | 1.9~2.1 |
| 单缸内燃机 | 1.6~1.8 | 1.8~2 | 2.2~2.4 |

注:斜齿轮圆周速度低、精度高、齿宽系数较小时,取较小值;直齿轮圆周速度高、精度低、齿宽系数较大时,取较大值。轴承相对于齿轮作对称布置、轴的刚度较大时,取较小值,反之取较大值。

### 六、强度计算

**1. 齿面接触疲劳强度计算**

齿面接触疲劳强度计算的目的是防止齿面点蚀失效。齿面点蚀与齿面的接触应力有关,齿面点蚀是因为接触应力过大引起的。齿轮传动在节点处通常为一对轮齿啮合,接触应力较大,实践也证明齿面点蚀首先发生在节线附近。因此,应选择齿轮传动的节点作为接触应力的计算点。因此,防止齿面点蚀的强度条件为:节点处的计算接触应力 $\sigma_H$ 应该小于齿轮的许用接触应力 $[\sigma_H]$,即:

$$\sigma_H \leq [\sigma_H]$$

齿面接触疲劳强度的计算均以赫兹公式为依据。若两齿轮的材料都选用钢,可得出一对钢制齿轮齿面接触疲劳强度的校核公式为:

$$\sigma_H = 670.4 \sqrt{\frac{KT_1 u \pm 1}{b d_1^2 u}} \leq [\sigma_H]$$

其设计公式为:

$$d_1 \geq 76.6 \sqrt[3]{\frac{KT_1(u \pm 1)}{\Psi_d u [\sigma_H]^2}}$$

式中,$[\sigma_H]$ 为齿轮材料的许用接触应力,可查阅表 5-7 获取;$u$ 为大、小齿轮的齿数比,即 $\frac{z_2}{z_1}$;$\Psi_d$ 为齿宽系数,$\Psi_d = d/d_1$,见表 5-8。

若齿轮传动是外啮合,上式中取"+",内啮合取"-"。

上述校核公式和设计公式仅适用于齿轮材料是钢对钢,若用其他齿轮材料,应将计算结果乘以数值:钢对铸铁时乘以 0.9,铸铁对铸铁时乘以 0.83。

值得注意的是:一对齿轮啮合时,两齿面上的接触应力是相等的,但两轮的材料不同时其许用接触应力也是不同的,在进行强度计算时应将其中一个较小的接触应力带入上式中进行计算。

表 5-7    齿轮常用材料及其力学性能

| 材料 | 热处理方法 | 抗拉强度 $\sigma_b$(MPa) | 屈服强度 $\sigma_s$(MPa) | 齿面硬度 (HBS) | 许用接触应用 $[\sigma_H]$(MPa) | 许用弯典应力 $[\sigma_F]$(MPa) |
|---|---|---|---|---|---|---|
| HT300 | | 300 | | 187~255 | 290~347 | 80~105 |
| QT600—3 | | 600 | | 190~270 | 436~535 | 262~315 |
| ZG310—570 | 正火 | 580 | 320 | 163~197 | 270~301 | 171~189 |
| ZG340—640 | | 650 | 350 | 179~207 | 288~306 | 182~196 |
| 45 | | 580 | 290 | 162~217 | 468~513 | 280~301 |
| ZG340—640 | 调质 | 700 | 380 | 241~269 | 468~490 | 248~259 |
| 45 | | 650 | 360 | 217~255 | 513~545 | 301~315 |
| 35SiMn | | 750 | 450 | 217~269 | 585~648 | 388~420 |
| 40Cr | | 700 | 500 | 241~286 | 612~675 | 399~427 |
| 45 | 调质后表面淬火 | | | 40~50HRC | 972~1053 | 427~504 |
| 40Cr | | | | 48~55HRC | 1035~1098 | 483~518 |
| 20Cr | 渗碳后淬火 | 650 | 400 | 56~62HRC | 1350 | 645 |
| 20CrMnTi | | 1100 | 850 | 56~62HRC | 1350 | 645 |

表 5-8    齿宽系数 $\Psi_d$

| 齿面硬度 | 齿轮相对于轴承的位置 | | |
|---|---|---|---|
| | 对称布置 | 非对称布置 | 悬臂布置 |
| 软齿面(≤350HBS) | 0.8~1.4 | 0.6~1.2 | 0.3~0.4 |
| 硬齿面(>350HBS) | 0.4~0.9 | 0.3~0.6 | 0.2~0.25 |

2. 齿根弯曲疲劳强度计算

齿根弯曲疲劳强度计算的目的是防止齿根折断。轮齿折断与齿根弯曲应力有关,为了防止轮齿折断,应使齿根计算弯曲应力 $\sigma_F$ 小于或等于许用弯曲应力 $[\sigma_F]$,即

$$\sigma_F \leq [\sigma_F]$$

齿根弯曲疲劳强度的计算均以路易士公式为依据,齿根弯曲疲劳强度条件的校核公式为:

$$\sigma_F = \frac{2KT_1}{bm^2z_1}Y_F \leq [\sigma_F]$$

齿根弯曲疲劳强度条件的设计公式为:

$$m \geq 1.26\sqrt[3]{\frac{KT_1Y_F}{\Psi_d z_1^2[\sigma_F]}}$$

式中,$Y_F$ 为标准外齿轮齿形系数,可由表 5-9 查得;$[\sigma_F]$ 为齿轮材料的许用弯曲应力,其值见表 5-7。

表 5-9　　　　　　　　　齿形系数 $Y_F$ 及当量齿数

| $z(z_v)$ | 17 | 18 | 19 | 20 | 21 | 22 | 23 | 24 | 25 | 26 | 27 | 28 | 29 |
|---|---|---|---|---|---|---|---|---|---|---|---|---|---|
| $Y_F$ | 4.51 | 4.45 | 4.41 | 4.36 | 4.33 | 4.30 | 4.27 | 4.24 | 4.21 | 4.19 | 4.17 | 4.15 | 4.13 |
| $z(z_v)$ | 30 | 35 | 40 | 45 | 50 | 60 | 70 | 80 | 90 | 100 | 150 | 200 | ∞ |
| $Y_F$ | 4.12 | 4.06 | 4.04 | 4.02 | 4.01 | 4.00 | 3.99 | 3.98 | 3.97 | 3.96 | 4.00 | 4.03 | 4.06 |

需要指出的是,在大小齿轮的材料和热处理均相同时,即许用应力 $[\sigma_{F1}] = [\sigma_{F2}]$ 时,由于小齿轮的弯曲强度较差,即 $Y_{F1} > Y_{F2}$,所以,一般只需对小齿轮进行强度校核或计算。两轮的材料不同时,其许用弯曲应力也不相等,计算时应将 $Y_{F1}/[\sigma_{F1}]$ 和 $Y_{F2}/[\sigma_{F2}]$ 中较大的值代入上式中计算。由上式求出模数后,将其圆整为标准模数。

表 5-7 中齿轮材料的许用弯曲应力 $[\sigma_F]$ 是在轮齿单向受载的试验条件下得到的,若轮齿的工作条件是双向受载,则应将表中的数据乘以系数 0.7。

### 任务实施

**1. 材料选择**

带式传动装置的工作载荷比较平稳,对减速机的外廓尺寸没有限制,因此为了便于加工,采用软齿面齿轮传动。小齿轮选用 45 钢,调质处理,齿面平均硬度为 240HBS;大齿轮选用 45 钢,正火处理,齿面平均硬度为 190HBS。

**2. 参数选择**

(1) 齿数。由于采用软齿面闭式传动,故取 $z_1 = 24$,$z_2 = i_{12}z_1 = 3 \times 24 = 72$。

(2) 齿宽系数。由于是单级齿轮传动,两支撑相对齿轮为对称布置,且两齿轮均为软齿面,查表 5-8 取 $\Psi_d = 1.0$。

(3) 载荷系数。因为载荷比较平稳,齿轮为软齿面,支撑对称布置,故取 $K = 1.4$。

(4) 齿数比。对于单级减速传动,齿数比 $u = i_{12} = 3$。

**3. 确定许用应力**

小齿轮的齿面平均硬度为 240HBS,许用应力可根据表 5-7 通过线性插值法来计算,即:

$$[\sigma_{H1}] = 513 + \frac{240-217}{255-217} \times (545-513) = 532\text{MPa}$$

$$[\sigma_{F1}] = 301 + \frac{240-217}{255-217} \times (315-301) = 309\text{MPa}$$

大齿轮的齿面平均硬度为 190HBS，由表 5-7 通过线性插值法求得许用应力分别为 $[\sigma_{H2}] = 491\text{MPa}$，$[\sigma_{F2}] = 291\text{MPa}$。

### 4. 计算小齿轮转矩

$$T_1 = \frac{9.55 \times 10^6 \times p}{n_1} = \frac{9.55 \times 10^6 \times 6}{600} = 9.55 \times 10^4 \text{N·mm}$$

### 5. 按齿面接触疲劳强度计算

取较小的许用接触应力 $[\sigma_{H2}]$ 代入公式中，求得小齿轮的分度圆直径为：

$$d \geq 76.6 \times \sqrt[3]{\frac{KT_1(u \pm 1)}{\Psi_d u [\sigma_H]^2}} = 76.6 \times \sqrt[3]{\frac{1.4 \times 9.55 \times 10^4 \times (3+1)}{1.0 \times 3 \times 491^2}} = 69.3\text{mm}$$

齿轮的模数为：

$$m = \frac{d_1}{z_1} = \frac{69.3}{24} = 2.89\text{mm}$$

### 6. 按齿根弯曲疲劳强度计算

由齿数 $z_1 = 24$，$z_2 = 72$，查表可得齿形系数为 $Y_{F1} = 4.24$，$Y_{F2} = 3.99$，则可得齿形系数与许用弯曲应力的比值为：

$$\frac{Y_{F1}}{[\sigma_{F1}]} = \frac{4.24}{309} = 0.01372 \qquad \frac{Y_{F2}}{[\sigma_{F2}]} = \frac{3.99}{291} = 0.01371$$

因为 $\dfrac{Y_{F1}}{[\sigma_{F1}]}$ 较大，故将此值代入公式，可得齿轮的模数为：

$$m \geq 1.26 \sqrt[3]{\frac{KT_1 Y_F}{\Psi_d z_1^2 [\sigma_F]}} = 1.26 \sqrt[3]{\frac{1.4 \times 9.55 \times 10^4 \times 4.24}{1.0 \times 24^2 \times 309}} = 1.85\text{mm}$$

### 7. 确定模数

由上述计算结果可见，该齿轮传动的接触疲劳强度较弱，故应以 $m \geq 2.89\text{mm}$ 为准。根据表 5-2，取标准模数 $m = 3\text{mm}$。

注意：当计算所得的模数与标准模数相差较大时，取标准模数后会使得齿轮尺寸增大较多，这时应适当调整齿数或齿宽系数，使计算所得的模数接近标准模数。

### 8. 计算齿轮的主要几何尺寸

$$d_1 = m z_1 = 3 \times 24 = 72\text{mm}$$

$$d_2 = m z_2 = 3 \times 72 = 216\text{mm}$$

$$d_{a1} = (z_1 + 2h_a^*)m = (24 + 2 \times 1) \times 3 = 78\text{mm}$$

$$d_{a2} = (z_2 + 2h_a^*)m = (72 + 2 \times 1) \times 3 = 222\text{mm}$$

$$a = \frac{d_1 + d_2}{2} = \frac{72 + 216}{2} = 144\text{mm}$$

$$b = \Psi_d d_1 = 1 \times 72 = 72\text{mm}$$

故取 $b_2 = 72\text{mm}$，$b_1 = b_2 + (2 \sim 10)$，取 $b_1 = 76\text{mm}$。

设计一单级直齿圆柱齿轮减速器中的齿轮传动。已知：传递功率 $P = 10\text{kW}$，电动机驱动，小齿轮转速为 $n_1 = 955\text{r/min}$，传动比为 $i = 4$，单向运转，载荷平稳；使用寿命 10 年，单班工作。

# 课题二　设计斜齿圆柱齿轮传动

本课题将通过认识斜齿圆柱齿轮以及斜齿圆柱齿轮的受力分析和强度计算两个任务的学习，帮助读者掌握设计斜齿圆柱齿轮传动的方法和技巧。

## 任务1　认识斜齿圆柱齿轮

【学习目标】

1. 认识斜齿圆柱齿轮；
2. 掌握斜齿圆柱齿轮的应用及特点；
3. 掌握斜齿圆柱齿轮的主要参数与几何尺寸的计算。

### 任务引入

在实际生产和应用过程中，为了使斜齿轮传动能够达到传动平稳，并可以承受一定轴向力的要求，在设计过程中必须合理确定其螺旋角。如图 5-8 所示两齿轮的齿数分别为 $z_1 = 21$、$z_2 = 37$，法向模数为 $m_n = 3.5\text{mm}$。若要求两轮的中心距为 $a = 105\text{mm}$，试求其螺旋角 $\beta$。

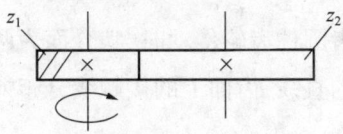

图 5-8　斜齿圆柱齿轮传动

### 任务分析

直齿圆柱齿轮传动的运动平稳性较差，不能承受轴向力，使其在应用过程中受到一定的局限。在齿轮传动中，斜齿圆柱齿轮传动可以弥补其不足。斜齿圆柱齿轮的主要参数有哪些？几何尺寸如何计算？与直齿圆柱齿轮传动相比，斜齿圆柱齿轮有哪些特点？

### 相关知识

一、斜齿圆柱齿轮齿面的形成和特点

在研究渐开线直齿圆柱齿轮时，由于轮齿的长度方向与轴线平行，所有垂直轴线的平面内的齿形完全相同，故只考虑了其中的一个平面。但实际上齿轮是有一定宽度的，考虑到齿宽，直齿圆柱齿轮的齿廓曲面为发生面在基圆柱面上作纯滚动时,其上某一条与基圆柱母线平行的直线在空间形成的轨迹,称为直齿圆柱齿轮的渐开面,如图5-9(a)所示。

当一对直齿圆柱齿轮啮合时,轮齿齿面的接触线是与轴线平行的直线,如图5-9(b)所示。因此,轮齿会沿整个齿宽同时进入啮合或同时退出啮合,传动平稳性差,容易产生冲击、振动和噪声,不适合高速或重载传动。

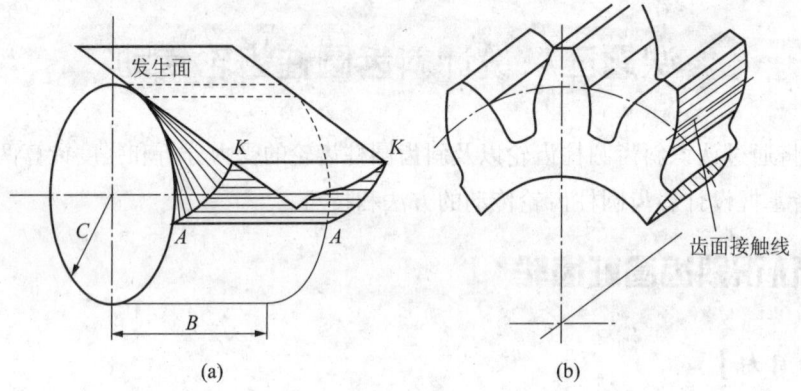

图5-9 直齿圆柱齿轮齿廓曲面的形成与接触线

斜齿圆柱齿轮齿廓曲面的形成与直齿圆柱齿轮相似,即当发生面在基圆柱上作纯滚动时,其上一条与基圆柱轴线倾斜的直线$KK$上各点在空间形成的轨迹。倾角$\beta_b$称为斜齿轮基圆柱上的螺旋角。在任一垂直于基圆柱轴线的剖面(即端面)内,其齿廓曲线亦均为渐开线,但这些渐开线起始点的轨迹为基圆柱轴线上的一条螺旋线。这些渐开线的集合即是斜齿圆柱齿轮的齿廓曲面,称为渐开螺旋面,如图5-10所示,相当于将直齿圆柱齿轮的两个端面相对平行地扭转了一个角度后形成的齿廓曲面。斜齿轮齿廓面与基圆柱的交线$AA$,称基圆柱上的螺旋线。

当一对相啮合的平行轴斜齿圆柱齿轮传动时,啮合面为两轮基圆柱的一个内公切面,齿廓曲面的接触线为与轴线不平行的直线,齿面上的接触线分布如图5-10(b)所示。

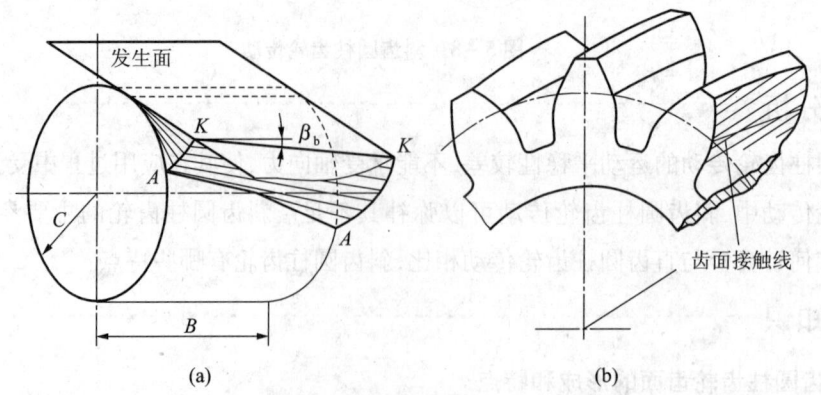

图5-10 斜齿圆柱齿轮齿廓曲面的形成与接触线

就一对斜齿轮轮齿的啮合过程而言,开式啮合时为点接触,即轮齿齿面的前端面进入啮合,随即进入线接触,它们的接触线由短逐渐变长,再由长逐渐变短直至为点接触,即由后端面退出啮合,而且每一瞬时的接触线沿齿宽不在同一圆柱面上。如图 5-11 所示为齿廓曲面上接触线的分布情况。故斜齿轮传动平稳性比直齿轮好,减少了冲击、振动和噪声,在高速与大功率的传动中应用广泛。

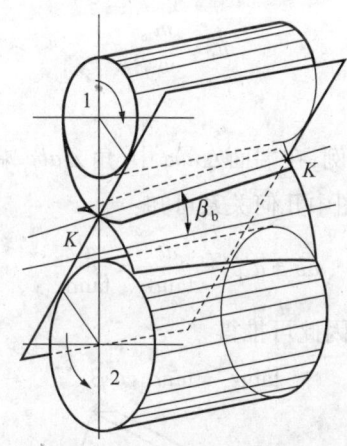

图 5-11 渐开线平行轴斜齿圆柱齿轮啮合传动

**二、斜齿圆柱齿轮的基本参数**

由于斜齿圆柱齿轮的齿廓曲面是渐开螺旋面,在加工斜齿轮时,刀具通常是沿着螺旋线方向进刀切削。斜齿轮的齿廓曲面的法面参数(用下标 n 表示)与刀具的标准参数相同,故斜齿轮的法面参数是标准值。斜齿轮的端面齿廓曲线仍为渐开线,计算斜齿轮的几何尺寸时用端面参数(用下标 t 表示)进行。

1. 螺旋角 $\beta$

如图 5-12 所示为斜齿圆柱齿轮的分度圆柱及展开图。图中螺旋线展开所得的斜直线与轴线之间的夹角简称螺旋角,用 $\beta$ 表示。它是斜齿圆柱齿轮的一个重要参数,可定量反映其轮齿的倾斜程度,一般取 $\beta = 8° \sim 20°$。

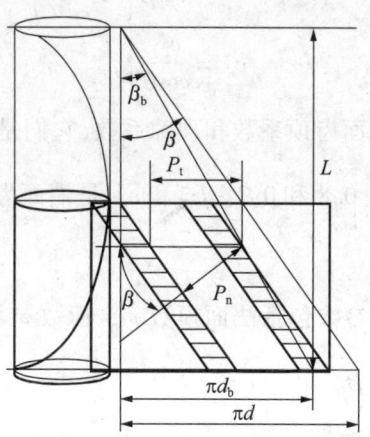

图 5-12 斜齿轮的螺旋角

2. 模数

由图 5-12 可知,法面模数 $p_n$ 与端面模数 $p_t$ 的几何关系为

$$p_n = p_t \cos\beta$$

而 $p_n = \pi m_t, p_t = \pi m_t$,所以

$$m_t = \frac{m_n}{\cos\beta}$$

3. 压力角

以图 5-13 所示的斜齿条为例,在端面 $\triangle abc$ 中,角 $\angle abc$ 端面压力角为 $\alpha_t$;在法面 $\triangle a'b'c$ 中,$\angle a'b'c$ 为法面压力角 $\alpha_n$;由图中几何关系可知:

$$ab = a'b' = \frac{ac}{\tan\alpha_t} = \frac{a'c}{\tan\alpha_n}$$

而在 $\triangle aa'c$ 中,$ac = a'c\cos\beta$,因此可推得

$$\tan\alpha_n = \tan\alpha_t \cos\beta$$

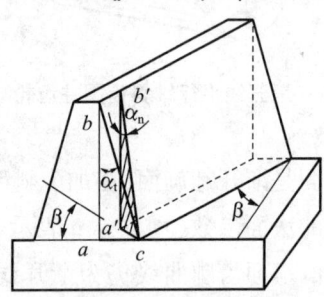

图 5-13 斜齿条的一个齿

4. 齿顶高系数和顶隙系数

无论是在端面还是在法面上,轮齿的齿顶高和顶隙都是分别相等的。因此,可得

$$\left. \begin{array}{l} h_{an}^* = \dfrac{h_{at}^*}{\cos\beta} \\[2mm] c_n^* = \dfrac{c_t^*}{\cos\beta} \end{array} \right\}$$

式中,$h_{an}^*$ 和 $c_n^*$ 是斜齿轮法面齿顶系数和顶隙系数,它们是标准值,在正常齿制中分别是 1.0 和 0.25;在短齿制中分别是 0.8 和 0.3。$h_{at}^*$ 和 $c_t^*$ 是端面齿顶高系数和顶隙系数,它们是非标准的。

标准斜齿圆柱齿轮的基本参数包括法面模数 $m_n$、齿数 $z$、法面压力角 $\alpha_n$、法面齿顶系数 $h_{an}^*$、法面顶隙系数 $c_n^*$ 和螺旋角 $\beta$。

### 三、斜齿齿轮的几何尺寸计算

斜齿轮的主要几何尺寸的计算公式见表 5-10。

表 5-10　　　　　　　斜齿轮主要几何尺寸的计算公式

| 名称 | 代号 | 定义 | 计算公式 |
|------|------|------|----------|
| 法面模数 | $m_n$ | 法面齿距除以圆周率所得到的商 | $m_n = p_n/\pi = m$（标准模数） |
| 端面模数 | $m_t$ | 端面齿距除以圆周率所得到的商 | $m_t = p_t/\pi = m_n/\cos\beta$ |
| 法面压力角 | $\alpha_n$ | 法平面内，端面齿廓与分度圆交点处的压力角 | $\alpha_n = \alpha = 20°$ |
| 端面压力角 | $\alpha_t$ | 端平面内，端面齿廓与分度圆交点处的压力角 | $\tan\alpha_t = \tan\alpha_n/\cos\beta$ |
| 分度圆直径 | $d$ | 分度圆柱面与分度圆的直径 | $d = m_t z = m_n z/\cos\beta$ |
| 法面齿距 | $p_n$ | 在分度圆柱面上，其齿线的法向螺旋线在两个相邻的同侧齿面之间的弧长 | $p_n = \pi m_n$ |
| 端面齿距 | $p_t$ | 两个相邻且同侧的端面齿廓之间的分度圆弧长 | $p_t = p_n/\cos\beta = \pi m_n/\cos\beta$ |
| 齿顶高 | $h_a$ | 与直齿圆柱齿轮相同 | $h_a = m_n$ |
| 齿根高 | $h_f$ | | $h_f = 1.25 m_n$ |
| 齿高 | $h$ | | $h = h_a + h_f = 2.25 m_n$ |
| 齿顶圆直径 | $d_a$ | | $d_a = d + 2h_a = m_n(z/\cos\beta + 2)$ |
| 齿根圆直径 | $d_f$ | | $d_f = d - 2h_f = m_n(z/\cos\beta - 2.5)$ |
| 螺旋角 | $\beta$ | 分度圆螺旋线的切线与过切点的圆柱面直母线之间所夹的锐角 | |
| 中心距 | $a$ | 齿轮副的两轴线之间的最短距离 | $a = (d_1 + d_2)/2 = (m_n/2\cos\beta)(z_1 + z_2)$ |

**四、斜齿轮用作平行轴传动时的正确啮合条件**

（1）两齿轮法面模数相等，即 $m_{n1} = m_{n2}$。

（2）两齿轮法面压力角相等，即 $\alpha_{n1} = \alpha_{n2}$。

（3）两齿轮螺旋角相等，旋向相反，即 $\beta_1 = -\beta_2$。

**五、斜齿圆柱齿轮的传动特点**

与直齿轮传动相比，斜齿轮传动有如下特点：

（1）传动平稳，承载能力高。

（2）传动时产生轴向力。

（3）不能用作变速滑移齿轮。

**六、斜齿轮的旋向判断**

斜齿圆柱齿轮轮齿的旋转方向分为右旋和左旋，其旋向判别的方法：将斜齿轮轴线竖直放置,面对齿轮,轮齿的方向从左向右上升时为右旋斜齿轮;反之,从右向左上升时为左旋斜齿轮,如图 5-14 所示。

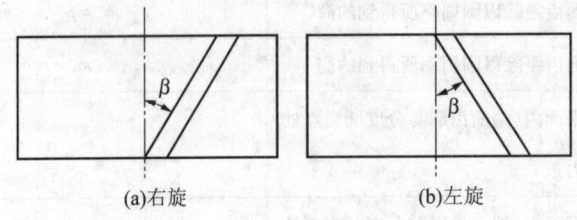

(a)右旋　　　　　(b)左旋

图 5-14　斜齿轮的旋向判断

### 七、斜齿圆柱齿轮的当量齿数

如图 5-15 所示,过任意轮齿分度圆心和齿厚中心 $C$ 做法向剖面,该剖面与分度圆柱面的交线为椭圆,并截得斜齿轮的法线齿形。该椭圆的长半轴 $a = \dfrac{r}{\cos\beta}$,短半轴 $b = r$。设椭圆上 $C$ 点处的曲率半径为 $\rho$,则以 $\rho$ 为分度圆半径作一虚拟直齿轮,其齿形与斜齿轮的法向齿形接近,此直齿轮称为斜齿轮的当量齿轮,其齿数称为当量齿数,用 $z_v$ 表示。由图可知:

$$\rho = \frac{a^2}{b} = \left(\frac{r}{\cos\beta}\right)^2 \frac{1}{r} = \frac{r}{\cos^2\beta} = \frac{m_t z}{2\cos^2\beta} = \frac{m_n z}{2\cos^2\beta}$$

又因为:

$$\rho = \frac{1}{2} m_n z_v$$

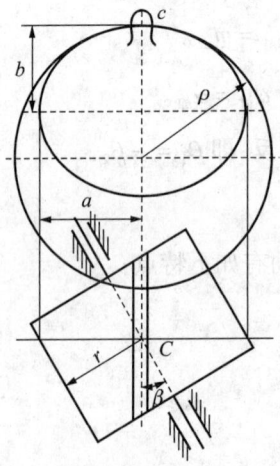

图 5-15　斜齿轮的法面参数为标准值的当量齿数

故得：

$$z_v = \frac{z}{\cos^3 \beta}$$

当 $a_n = 20°$、$z_{vmin} = 17$ 时，斜齿轮不发生根切的最小齿数为

$$z_{min} = z_{vmin} \cos^3 \beta = 17\cos^3 \beta$$

当量齿数不仅可用于选择铣刀号数，而且在斜齿轮变位系数的选择、齿厚的测量及强度的计算等方面均不可少。

### 任务实施

根据已知条件，可以利用表 5-10 中的公式进行计算。

$$a = (m_n/2\cos\beta)(z_1 + z_2)$$

将已知数据代入公式：

$$105 = (3.5/2\cos\beta)(21 + 37)$$

解得 $\cos\beta = 0.9667$，由此可求得 $\beta = 14.83°$。

### 习 题

（1）已知一渐开线标准斜齿轮传动的法面模数为 $m_n = 4\text{mm}$，齿数 $z_1 = 33$，$z_2 = 66$，中心距为 $a = 200\text{mm}$，试求该齿轮轮齿的螺旋角。

（2）有一斜齿圆柱齿轮，已知 $m_n = 5\text{mm}$，$z = 16$，$\beta = 30°$，$\alpha_n = 20°$，求其各部分的几何尺寸。

## 任务2  斜齿圆柱齿轮的受力分析及强度计算

### 【学习目标】

1. 斜齿圆柱齿轮的受力分析及强度校核；
2. 掌握斜齿圆柱齿轮的设计准则。

### 任务引入

设计一带式输送机的单级斜齿圆柱齿轮减速器中的齿轮传动，简图如图 5-16 所示。已知：传递功率 $P = 5.5\text{kW}$，电动机驱动，小齿轮转速为 $n_1 = 960\text{r/min}$，$i = u = 4.2$，载荷平稳，使用寿命为 10 年，每年工作 254 天，单班工作。

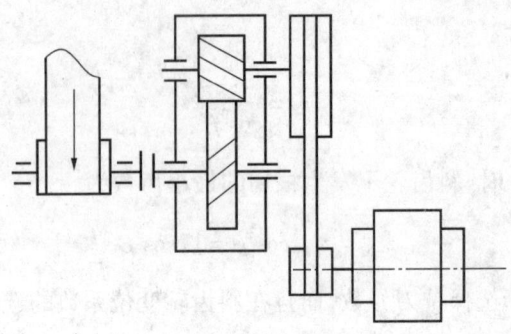

图 5-16 带式输送机

## 任务分析

该减速器为单级斜齿轮传动,要求载荷平稳,单向传动,减速器的结构紧凑。要想满足这些要求,就必须对这对斜齿轮在传递运动过程中的受力情况进行分析,并进行必要的强度计算,合理地选择齿轮材料,确定齿轮的各个参数等。

## 相关知识

### 一、斜齿轮的受力分析

图 5-17 所示为一斜齿轮啮合传动时,主动小齿轮的受力情况分析。在分度圆上作用于齿宽中点 $P$ 的正压力 $F_n$ 位于法向平面内并垂直于齿面,$F_n$ 可分解为 3 个互相垂直的分力,即圆周力 $F_t$、径向力 $F_r$ 和轴向力 $F_a$,其大小分别为

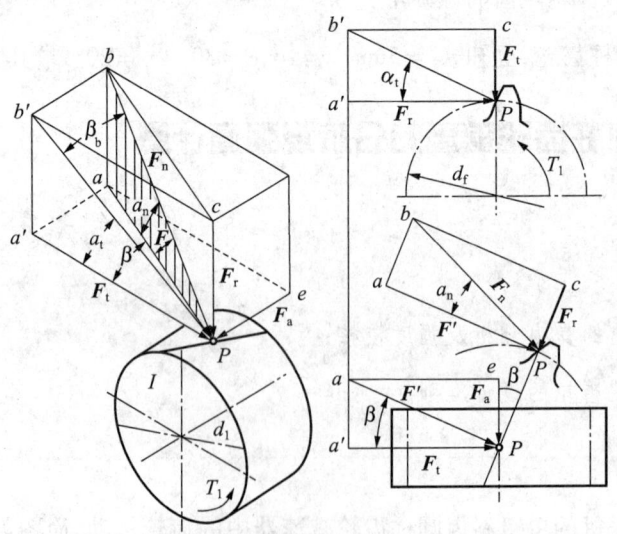

图 5-17 斜齿轮啮合传动中主动小齿轮的受力分析

$$F_t = \frac{2T_1}{d_1}$$

$$F_r = \frac{F_t \tan\alpha_n}{\cos\beta}$$

$$F_a = F_t \tan\beta$$

式中,$T_1$ 为主动小齿轮传递的扭矩,单位为 N·mm;$d_1$ 为主动小齿轮的分度圆直径,单位为 mm;$\alpha_n$ 为法面压力角,$\alpha_n = 20°$。

显然,从主动大齿轮上所受的各力分别与小齿轮上所受的各力大小相等、方向相反。

### 二、标准斜齿圆柱齿轮的强度计算

斜齿轮啮合传动,载荷作用在法面上,而法面齿形近似于当量齿轮的齿形,因此,斜齿轮传动的强度计算可转换为当量齿轮的强度计算。由于斜齿轮传动的接触线是倾斜的,且重合度较大,因此,斜齿轮传动的承载能力与相同尺寸的直齿轮传动相比略有提高。斜齿轮传动的齿面接触疲劳强度和齿根弯曲疲劳强度计算公式为:

$$d_1 \geqslant 75.6 \sqrt[3]{\frac{KT_1(u+1)}{\Psi_d [\sigma_H]^2 u}}$$

$$m_n \geqslant 1.24 \sqrt[3]{\frac{KT_1 Y_F}{\Psi_d z_1^2 [\sigma_H]}}$$

由于斜齿轮传动平稳,因此,选取载荷系数 $K$ 时,齿形系数 $Y_F$ 应按照当量齿数 $z_v$ 在表 5-9 中查找。

### 💬 任务实施

**1. 选择齿轮材料、热处理、精度等级**

因传递中等功率,故小齿轮选用 45 钢调质,大齿轮选用 45 钢正火,查表 5-5 可知硬度分别为 217~255HBS 和 169~217HBS。因为是普通减速器,可选择 8 级精度。

**2. 选择齿数及螺旋角**

初选小齿轮的齿数为 $z_1 = 27$,则大齿轮的齿数 $z_2 = i_{12} z_1 = 113.4$,圆整为 113,初选螺旋角为 $\beta = 15°$。

**3. 选择设计准则**

因为齿轮的硬度小于 350HBS,故按接触疲劳强度设计,然后再校核齿根弯曲疲劳强度。

### 4. 按接触疲劳强度设计

由于两轮均为钢轮,确定各参数。查表得载荷系数为 $K=1.0$;齿宽系数为 $\Psi_d=1$;$T_1 = 9.55 \times 10^6 \times \dfrac{P}{n_1} = 9.55 \times 10^6 \times \dfrac{5.5}{960} = 5.47 \times 10^4 \mathrm{N \cdot mm}$;$[\sigma_H] = 560\mathrm{MPa}$,则:

$$d_1 \geqslant 75.6 \sqrt[3]{\dfrac{KT_1(u+1)}{\Psi_d[\sigma_H]^2 u}} = 75.6 \sqrt[3]{\dfrac{1.0 \times 5.47 \times 10^4 \times 5.2}{1 \times 560^2 \times 4.2}} = 45.36\mathrm{mm}$$

法面模数为:

$$m_n = \dfrac{d_1 \cos\beta}{z_1} = \dfrac{42.76 \times \cos 15°}{27} = 1.53\mathrm{mm}$$

取标准模数 $m_n = 2\mathrm{mm}$。

### 5. 主要尺寸计算

中心距 $a = \dfrac{m_n(z_1+z_2)}{2\cos\beta} = 144.94\mathrm{mm}$,取中心距为 $a = 145\mathrm{mm}$,此时,实际螺旋角为 $\beta = \arccos\dfrac{m_n(27+113)}{2a} = 15.09°$。

分度圆直径为:

$$d_1 = \dfrac{m_n z_1}{\cos\beta} = 55.929\mathrm{mm}$$

$$d_2 = \dfrac{m_n z_2}{\cos\beta} = 234.071\mathrm{mm}$$

齿轮宽度为 $b = \Psi_d \cdot d_1 = 55.929\mathrm{mm}$,圆整后 $b_1 = 65\mathrm{mm}$,$b_2 = 60\mathrm{mm}$。

## 习 题

一单级齿轮减速器,设计一对斜齿圆柱齿轮传动。已知减速器的输入功率为 $P = 15\mathrm{kW}$,输入转速为 $n = 1460\mathrm{r/min}$,传动比为 $i_{12} = 4.8$,载荷为中等冲击,双向运转,齿轮对称布置,要求减速器的结构紧凑。

# 项目六 蜗杆传动

蜗杆传动是源于斜齿轮传动的一种特殊齿轮传动,广泛应用于机床、汽车、仪器及其他机器和设备中。蜗杆传动主要用于传递交错轴之间的运动和动力。通常两轴在空间成 90° 的交错角,如图 6-1 所示,蜗杆可以看做是一个螺杆,蜗轮可以看成是一个斜齿轮或螺母的一部分。蜗杆为主动件,作减速运动。在少数机械中,蜗轮为主动件,作增速运动。

图 6-1 蜗杆蜗轮传动

## 课题一 设计蜗杆传动

### 任务 蜗杆传动的设计

【学习目标】

1. 了解蜗杆传动的特点、类型及其应用;
2. 掌握蜗杆传动的主要参数与几何尺寸的计算;
3. 掌握蜗杆传动强度和效率的计算;
4. 掌握蜗杆传动设计。

### 任务引入

设计一减速器。已知:蜗杆输入功率 $P_1 = 7.5\text{kW}$,转速 $n_1 = 1440\text{r/min}$,蜗轮的转速 $n_2 = 72\text{r/min}$;要求使用寿命为 5 年,每年工作 300 天,每天工作 8 小时,载荷平稳,单向工作。

## 任务分析

电动机的转速较高,工作机的转速一般较低,因此,采用较大传动比的蜗杆传动。蜗杆减速器就是利用蜗杆传动来实现大传动比,得到较低的输出转速。从已知条件可知,该减速器工作形式连续,单向运转,载荷平稳。要完成设计任务,必须了解蜗杆传动的材料、精度等级、失效形式、设计准则、传动强度和效率计算等基础知识,使其具有较好的经济性和较长的使用寿命。

## 相关知识

### 一、蜗杆传动的类型

根据蜗杆形状的不同,蜗杆传动可以分为圆柱蜗杆传动、环面蜗杆传动和锥面蜗杆传动等(图6-2)。圆柱蜗杆传动目前应用最为广泛,可分为普通圆柱蜗杆传动和圆弧齿圆柱蜗杆传动两类,以下重点介绍圆柱蜗杆传动。

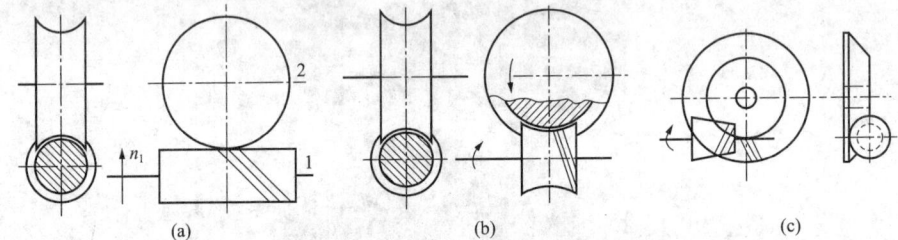

图6-2 圆柱蜗杆、环面蜗杆和锥蜗杆传动

根据垂直于轴线的横截面上蜗杆的齿廓曲线的形状,普通圆柱蜗杆又可分为阿基米德蜗杆(图6-3(a));渐开线蜗杆(图6-3(b));延伸渐开线蜗杆(图6-3(c));锥面包络圆柱蜗杆(图6-3(d))。

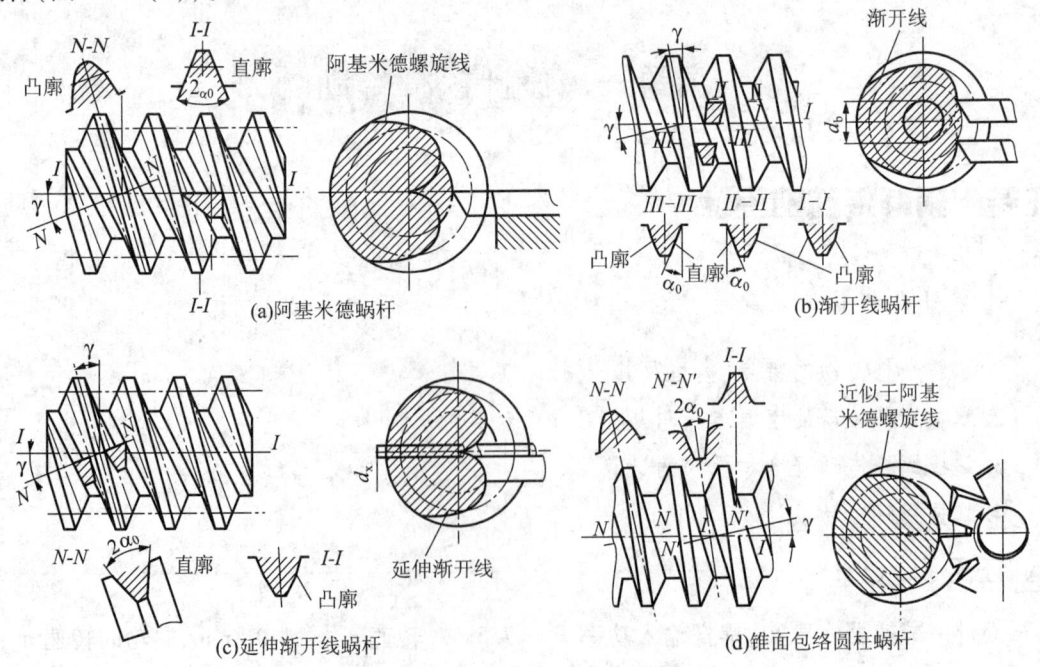

图6-3 圆柱蜗杆的主要类型

## 二、蜗杆传动主要参数和几何尺寸计算

设计标准蜗杆传动时,一般先根据给定的传动比,选择蜗杆的头数,计算蜗轮的齿数,再按照强度条件确定传动的主要参数,如模数和蜗杆分度圆直径等。

### 1. 蜗轮与蜗杆的正确啮合条件

图 6-4 所示为阿基米德蜗杆与蜗轮的啮合情况,若过蜗杆轴线作垂直于蜗轮轴线的平面,则该平面称为中间平面。在该平面内,蜗杆与蜗轮的啮合传动相当于渐开线齿轮与齿条的啮合传动。所以,蜗杆的轴向模数 $m_{a1}$、轴向压力角 $\alpha_{a1}$ 应分别与蜗轮的端面模数 $m_{t2}$、端面压力角 $\alpha_{t2}$ 相等,即

$$\left. \begin{array}{l} m_{t2} = m_{a1} = m \\ \alpha_{t2} = \alpha_{a1} = \alpha \\ \gamma = \beta\,(\sum = 90°) \end{array} \right\}$$

式中,$m$、$\alpha$ 为标准值,上式即为蜗轮与蜗杆的正确啮合条件。

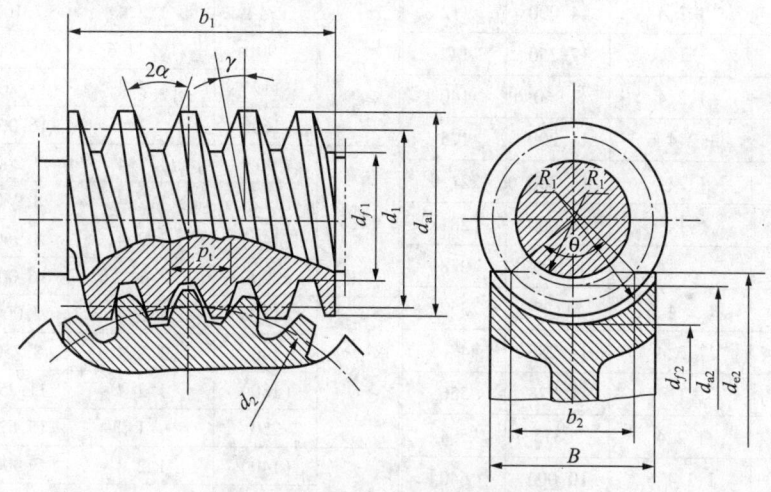

图 6-4　圆柱蜗杆传动的主要参数

### 2. 蜗杆的主要参数

普通圆柱蜗杆传动的主要参数有模数 $m$、压力角 $\alpha$、蜗杆分度圆直径 $d_1$、蜗杆直径系数 $q$、导程角 $\gamma$、蜗杆头数 $z_1$ 和蜗轮齿数 $z_2$ 等。

(1)模数 $m$ 和压力角 $\alpha$。由于在中间平面内,蜗杆和蜗轮的啮合传动相当于渐开线齿轮与齿条的啮合传动,所以,设计蜗杆传动时均以中间平面上的基本参数和几何尺寸为基准。当 $\alpha = 20°$ 时,标准模数系列见表 6-1。

(2)蜗杆分度圆直径 $d_1$。为了使蜗轮刀具尺寸标准化,减少刀具规格数量,GB1085—1988 中将蜗杆分度圆直径 $d_1$ 规定为标准值,见表 6-1。

(3)蜗杆直径系数 $q$。蜗杆分度圆直径 $d_1$ 与模数 $m$ 的比值称为蜗杆直径系数,用 $q$ 表示,见表 6-1,即:

$$q = \frac{d_1}{m}$$

式中,$d_1$ 为蜗杆分度圆直径,mm。

表 6-1　　　　　　　　　　蜗杆基本参数($\Sigma = 90°$)

| 模数 $m$ (mm) | 分度圆直径 $d_1$ (mm) | 蜗杆头数 $z_1$ | 直径系数 $q$ | $m^2 d_1$ (mm³) | 模数 $m$ (mm) | 分度圆直径 $d_1$ (mm) | 蜗杆头数 $z_1$ | 直径系数 $q$ | $m^2 d_1$ (mm³) |
|---|---|---|---|---|---|---|---|---|---|
| 1 | 18 | 1 | 18.000 | 18 | 6.3 | (50) | 1、2、4 | 10.000 | 2 500 |
| 1.25 | 20 | 1 | 16.000 | 31.25 | | 63 | 1、2、4、6 | 10.000 | 2 500 |
| | 22.4 | 1 | 17.920 | 35 | | (80) | 1、2、4 | 12.698 | 3 275 |
| 1.6 | 20 | 1、2、4 | 12.500 | 51.2 | | 112 | 1 | 17.778 | 4 445 |
| | 28 | 1 | 17.500 | 71.8 | 8 | (63) | 1、2、4 | 7.875 | 4 032 |
| 2 | (18) | 1、2、4 | 9.000 | 72 | | 80 | 1、2、4、6 | 10.000 | 5 120 |
| | 22.4 | 1、2、4、6 | 11.200 | 89.6 | | (100) | 1、2、4、6 | 12.500 | 6 400 |
| | (28) | 1、2、4 | 14.000 | 112 | | 140 | 1 | 17.500 | 8 960 |
| | 35.5 | 1 | 17.750 | 142 | 10 | (71) | 1、2、4 | 7.100 | 7 100 |
| 2.5 | (22.4) | 1、2、4 | 8.960 | 140 | | 90 | 1、2、4、6 | 9.000 | 9 000 |
| | 28 | 1、2、4、6 | 11.200 | 175 | | (112) | 1、2、4 | 11.200 | 11 200 |
| | (35.5) | 1、2、4 | 14.200 | 221.9 | | 160 | 1 | 16.000 | 16 000 |
| | 45 | 1 | 18.000 | 281 | 12.5 | (90) | 1、2、4 | 7.200 | 14 062 |
| 3.15 | (28) | 1、2、4 | 8.889 | 278 | | 112 | 1、2、4 | 8.960 | 17 500 |
| | 35.5 | 1、2、4、6 | 11.27 | 352 | | (140) | 1、2、4 | 8.960 | 17 500 |
| | 45 | 1、2、4 | 14.286 | 447.5 | | 200 | 1 | 16.000 | 31 250 |
| | 56 | 1 | 17.778 | 556 | 16 | (112) | 1、2、4 | 7.000 | 28 675 |
| 4 | (31.5) | 1、2、4 | 7.875 | 504 | | 140 | 1、2、4 | 8.750 | 35 940 |
| | 40 | 1、2、4、6 | 10.000 | 640 | | (180) | 1、2、4 | 11.250 | 46 080 |
| | (50) | 1、2、4 | 12.500 | 800 | | 250 | 1 | 15.625 | 64 000 |
| | 71 | 1 | 17.750 | 1 136 | 20 | (140) | 1、2、4 | 7.000 | 5 600 |
| 5 | (40) | 1、2、4 | 8.000 | 1 000 | | 160 | 1、2、4 | 8.000 | 64 000 |
| | 50 | 1、2、4 | 10.100 | 1 250 | | (224) | 1、2、4 | 11.200 | 89 600 |
| | (63) | 1、2、4 | 12.610 | 1 575 | | 315 | 1 | 15.750 | 126 000 |
| | 90 | 1 | 18.000 | 2 350 | 25 | (180) | 1、2、4 | 7.200 | 112 500 |
| | | | | | | 200 | 1、2、4 | 8.000 | 125 000 |
| | | | | | | (280) | 1、2、4 | 11.200 | 175 000 |
| | | | | | | 400 | 1 | 16.00 | 250 000 |

注:其中,$\Sigma$ 为蜗轮、蜗杆轴线的交错角。

由于 $d_1$、$m$ 已标准化,$q$ 为导出量,不一定为整数。对于传递动力的蜗杆,$q$ 值为 8~18。

(4)导程角 $\gamma$。导程角 $\gamma$ 是指圆柱蜗杆分度圆柱螺旋线上任一点的切线与端平面之间所夹的锐角,即

$$\tan\gamma = \frac{mz_1}{d_1} = \frac{z_1}{q}$$

式中,$z_1$ 为蜗杆头数。

导程角的大小直接影响蜗杆的传动效率。$3°30' \leqslant \gamma \leqslant 45°$时导程角大,效率高;导程角小,效率低。在$\gamma \leqslant 3°30'$的情况下,蜗杆传动通常能自锁,但在实际工作中,受到冲击和振动时,自锁性能并不可靠,所以,还要另加制动装置来提高其自锁性。

(5)蜗轮螺旋角$\beta$。蜗轮轮齿和斜齿轮相似,齿的旋向与轴线之间的夹角称为螺旋角,用$\beta$表示。规定蜗杆分度圆柱面上的导程角$\gamma$应等于蜗轮分度圆柱面上的螺旋角$\beta$,且两者的旋转方向必须相同,即:

$$\gamma = \beta$$

(6)传动比$i$和齿数比$u$。传动比$i = \dfrac{n_1}{n_2}$,齿数比$u = \dfrac{z_2}{z_1}$($n_1$、$n_2$为蜗杆和蜗轮的转速,单位为r/min,$z_2$为蜗轮的齿数,$z_1$为蜗杆的头数)。

当蜗杆为主动件时,有

$$i = \frac{n_1}{n_2} = \frac{z_2}{z_1} = u$$

不同传动比时蜗杆头数的推荐值,见表6-2。

表6-2　　　　　　　　　不同传动比时蜗杆头数的推荐值

| 传动比 $i$ | 5~8 | 7~16 | 15~32 | 30~83 |
|---|---|---|---|---|
| 蜗杆头数 $z_i$ | 6 | 4 | 2 | 1 |

(7)中心距。中心距即蜗杆轴线与蜗轮轴线间的距离。非变位的蜗杆蜗轮传动的中心距为:

$$a = \frac{1}{2}(d_1 + d_2) = \frac{1}{2}(q + z_2)m$$

式中,$d_1$、$d_2$为蜗杆、蜗轮的分度圆直径,mm;$q$为蜗杆直径系数;$z_2$为蜗轮的齿数。

3. 圆柱蜗杆传动几何尺寸的计算

圆柱蜗杆传动几何尺寸的计算公式列于表6-3中。

表6-3　　　　　　　　　标准圆柱蜗杆传动的几何尺寸计算公式

| 名 称 | 代 号 | 公 式 |
|---|---|---|
| 蜗杆轴向模数或蜗轮端面模数 | $m$ | 由强度条件确定,取标准值(见表6-1) |
| 中心距 | $a$ | $a = \dfrac{1}{2}(d_1 + d_2) = \dfrac{1}{2}(q + z_2)m$ |
| 传动比 | $i$ | $i = \dfrac{z_2}{z_1}$ |
| 蜗杆轴向齿距 | $p_x$ | $p_x = \pi m$ |
| 蜗杆分度圆导程角 | $\gamma$ | $\tan\gamma = \dfrac{mz_1}{d_1} = \dfrac{z_1}{q}$ |
| 蜗杆分度圆直径 | $d_1$ | $d_1 = mq$ |
| 蜗杆轴向压力角 | $\alpha$ | $\alpha_x = 20°$(阿基米德蜗杆),其余$\alpha_n = 20°$ |

续表

| 名 称 | 代 号 | 公 式 |
|---|---|---|
| 蜗杆齿顶高 | $h_{a1}$ | $h_{a1} = h_a^* m$ |
| 蜗杆齿根高 | $h_{f1}$ | $h_{f1} = (h_a^* + c^*)m$ |
| 蜗杆全齿高 | $h_1$ | $h_1 = h_{a1} + h_{f1} = (2h_a^* + c^*)m$ |
| 齿顶高系数 | $h_a^*$ | 一般 $h_a^* = 1$,短齿 $h_a^* = 0.8$ |
| 顶隙系数 | $c^*$ | 一般 $c^* = 0.2$ |
| 蜗杆齿顶圆直径 | $d_{a1}$ | $d_{a1} = d_1 + 2h_{a1} = m(q + 2h_a^*)$ |
| 蜗杆齿根圆直径 | $d_{f1}$ | $d_{f1} = d_1 - 2h_{f1} = m(q - 2h_a^* - 2c^*)$ |
| 蜗杆螺纹部分长度 | $b_1$ | 当 $z_1 = 1,2$ 时,$b_1 \geq (11 + 0.06z_2)m$;当 $z_1 = 3,4$ 时,$b_1 \geq (12.5 + 0.09z_2)m$ |
| 蜗轮分度圆直径 | $d_2$ | $d_2 = mz_2$ |
| 蜗轮齿顶高 | $h_{a2}$ | $h_{a2} = h_a^* m$ |
| 蜗轮齿根高 | $h_{f2}$ | $h_{f2} = (h_a^* + c^*)m$ |
| 蜗轮齿顶圆直径 | $d_{a2}$ | $d_{a2} = d_2 + 2h_a^* m = m(z_2 + 2h_a^*)$ |
| 蜗轮齿根圆直径 | $d_{f2}$ | $d_{f2} = d_2 - 2m(h_a^* + c^*) = m(z_2 - 2h_a^* - 2c^*)$ |
| 蜗轮齿宽 | $b_2$ | 当 $z_1 \leq 3$ 时,$b_2 \leq 0.75 d_{a1}$;当 $z_1 = 4 \sim 6$ 时,$b_2 \leq 0.67 d_{a1}$ |

### 三、蜗杆传动材料的选择

考虑到蜗杆传动难以保证较高的接触精度,滑动速度比较大,以及蜗杆变形等因素,所以,蜗杆、蜗轮不能都用硬材料制造,其中之一(通常为蜗轮)应该选取减摩性良好的软材料来制造。

**1. 蜗轮材料**

蜗轮材料通常是指蜗轮齿冠部分的材料,见表 6-4。

表 6-4  蜗轮材料及工艺要求

| 材料 | 牌号 | 适用的滑动速度 $v_s/(m/s)$ | 特征性 | 应用 |
|---|---|---|---|---|
| 锡青铜 | ZCuSn10Pb1 | ≤25 | 耐磨性、跑合性、抗胶合能力、切削性能均较好,但强度低,成本高 | 连续工作的高速、重载的重要传动 |
| | ZCuSn5Pb5Zn5 | ≤12 | | 速度较高的轻、中、重载传动 |
| 无锡青铜 | ZCuAl10Fe3 | ≤10 | 耐冲击,强度较高,切削性能好,抗胶合能力较差,价格较低 | 速度较低的重载传动 |
| | ZCuAl10Fe3Mn2 | ≤10 | | |
| 黄铜 | ZCuZn38Mn2Pb2 | ≤10 | | 速度较低,载荷稳定的轻、中载传动 |
| 灰铸铁 | HT150<br>HT200<br>HT250 | ≤2 | 铸造性能、切削性能好,价格低,抗点蚀和抗胶合能力强,抗弯强度低,冲击韧度差 | 低速、不重要的开式传动,蜗轮尺寸较大的传动,手动传动 |

2. 蜗杆材料

蜗杆材料分为碳钢和合金钢,见表6-5。

表6-5　　　　　　　　　　　蜗杆材料及工艺要求

| 蜗杆材料 | 热处理 | 硬度 | 齿面粗糙度 $Ra$ 值/$\mu m$ | 应用 |
|---|---|---|---|---|
| 45、42SiMn、37SiMn2MoV、40Cr、38SiMnMo、42CrMo、40CrNi | 表面淬火 | 45~55HRC | 1.6~0.8 | 中速,中载,一般传动 |
| 15CrMn、20CrMn、20Cr、20CrNi、20CrMnTi | 表面渗碳淬火 | 58~63HRC | 1.6~0.8 | 高速,重载,重要传动 |
| 45 | 调质 | ≤270HB | 6.3 | 低速,轻、中载,不重要的传动 |

### 四、蜗杆传动精度等级的确定

蜗杆传动根据 GB10089—1988 规定了12个精度等级,第1级精度最高,第12级精度最低。按照公差的特性对传动性能的主要保证作用,将公差或者极限偏差分成三个公差组(Ⅰ、Ⅱ、Ⅲ)。根据使用的不同,允许各公差组选用不同的精度等级,但在同一公差组中,各项公差与极限偏差应保持相同的精度等级。蜗杆和配对的蜗轮的精度等级一般取成相同,也允许取成不相同。

由于蜗杆传动啮合轮齿的刚度较齿轮传动大,所以制造精度对传动的影响比齿轮传动更显著。对于动力传动,要按照6~9级精度制造。表6-6中列出了6~9级精度等级的应用范围、制造方法、表面粗糙度及许用滑动速度。

表6-6　　　　　　　　　　　蜗杆传动的精度等级和应用

| 精度等级 | 滑动速度 $v_s$/(m/s) | 加工方法 蜗杆 | 加工方法 蜗轮 | 应用 |
|---|---|---|---|---|
| 6 | >10 | 淬火,磨光和抛光 | 滚切后用蜗杆形剃齿刀精加工,加载跑合 | 速度较高的精密传动,中等精密机床分度机构,发动机调速器的传动 |
| 7 | ≤10 | 淬火,磨光和抛光 | 滚切后用蜗杆形剃齿刀精加工,加载跑合 | 速度较高的中等功率传动,中等精度的工业运输机的传动 |
| 8 | ≤5 | 调质,精车 | 滚切后建议加载跑合 | 速度较低或短时间工作的动力传动,或不太重要的传动 |
| 9 | ≤2 | 调质,精车 | 滚切后建议加载跑合 | 不重要的低速传动或手动 |

### 五、轮齿的失效形式和设计准则

蜗杆传动的失效形式有齿面点蚀、齿根折断、齿面胶合及过度磨损等。由于蜗杆螺旋齿部分的强度总是高于蜗轮轮齿的强度,所以,失效经常发生在蜗轮轮齿上。因此,一般只对蜗轮轮齿进行承载能力的计算。

在开式传动中,以保证齿根弯曲疲劳强度作为开式传动的主要设计准则。

在闭式传动中,通常是按齿面接触疲劳强度进行设计,而按齿根弯曲疲劳强度进行校核。另外,闭式蜗杆传动散热较为困难,还应作热平衡核算。

蜗杆一般是用碳钢或合金钢制成。常用的蜗轮材料为铸造锡青铜、铸造铝铁青铜及灰铸铁等。

### 六、蜗杆传动的受力分析

如图6-5所示,$F_n$是垂直指向节点$P$的正压力,可分解为圆周力$F_t$、径向力$F_r$和轴向力$F_a$,三力互相垂直。在蜗轮、蜗杆间,$F_{t1}$与$F_{a2}$、$F_{r1}$与$F_{r2}$和$F_{a1}$与$F_{t2}$三对力大小相等、方向相反。

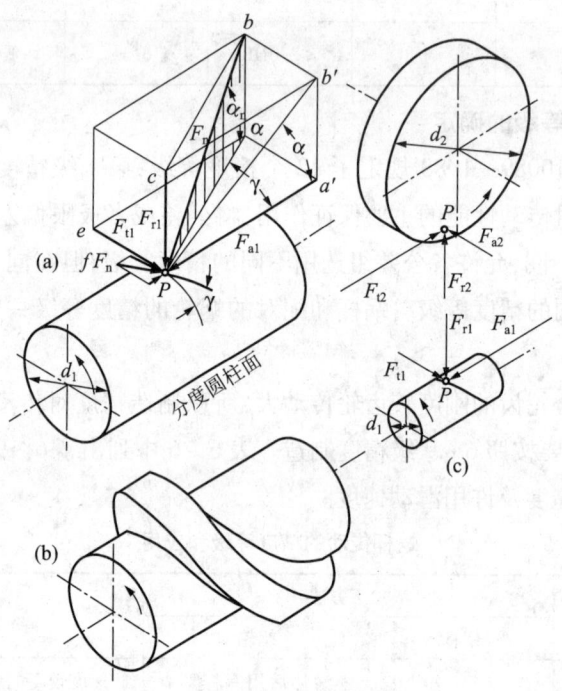

**图6-5 蜗杆传动的受力分析**

在进行蜗杆传动的受力分析时,首先判别蜗杆的螺旋方向是右旋还是左旋,其次按左、右手法则确定作用于蜗杆上轴向力$F_{a1}$的方向,这样就可以定出作用于蜗轮上的圆周力$F_{t2}$的方向和蜗轮的转动方向。

各力的大小可按下式计算:

$$F_{t1} = F_{a2} = \frac{2T_1}{d_1}$$

$$F_{a1} = F_{t2} = \frac{2T_2}{d_2}$$

$$F_{r1} = F_{r2} = F_{t2}\tan\alpha$$

$$F_n = \frac{F_{a1}}{\cos\alpha_n\cos\gamma} = \frac{F_{t2}}{\cos\alpha_n\cos\gamma} = \frac{2T_2}{d_2\cos\alpha_n\cos\gamma}$$

**七、蜗杆传动的强度计算**

对闭式蜗杆传动按齿面接触疲劳强度和蜗轮轮齿齿根弯曲疲劳强度计算,对开式蜗杆传动通常只需按齿根弯曲疲劳强度设计。

1. 蜗轮齿面接触疲劳强度计算

蜗轮齿面接触疲劳强度计算与斜齿轮相似,当用青铜蜗轮与钢制蜗杆配对时,蜗轮齿面接触强度的校核公式为:

$$\sigma_H = 480\sqrt{\frac{KT_2\cos\gamma}{d_1 d_2^2}} \leq [\sigma_H]$$

将 $d_2 = mz_2$ 代入上式,可得设计公式为:

$$m^2 d_1 \geq KT_2\cos\gamma\left(\frac{480}{[\sigma_H]z_2}\right)^2$$

式中,$\sigma_H$ 为蜗轮齿面的接触应力,单位为 MPa;$K$ 为载荷系数,按表6-7选取;$T_2$ 为蜗轮轴的转矩,$T_2 = 9.55\times10^6\frac{p_1\eta_1 i}{n_1}$,单位为 N·mm;$\gamma$ 为蜗杆导程角,按表6-8选取;$[\sigma_H]$ 为蜗轮齿面的许用接触应力,MPa,按表6-9和表6-10选取。

计算出 $m^2 d_1$ 后,按表6-1查取相应的 $m$ 和 $d_1$ 值。

当采用灰铸铁蜗轮与钢制蜗杆配对时,校核公式中的480用500代替。

表6-7 载荷系数 K

| 原动机 | 工作机 | | |
|---|---|---|---|
| | 均匀 | 中等冲击 | 严重冲击 |
| 电动机、汽轮机 | 0.8~1.95 | 0.9~2.34 | 1.0~2.75 |
| 多缸内燃机 | 0.9~2.34 | 1.0~2.75 | 1.25~3.12 |
| 单缸内燃机 | 1.0~2.75 | 1.25~3.12 | 1.5~3.51 |

注:1. 每日间断工作取较小值,长期连续工作取较大值。

2. 载荷变化大、速度大、蜗杆刚度大时取较大值,反之取较小值。

表6-8 蜗杆导程角 γ 推荐范围 MPa

| 蜗杆头数 $z_1$ | 1 | 2 | 3 | 4 |
|---|---|---|---|---|
| $\gamma$ | 3°~8° | 8°~16° | 16°~30° | 28°~33.5° |

表 6-9　蜗轮材料的许用接触应力 $[\sigma_H]$ 和许用弯曲应用 $[\sigma_F]$　　　　MPa

| 蜗轮材料 | 铸造方法 | 适用的滑动速度 $v_s$(m/s) | 力学性能 $\sigma_{0.2}$ | 力学性能 $\sigma_b$ | $[\sigma_H]$ 蜗杆齿面硬度 ≤350HBS | $[\sigma_H]$ 蜗杆齿面硬度 >45HRC | $[\sigma_F]$ 一侧受载 | $[\sigma_F]$ 两侧受载 |
|---|---|---|---|---|---|---|---|---|
| ZCuSn10Pb1 | 砂模 | ≤12 | 130 | 220 | 180 | 200 | 51 | 32 |
|  | 金属模 | ≤25 | 170 | 310 | 200 | 220 | 70 | 40 |
| ZCuSn5Pb5Zn5 | 砂模 | ≤10 | 90 | 200 | 110 | 125 | 33 | 24 |
|  | 金属模 | ≤12 | 100 | 250 | 135 | 150 | 40 | 29 |
| ZCuAl10Fe3 | 砂模 | ≤10 | 180 | 490 | | | 82 | 84 |
|  | 金属模 |  | 200 | 540 | | | 90 | 80 |
| ZCuAl10Fe3Mn2 | 砂模 | ≤10 | — | 490 | 见表 6-10 | | — | — |
|  | 金属模 |  | — | 540 | | | 100 | 90 |
| ZCuZn38Mn2Pb2 | 砂模 | ≤10 | — | 245 | | | 62 | 56 |
|  | 金属模 |  | — | 345 | | | — | — |
| HT150 | 砂模 | ≤2 | — | 150 | | | 40 | 25 |
| HT200 | 砂模 | ≤2～5 | — | 200 | | | 48 | 30 |
| HT250 | 砂模 | ≤2～5 | — | 250 | | | 56 | 35 |

表 6-10　无锡青铜、黄铜及铸铁的许用接触应力 $[\sigma_H]$　　　　MPa

| 蜗轮材料 | 蜗杆材料 | 滑动速度 $v_s$(m/s) 0.25 | 0.5 | 1 | 2 | 3 | 4 | 6 | 8 |
|---|---|---|---|---|---|---|---|---|---|
| ZCuAl10Fe3、ZCuAl10、Fe3Mn2 | 钢经淬火 | — | 250 | 230 | 210 | 180 | 160 | 120 | 90 |
| ZCuZn38Mn2Pb2 | 钢经淬火 | — | 215 | 200 | 180 | 150 | 135 | 95 | 75 |
| HT200、HT150(120～150HBS) | 渗碳钢 | 160 | 130 | 115 | 90 | — | — | — | — |
| HT150(120～150HBS) | 调质或淬火钢 | 140 | 110 | 90 | 7 | — | — | — | — |

2. 蜗轮轮齿齿根弯曲疲劳强度计算

在蜗杆传动时,蜗杆传动强度计算即为蜗轮齿的强度计算。因蜗轮的齿形比较复杂,精确计算比较困难,故常把蜗轮近似地看成斜齿圆柱齿轮弯曲强度计算,其齿根弯曲疲劳强度计算公式为:

$$\sigma_F = \frac{1.56KT_2}{d_1 d_2 m} Y_{Fa} \leq [\sigma_F]$$

由 $d_2 = mz_2$ 代入上式可得设计公式为

$$m^2 d_1 \geq \frac{1.56KT_2}{z_2 [\sigma_F]} Y_{Fa}$$

式中,$\sigma_F$ 为蜗轮齿根弯曲应力,单位为 MPa;$Y_{Fa}$ 为蜗轮的齿形系数,当量齿数 $z_{v2} = \dfrac{z_2}{\cos^3 \gamma}$

按表 6-11 选取;$[\sigma_F]$为蜗轮材料的许用弯曲应力,单位为 MPa,按表 6-9 选取。

表 6-11　　　　　　　　　　　　　蜗轮的齿形系数 $Y_{Fa}$

| $z_v$ | $Y_{Fa}$ | $z_v$ | $Y_{Fa}$ | $z_v$ | $Y_{Fa}$ | $z_v$ | $Y_{Fa}$ |
|---|---|---|---|---|---|---|---|
| 20 | 2.24 | 30 | 1.99 | 40 | 1.76 | 80 | 1.52 |
| 24 | 2.12 | 32 | 1.94 | 45 | 1.68 | 100 | 1.47 |
| 26 | 2.10 | 35 | 1.86 | 50 | 1.64 | 150 | 1.44 |
| 28 | 2.04 | 37 | 1.82 | 60 | 1.59 | 300 | 1.40 |

### 八、蜗杆传动的效率

蜗杆传动总效率为:

$$\eta = \eta_1 \cdot \eta_2 \cdot \eta_3$$

式中,$\eta_1$ 为蜗杆传动的啮合效率,可按螺旋传动效率公式计算;$\eta_2$ 为考虑搅油损耗的效率,一般取 $\eta_2 = 0.96 \sim 0.99$;$\eta_3$ 为轴承效率,滚动轴承为 $\eta_3 = 0.98 \sim 0.995$;滑动轴承 $\eta_3 = 0.97 \sim 0.99$。

总效率主要取决于 $\eta_1$,当蜗杆主动时,则

$$\eta_1 = \frac{\tan\gamma}{\tan(\gamma + \rho_v)}$$

式中,$\gamma$ 为普通圆柱蜗杆分度圆柱上的导程角;$\rho_v$ 为当量摩擦角,由表 6-12 选取。

表 6-12　　　　　　　　　　　　　蜗杆传动的当量摩擦角 $\rho_v$

| 蜗轮材料 | | 锡青铜 | | 无锡青铜 | 灰铸铁 | |
|---|---|---|---|---|---|---|
| 钢蜗杆齿面硬度 | | ≥45HRC | 其他情况 | ≥45HRC | ≥45HRC | 其他情况 |
| 滑动速度 $v_s$ (m/s) | 0.01 | 6°17′ | 6°51′ | 10°12′ | 10°12′ | 10°45′ |
| | 0.05 | 5°09′ | 5°43′ | 7°58′ | 7°58′ | 9°05′ |
| | 0.10 | 4°34′ | 5°09′ | 7°24′ | 7°24′ | 7°58′ |
| | 0.25 | 3°43′ | 4°17′ | 5°43′ | 5°43′ | 6°51′ |
| | 1.0 | 2°35′ | 3°43′ | 4°00′ | 4°00′ | 5°09′ |
| | 1.5 | 2°17′ | 2°52′ | 3°43′ | 3°43′ | 4°34′ |
| | 2.0 | 2°00′ | 2°35′ | 3°09′ | 3°09′ | 4°00′ |
| | 2.5 | 1°43′ | 2°17′ | 2°52′ | — | — |
| | 3.0 | 1°36′ | 2°00′ | 2°35′ | — | — |
| | 4 | 1°22′ | 1°47′ | 2°17′ | — | — |
| | 5 | 1°16′ | 1°40′ | 2°00′ | — | — |
| | 8 | 1°02′ | 1°29′ | 1°43′ | — | — |
| | 10 | 0°55′ | 1°22′ | — | — | — |
| | 15 | 0°48′ | 1°09′ | — | — | — |
| | 24 | 0°45′ | — | — | — | — |

注:蜗杆螺旋表面粗糙度 $R_a$ 值为 $1.6 \sim 0.4 \mu m$。

表 6-12 中的滑动速度 $v_s$（单位为 m/s），可按下式计算：

$$v_s = \frac{v_1}{\cos\gamma} = \frac{\pi d_1 n_1}{60 \times 1000 \cos\gamma}$$

式中，$v_1$ 为蜗杆分度圆的圆周速度，单位为 m/s；$d_1$ 为蜗杆分度圆直径，单位为 mm；$n_1$ 为蜗杆的转速，单位为 r/min。

设计之初，$\eta$ 可按照表 6-13 初步选取。

表 6-13　　　　　　　　蜗杆头数和蜗杆传动效率

| 蜗杆头数 $z_1$ | 1 | 2 | 4，6 |
| --- | --- | --- | --- |
| 蜗杆传动效率 $\eta$ | 0.7~0.8 | 0.80~0.86 | 0.82~0.87 |

### 任务实施

1. 选取材料

此传动为一般用途，蜗杆选 45 钢，表面淬火，硬度大于 45HRC；蜗轮选锡青铜 ZCuSnPb5Zn5，砂模铸造。

2. 查表确定许用应力

查表 6-9 得蜗轮材料的许用接触应力：$[\sigma_H] = 125$MPa。

3. 按接触疲劳强度设计

(1) 由传动比 $i = \frac{n_1}{n_2} = \frac{1440}{72} = 20$，查表 6-2，得 $z_1 = 2$，则 $z_2 = iz_1 = 40$。

(2) 由表 6-13 初设，$\eta_1 = 0.85$，故而由 $T_2 = 9.55 \times 10^6 \frac{p_1 \eta_1 i}{n_1} = 8.46 \times 10^5$N·mm。

(3) 载荷系数 $K$ 查表 6-7，取 $K = 1.1$。

(4) 由表 6-8 初取蜗杆导程角 $\gamma = 12°$。

(5) 计算 $m^2 d_1$ 的值。由式 $m^2 d_1 \geq KT_2 \cos\gamma \left(\frac{480}{[\sigma_H] z_2}\right)^2$ 得：

$m^2 d_1 \geq KT_2 \cos\gamma \left(\frac{480}{[\sigma_H] z_2}\right)^2 = 1.1 \times 8.46 \times 10^5 \times \cos 12° \times \left(\frac{480}{40 \times 125}\right)^2 = 8\,388.7$mm$^3$

4. 确定基本几何尺寸

(1) 模数 $m$ 和蜗杆分度圆直径 $d_1$ 由表 6-1 查得：$m^2 d_1 = 8960$mm$^3$，$m = 8$mm，$d_1 = 140$mm。

(2) 按表 6-3 的关系式计算 $\gamma = \arctan \frac{z_1 m}{d_1} = 6.6°$。

(3) 蜗轮分度圆直径：$d_2 = mz_2 = 320$mm。

(4) 中心距：$a = \frac{1}{2}(d_1 + d_2) = 230$mm。

(5)蜗杆螺纹部分长度:$b_1 = (11 + 0.06z_2)m = 107.2 \text{mm}$。

(6)蜗杆齿顶圆直径:$d_{a1} = d_1 + 2m = 156 \text{mm}$。

(7)蜗轮宽度:$b_2 = 0.75 d_{a1} = 117 \text{mm}$。

### 5. 确定精度等级

(1)蜗轮切向速度:$v_2 = \dfrac{\pi d_2 n_2}{60 \times 1000} = 1.206 \text{m/s}$。

(2)滑动速度:$v_s = \dfrac{v_2}{\sin\gamma} = 10.5 \text{m/s}$。

(3)精度等级,由表 6-6 得,选用 6 级精度。

### 6. 计算传动效率

(1)传动啮合效率 $\eta_1$,由表 6-12 得 $\rho_v = 0.92°$,则 $\eta_1 = \dfrac{\tan\gamma}{\tan(\gamma + \rho_v)} = 0.876$。

(2)搅油损失效率:$\eta_2 = 0.97$。

(3)滚动轴承效率:$\eta_3 = 0.98$。

(4)蜗杆的传动效率:$\eta = \eta_1 \cdot \eta_2 \cdot \eta_3 = 0.833$。

### 7. 复核 $m^2 d_1$

$$m^2 d_1 = KT_2 \cos\gamma \left(\dfrac{480}{[\sigma_H] z_2}\right)^2 = 8519.6 < 8960$$

因此,安全。

### 8. 蜗轮齿根弯曲强度校核

(1)蜗轮许用弯曲应力 $[\sigma_F]$:由表 6-9 得 $[\sigma_F] = 33 \text{MPa}$。

(2)蜗轮当量齿数 $z_{v2}$,$z_{v2} = \dfrac{z_2}{\cos^3\gamma} = \dfrac{z_2}{\cos^3 6.6°} = 40.8$。

(3)蜗轮齿形系数:$Y_{Fa} = 1.76$。

(4)蜗轮齿根弯曲应力 $\sigma_F$:

$$\sigma_F = \dfrac{1.56 KT_2}{d_1 d_2 m} Y_{Fa} = \dfrac{1.56 \times 1.1 \times 8.46 \times 10^5}{140 \times 320 \times 8} \times 1.76 = 7.13 \text{MPa}$$

$$7.13 \text{ MPa} < 33 \text{MPa}$$

因此,安全。

## 课题二 蜗杆传动的维护

### 任务 蜗杆传动热平衡计算

【学习目标】

1. 了解蜗杆传动的维护方法；
2. 掌握蜗杆传动的润滑计算；
3. 掌握蜗杆传动的热平衡。

#### 任务引入

一单级闭式蜗杆传动减速机，已知传动功率为 $P_1 = 4\text{kW}$，转速 $n_1 = 1440\text{r/min}$，蜗杆直径 $d_1 = 80\text{mm}$，传动效率 $\eta = 0.868$，滑动速度 $v_s = 6.149\text{m/s}$，连续工作，通过热平衡计算确定散热面积 $A$，并选择润滑油黏度和润滑方式。

#### 任务分析

蜗杆和蜗轮齿廓间相对滑动速度较大、摩擦、磨损远比齿轮传动严重，且发热量大，传动效率低，根据工作条件和工作环境来选择润滑油黏度、润滑和散热方式，保证蜗杆传动的正常运行，提高使用寿命。

#### 相关知识

##### 一、蜗杆传动的润滑

为了减小摩擦损失，提高传动效率，防止过度磨损和发热，提高抗胶合性能，保证机器正常工作，蜗轮蜗杆啮合处以及轴承的润滑是非常重要的。蜗杆传动一般采用油润滑，常用润滑油的牌号为 N220、N320、N460、N680 号蜗轮油。为提高抗胶合和磨损的能力，蜗杆传动通常选用黏度较大的润滑油，润滑油黏度及润滑方法，见表 6-14。

表 6-14 蜗杆传动润滑油黏度及润滑方法

| 滑动速度 $v_s/(\text{m}\cdot\text{s}^{-1})$ | <1 | <2.5 | <5 | >5~10 | >10~15 | >15~25 | >25 |
|---|---|---|---|---|---|---|---|
| 工作条件 | 重载 | 重载 | 中载 | — | — | — | — |
| 黏度 $\gamma_{40°}/\text{mm}^2\cdot\text{s}^{-1}$ | 1000 | 680 | 320 | 220 | 150 | 100 | 68 |
| 润滑方法 | 浸油润滑 | | | 浸油或喷油 | 压力喷油润滑及压力/($\text{N}\cdot\text{mm}^{-2}$) | | |
| | | | | | 0.07 | 0.2 | 0.3 |

采用浸油润滑时,若蜗杆圆周速度 $v_1 \leqslant 5\text{m/s}$,应将蜗杆下置,如图6-6(c)所示,浸油深度约为蜗杆的一个齿高,且油面不得超过蜗杆滚动轴承下方滚动体的中心。采用蜗杆上置蜗杆带油润滑效果较好,但箱中油易渗漏。当 $v_1 > 5\text{m/s}$ 时,蜗杆搅油阻力太大,可采用压力喷油循环润滑,也可采用上置蜗杆,如图6-6(d)所示,浸油深度最高可达蜗轮半径的 $\frac{1}{3}$ 处。

对于开式蜗杆传动,可采用黏度较高的润滑油。

### 二、蜗杆传动的热平衡计算

由于蜗杆传动效率较低,工作时发热量大,若散热不良,将使减速器温度和油温不断升高,润滑油稀释,变质老化,润滑失效,导致齿面胶合,所以对连续工作的闭式蜗杆传动,应该进行热平衡计算。所谓热平衡,是指蜗杆传动单位时间内由摩擦产生的热量 $H_1$ 应小于(或等于)同时间内由箱体表面散发的热量 $H_2$,即 $H_1 \leqslant H_2$,从而保证箱体内油温稳定在规定范围内。

单位时间内由摩擦产生的热量 $H_1 = 1\,000P(1-\eta)$,单位为 W。同时间内由箱体表面散发的热量 $H_2 = KA(t_1 - t_0)$,单位为 W。根据热平衡条件得

$$H_1 \leqslant H_2$$

$$t_1 = \frac{1\,000P(1-\eta)}{KA} + t_0 \leqslant 70\text{℃} \sim 80\text{℃}$$

式中,$P$ 为蜗杆传动传递的功率,单位为 kW;$\eta$ 为蜗杆传动的效率;$K$ 为散热系数,$\text{W}/(\text{m}^2 \cdot \text{℃})$;箱体内周围通风良好时,$K = 14 \sim 17.5\text{W}/(\text{m}^2 \cdot \text{℃})$,通风不良时,$K = 8.7 \sim 10.5\text{W}/(\text{m}^2 \cdot \text{℃})$;$A$ 为箱体外壁与空气接触而内壁又被飞溅到的箱壳面积,单位为 $\text{m}^2$。一般散热面积按其表面积的50%计算。初算时,$A$ 可以用估算,$A = 0.33\left(\frac{a}{100}\right)^{1.75}$($a$ 为蜗杆传动中心距,mm);$t_0$ 为周围环境温度,通常取 $t_0 = 20\text{℃}$;$t_1$ 为润滑油工作温度,单位为 ℃。

若润滑油温度 $t_1$ 超过许可温度,可采用下列措施从而提高其散热能力:

(1)增加散热面积。在箱体上铸出或焊上散热片,如图6-6(a)所示。

(2)提高散热系数。在蜗杆端装上风扇强迫通风,如图6-6(b)所示。

(3)加冷却装置。若以上方法散热能力仍不够,可在箱体池内装蛇形循环冷却水管,用循环水冷却,如图6-6(c)所示。

(4)采用压力喷油循环冷却,如图6-6(d)所示。

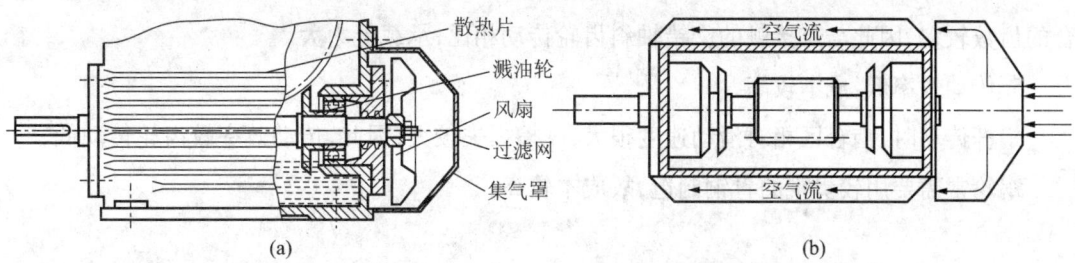

(a)　　　　　　　　　　　(b)

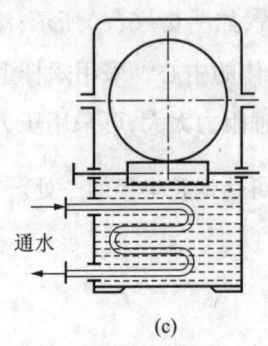
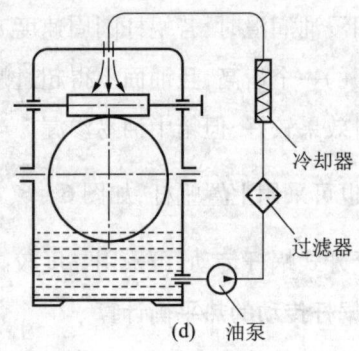

图 6-6　蜗杆传动的散热措施

### 三、蜗杆传动的应用特点

蜗杆传动与齿轮传动相比,具有以下特点:

1. 传动比大

蜗杆传动与齿轮传动一样能够保证准确的传动比,而且可以获得比较大的传动比。齿轮传动中,为了避免根切,小齿轮的齿数不能太少,大齿轮的齿数受传动装置尺寸限制不能太大,因此,传动比受到限制。蜗杆传动中,蜗杆的头数 $z_1 = 1 \sim 4$,在蜗轮齿数 $z_2$ 较少的情况下,单级传动就能得到很大的传动比。用于动力传动的蜗杆副,通常传动比 $i = 10 \sim 30$;一般传动时,$i = 8 \sim 60$;用于分度机构时,$i = 600 \sim 1000$,这么大的传动比,如用齿轮传动则需要多级传动才能实现。因此,在传动比较大时,蜗杆传动具有结构紧凑的特点。

2. 传动平稳,噪声小

蜗杆的齿为连续的螺旋面,传动时与蜗轮间的啮合是逐渐进入和退出的,蜗轮的齿基本上是沿螺旋面滑动的,而且同时啮合的齿数较多,因此,蜗杆传动比齿轮传动平稳,没有冲击,噪声小。

3. 容易实现自锁

和螺旋传动一样,当蜗杆的导程角小于蜗杆副材料的当量摩擦角时,蜗杆传动具有自锁性。此时,只能由蜗杆带动蜗轮,而不能由蜗轮带动蜗杆。这一特性用于起重机械设备中,能保证作业安全。

4. 承载能力大

蜗杆传动中,蜗轮分度圆柱面的素线为弧线,使蜗杆与蜗轮的啮合呈线接触,同时进入啮合的齿数较多,因此与点接触的交错轴斜齿轮传动相比,承载能力大。

5. 传动效率低,成本较高

蜗杆传动时,啮合区相对滑动速度很大,摩擦损失较大,因此,传动效率较齿轮传动低。
蜗轮常需要用较贵重的青铜制造,故成本较高。

## 任务实施

1. 热平衡计算

(1) 箱体外周围空气温度 $t_0 = 20℃$;

(2) 闭式蜗杆传动,润滑油工作温度取较低值 $t_1 = 75℃$;

(3) 通风条件良好,散热率取较大值 $K = 15 W/(m^2 \cdot ℃)$;

(4) 已知传动功率 $P = 4 kW$;传动效率 $\eta = 0.868$;

(5) 计算散热面积 $A$:

$$A \geqslant \frac{1000P(1-\eta)}{K(t_1-t_0)} = \frac{1000 \times 4 \times (1-0.868)}{15 \times (75-20)} = 0.64 m^2$$

2. 润滑油黏度及润滑方式选择

已知滑动速度 $v_s = 6.149 m/s$,由表 6-14 可知,润滑油黏度为 $220 \gamma_{40°}/mm^2 \cdot s^{-1}$;润滑方式可选用浸油或喷油。

## 习 题

设计一单级闭式蜗杆传动减速器。已知传动功率 $P_1 = 4 kW$,转速 $n_1 = 1440 r/min$,传动比 $i = 20$,连续工作,单向运转,载荷平稳。

# 项目七 轮　　系

轮系是由一系列相互啮合的齿轮组成的传动系统。在许多机械传动中都应用了轮系,如汽车传动系统、变速系统及机床的传动系统等,如图7-1所示。本项目将学习轮系的分类及各种轮系的传动比计算。

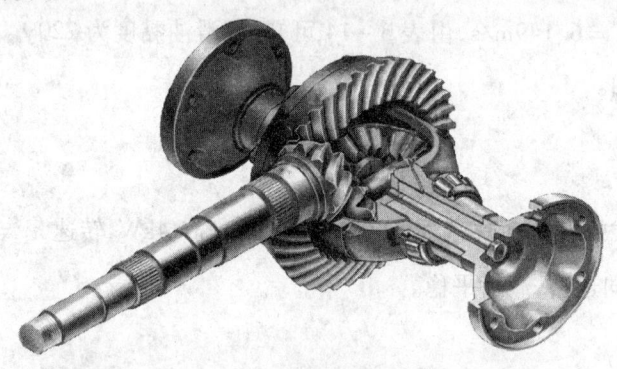

图7-1　汽车传动轮系

## 课题一　定轴轮系

### 任务　分析变速器的变速原理

【学习目标】

1. 熟悉轮系及定轴轮系的具体分类;
2. 掌握定轴轮系传动比的计算方法。

任务引入

如图7-2所示,一个汽车变速器是由一个复杂的轮系构成,试分析该车能实现几种车速并计算该转速。

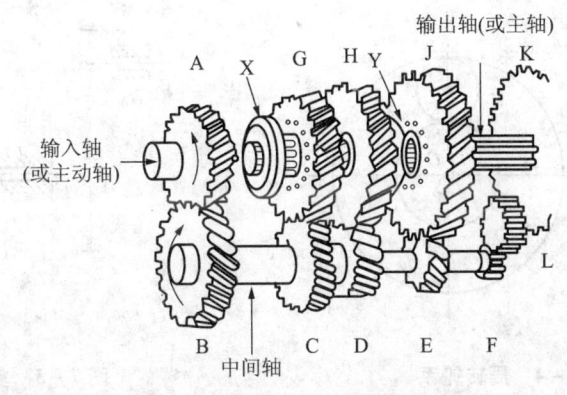

图7-2 变速器内部结构

### 任务分析

手动变速器主要是通过传动系统的轮系结构、差速器,来实现速度与方向的变化。要分析变速器的速度变化,就需要分析变速器中轮系的结构类型及其特点。

### 相关知识

#### 一、轮系的分类

轮系可分为定轴轮系、周转轮系和复合轮系三大类。如图7-3所示,定轴轮系在运转过程中,各轮几何轴线的位置相对于机架固定不动;如图7-4所示,周转轮系在传动时,轮系中至少有一个齿轮的几何轴线位置不固定,而是绕另一个齿轮的固定轴线回转;如图7-5所示,如果在轮系兼有定轴轮系部分和周转轮系部分或由一个以上单一周转轮系组成,则这种轮系称为复合轮系。

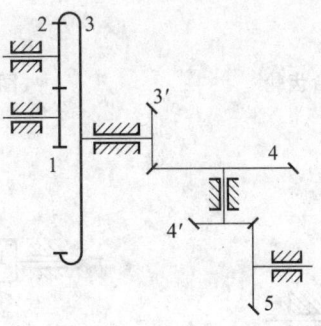

图7-3 定轴轮系

通常轮系中的齿轮在轴上的固定方式有三种:齿轮与轴之间固定,即齿轮与轴固定为一体,齿轮与轴一同转动,齿轮不能沿轴向移动;齿轮与轴之间空套,即齿轮与轴各自转动,互不影响;齿轮与轴之间滑移,即齿轮与轴周向固定,齿轮与轴一同转动,但齿轮可沿轴向移动。

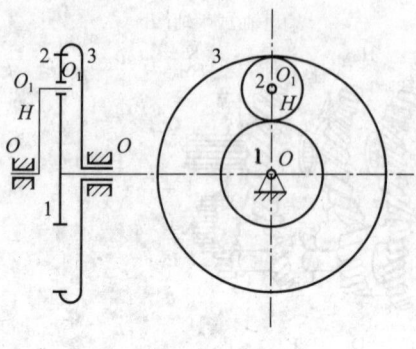 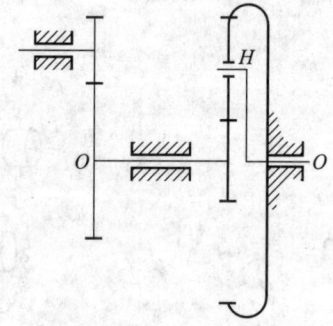

图7-4 周转轮系　　　　　　图7-5 复合轮系

## 二、定轴轮系分类及传动比计算

1. 定轴轮系分类

定轴轮系在实际工程中应用最为广泛,如果根据各轴线是否平行,可将定轴轮系分为平面定轴轮系和空间定轴轮系。平面定轴轮系通常是各轴线相互平行的内啮合齿轮或外啮合齿轮组成的轮系,如图7-6和图7-7所示。空间定轴轮系是各齿轮轴线不平行(如圆锥齿轮或蜗轮蜗杆齿轮)的轮系,如图7-8和图7-9所示。

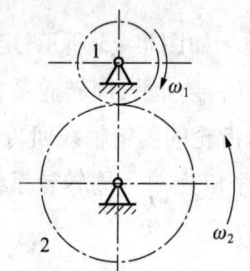 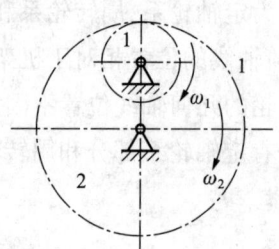

图7-6 外啮合齿轮　　　　　图7-7 内啮合齿轮

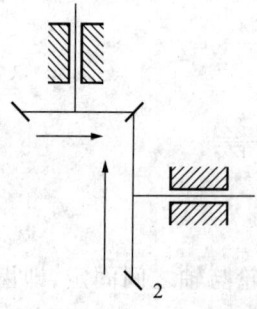 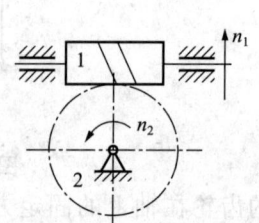

图7-8 圆锥齿轮　　　　　图7-9 蜗杆蜗轮齿轮

2. 定轴轮系传动比计算

定轴轮系的传动比等于各级齿轮副传动比的连乘积或等于轮系中所有从动齿数的连乘积与所有主动轮齿数的连乘积之比。而对于平面定轴轮系传动比可用下式计算：

$$i_{总} = i_{1k} = (-1)^m \frac{各级齿轮副中从动轮齿数的连乘积}{各级齿轮副中主动轮齿数的连乘积}$$

式中，$m$ 表示外啮合齿轮副的数目。

在计算定轴轮系的传动比的过程需注意以下几点：

（1）对由圆柱齿轮组成的平面定轴轮系部分，由于内啮合时齿轮的转动方向相同，而每经过一次外啮合齿轮转向改变一次，若有 $m$ 次外齿合，其转向就改变几次，因此，可用 $(-1)^m$ 来确定传动比前的"＋"、"－"号。计算结果为正值，从动轮回转方向与主动轮相同；结果为负值，从动轮回转方向与主动轮回转方向相反。

（2）无论轮系有多复杂，都应从输入轴至输出轴的传动路线进行分析。

（3）在轮系中，过桥轮或惰轮的特征是：它既是前一对齿轮传动中的从动齿轮又是后一对齿轮传动中的主动齿轮。两齿轮间若有奇数个惰轮时，首、末两轮的转向相同；若有偶数个惰轮时，首、末两轮的转向相反。

（4）当轮系中有锥齿、蜗杆副时，不能用 $(-1)^m$ 确定末轮回转方向，而只能用标注箭头的方法。

如图 7－10 所示一定轴轮系，已知各轮的齿数为 $z_1, z_2, z_3, \cdots$，各轮的角速度为 $\omega_1, \omega_2, \omega_3, \cdots$，求传动比 $i_{15}$。

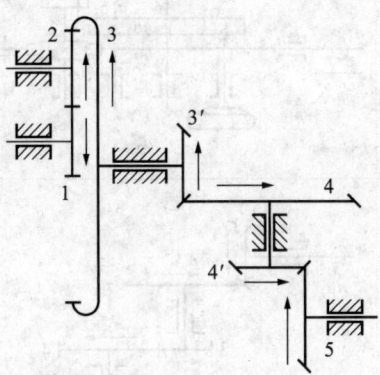

图 7－10 定轴轮系传动比计算

先求出轮系中各对啮合齿轮的传动比的大小：

$$i_{12} = \frac{\omega_1}{\omega_2} = \frac{z_2}{z_1}; \quad i_{23} = \frac{\omega_2}{\omega_3} = \frac{z_3}{z_2}$$

$$i_{3'4} = \frac{\omega_{3'}}{\omega_4} = \frac{z_4}{z_{3'}}; \quad i_{4'5} = \frac{\omega_{4'}}{\omega_5} = \frac{z_5}{z_{4'}}$$

再将以上各式连乘，得

$$i_{12}\cdot i_{23}\cdot i_{3'4}\cdot i_{4'5}=\frac{\omega_1}{\omega_2}\cdot\frac{\omega_2}{\omega_3}\cdot\frac{\omega_{3'}}{\omega_4}\cdot\frac{\omega_{4'}}{\omega_5}=i_{15}$$

$$i_{15}=\frac{z_2}{z_1}\cdot\frac{z_3}{z_2}\cdot\frac{z_4}{z_{3'}}\cdot\frac{z_5}{z_{4'}}$$

### 三、定轴轮系末端带有从动件的计算

在实际应用中,定轴轮系的各种设备的末端常带有从动件,如螺旋传动、齿轮齿条传动或接一个鼓轮成为卷扬机等,此时需要计算末端移动件的移动速度及移动方向,具体计算方法见表 7-1。

表 7-1　　　　　　　　定轴轮系末端带有从动件的计算

| 分类 | 应用实例 | 结构简图 | 移动速度的计算 | 说明 |
|---|---|---|---|---|
| 末端是螺旋传动 |  外圆磨床 | 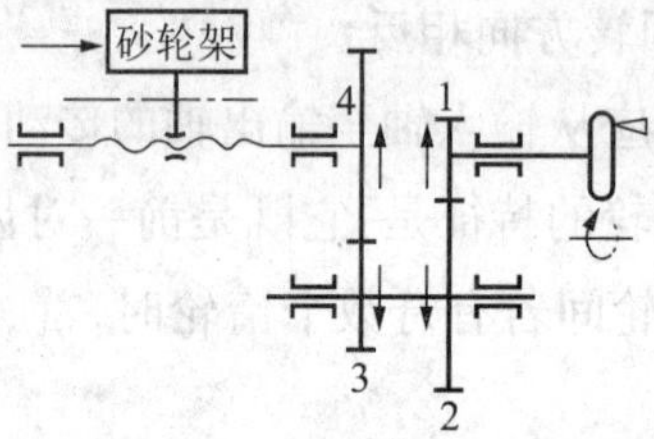 (a) | $v=n_k L(\mathrm{mm/min})$<br>$L=P_h(\mathrm{mm})$ | $P_h$—螺杆的导程 |
| 末端是齿轮齿条传动 |  普通车床 | 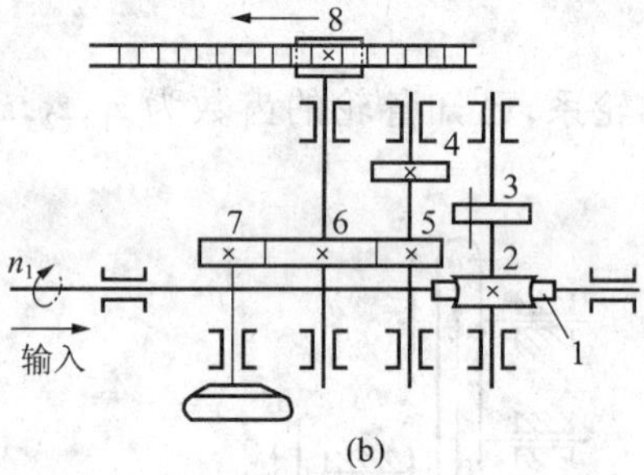 (b) | $v=n_k L(\mathrm{mm/min})$<br>$L=\pi mz(\mathrm{mm})$ | $m$—小齿轮的模数<br>$z$—小齿轮的齿数 |
| 末端是蜗杆传动 |  卷扬机 | 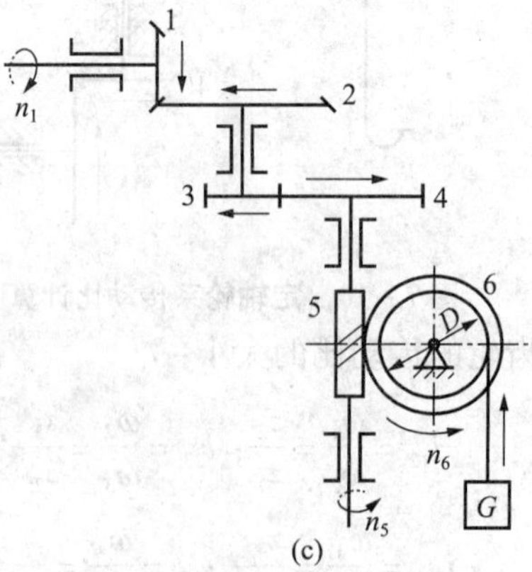 (c) | $v=n_k L(\mathrm{mm/min})$<br>$L=\pi D(\mathrm{mm})$ | $D$—鼓轮的直径 |

注:表中 $v$ 为末端线速度(mm/min), $n_k$ 为末轮转速(r/min), $L$ 为每转移动的距离(mm)。

## 四、轮系的应用

1. 传动较远距离的运动和动力

当主、从动轴之间距离较远时,采用单级齿轮传动,则结构很大且小齿轮容易损坏,若采用多级定轴轮系,则可实现大传动比,同时可使传动外廓尺寸比单级齿轮传动小,节约材料、减轻重量,且制造、安装方便,如图7-11所示。

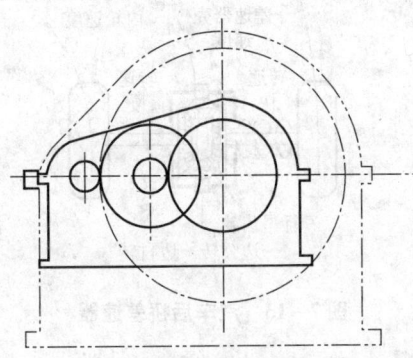

图7-11 单级齿轮传动与轮系尺寸的比较

2. 实现分路、变速传动

在主动转速和转向不变的情况下,利用轮系可使从动轴获得不同转速和转向。如图7-12所示汽车变速箱,按照不同的传动路线,输出轴可以获得四挡转速。

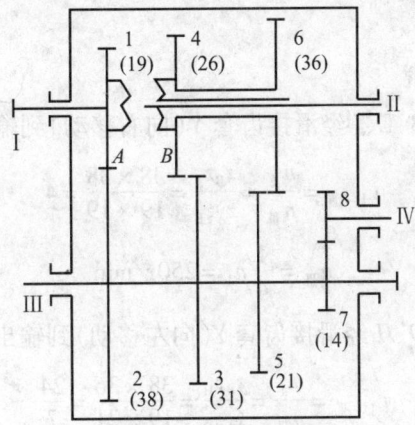

图7-12 变速箱

3. 获得较大传动比

采用周转轮系,可用较少的齿轮获得很大的传动比,如双排外啮合行星轮系传动比可达10000。

4. 改变从动轮的转向

在主动轮转向不变的条件下,利用轮系可以改变从动轴的转向,以适应工作需要。例如,汽车的倒车及机床丝杠的反向传动等。

### 5. 运动合成和分解

合成运动是将两个输入运动合成为一个输出运动；分解运动是把一个输入运动按可变的比例分解成两个输出运动。合成运动和分解运动都可用差动轮系实现。如图 7-13 所示，在汽车后桥上采用差动轮系（差速器），就能根据汽车不同的行驶状态，自动改变两后轮的转速。

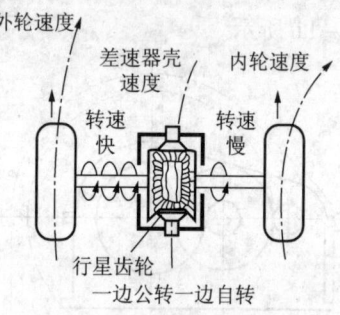

图 7-13　汽车后桥差速器

## 任务实施

如图 7-2 所示，该车变速器轮系属于定轴轮系，该车可通过此变速轮系实现变速（变传动比）、变向的要求。

已知，$z_A=19$，$z_B=38$，$z_C=31$，$z_G=26$，$z_D=21$，$z_H=36$，$z_E=19$，$z_J=38$，$z_F=12$，$z_L=14$，$z_K=31$，输入轴轴Ⅰ的转速为 $n_1=1000 \text{r/min}$，则输出轴轴Ⅲ的四挡转速及倒挡转速下面分别介绍。

### 1. 实现四挡转速变速要求

（1）低速挡。从齿轮 A、B、E、J 经滑接齿套 Y（向右移动）到输出轴，即

$$i_{\text{Ⅰ}-\text{Ⅲ}}=\frac{n_{\text{Ⅰ}}}{n_{\text{Ⅲ}}}=\frac{z_B z_J}{z_A z_E}=\frac{38\times 38}{19\times 19}=4$$

$$n_{\text{Ⅲ}}=\frac{1}{4}n_{\text{Ⅰ}}=250 \text{r/min}$$

（2）二挡。从齿轮 A、B、D、H 经滑接齿套 Y（向左移动）到输出轴，即

$$i_{\text{Ⅰ}-\text{Ⅲ}}=\frac{n_{\text{Ⅰ}}}{n_{\text{Ⅲ}}}=\frac{z_B z_H}{z_A z_D}=\frac{38\times 36}{19\times 21}=\frac{24}{7}$$

$$n_{\text{Ⅲ}}=\frac{7}{24}n_{\text{Ⅰ}}=292 \text{r/min}$$

（3）三挡。从齿轮 A、B、C、G 经滑接齿套 X（向右移动）到输出轴，即

$$i_{\text{Ⅰ}-\text{Ⅲ}}=\frac{n_{\text{Ⅰ}}}{n_{\text{Ⅲ}}}=\frac{z_B z_G}{z_A z_C}=\frac{38\times 26}{19\times 31}=\frac{52}{31}$$

$$n_{\text{Ⅲ}}=\frac{31}{52}n_{\text{Ⅰ}}=596 \text{r/min}$$

（4）高速挡。当滑接齿套 X 向左移动时，轴Ⅰ和轴Ⅲ以同一转速转动，这时汽车高速前进，轴Ⅰ和轴Ⅲ转向相同，即

$$n_{\text{I}} = n_{\text{III}} = 1000\text{r/min}$$

**2. 实现变向要求**

倒挡:从齿轮 $A$、$B$、$F$、$L$、$K$ 经齿轮 $K$(向左移动)到输出轴Ⅲ,这时汽车以低速倒车,轴Ⅰ和轴Ⅲ转向相反,即

$$i_{\text{I}-\text{III}} = \frac{n_{\text{I}}}{n_{\text{III}}} = \frac{z_B z_L z_K}{z_A z_F z_L} = \frac{38 \times 31}{19 \times 12} = \frac{31}{6}$$

$$n_{\text{III}} = \frac{6}{31} n_{\text{I}} = -194\text{r/min}$$

## 习 题

1. 在轮系中,惰轮的特征是什么?
2. 平面定轴轮系的传动比公式是什么?
3. 在图7-14所示的齿轮系中,已知 $z_1 = 20$,$z_2 = 40$,$z_2' = 30$,$z_3 = 60$,$z_3' = 25$,$z_4 = 30$,$z_5 = 50$ 均为标准齿轮传动。若已知轮1的转速 $n_1 = 1440\text{r/min}$,试求轮5的转速。

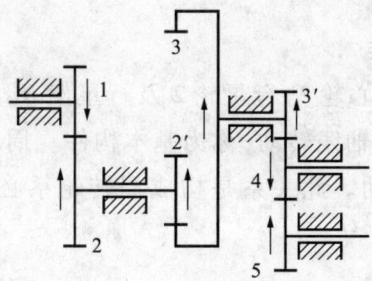

图7-14 练习题3

# 课题二 周转轮系

## 任务 分析周转轮系转速

【学习目标】

1. 熟悉周转轮系的组成及分类;
2. 掌握周转轮系的传动比计算方法。

**任务引入**

如图7-15所示,已知 $z_1 = 30$,$z_2 = 15$,$z_3 = 45$,中心轮3固定不动,试求行星轮系传动比 $i_{1H}$。当中心的转速 $n_1 = 90\text{r/min}$ 时,求行星架转速 $n_H$。

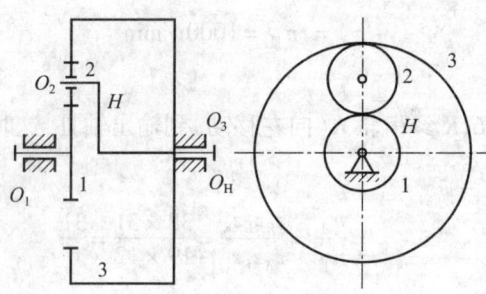

1、3—中心轮　2—行星轮　构件H—行星架

图7-15　周转轮系

### ✎ 任务分析

如图7-15所示的轮系中齿轮2的几何轴线是绕齿轮1旋转的,这种轮系中至少有一个齿轮的轴线不是固定的,因此,它是一个周转轮系。要解决这个问题就必须学习周转轮系的传动比计算方法。

### 🔒 相关知识

#### 一、周转轮系的组成及分类

周转轮系由中心轮1、中心轮3、行星轮2及行星架H组成,如图7-16所示。中心轮1、3和行星架H均绕固定轴线转动,称为基本构件。周转轮系中诸基本构件的轴线必须重合,否则轮系不能运动。此关系是构成周转轮系必须满足的基本条件之一,称为同心条件。

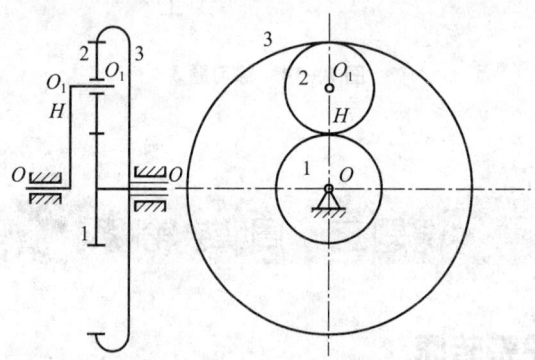

图7-16　周转轮系的组成

周转轮系可分为差动轮系和行星轮系。差动轮系的中心轮转速不为零,如图7-16所示。行星轮系中必有一个中心轮固定不动,即转速为零,如图7-17所示。

#### 二、周转轮系的传动比计算

周转轮系中行星轮的运动不是绕固定轴线的简单转动,所以其传动比不能直接用求解定轴轮系传动比的方法来计算。通常,周转轮系采用转化机构法来计算轮系的传动比,这样就能够利用定轴轮系传动比间接求出单级行星轮系的传动比。

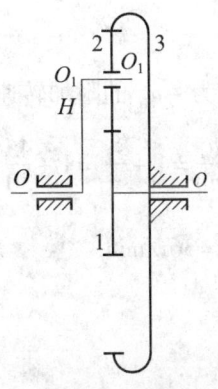

图 7-17 行星轮系

转化机构法是假设行星架变为固定不动,并保持周转轮系中各个构件之间的相对运动不变,则周转轮系就转化成为一个假想的定轴轮系,则可由定轴轮系传动比的计算公式列出该假想定轴轮系传动比的计算式,从而求出周转轮系的传动比。

在图 7-16 所示的周转轮系中,设 $n_H$ 为行星架 $H$ 的转速。根据相对运动原理,当给整个周转轮系加上一个绕轴线 $O_H$ 的大小为 $n_H$、而方向与 $n_H$ 相反的公共转速($-n_H$)后,行星架 $H$ 便静止不动了,而各构件间的相对运动并不改变。这样,所有齿轮的几何轴线的位置全部固定,原来的周转轮系便成了定轴轮系,这一定轴轮系称为原来周转轮系的转化轮系。各构件转化前后的转速关系见表 7-2。

表 7-2　　　　周转轮系加附加转速($-n_H$)前后各构件转速对照

| 构件 | 原来的转速 | 转化轮系中的转速 | 构件 | 原来的转速 | 转化轮系中的转速 |
| --- | --- | --- | --- | --- | --- |
| 1 | $n_1$ | $n_1^H = n_1 - n_H$ | 3 | $n_3$ | $n_3^H = n_3 - n_H$ |
| 2 | $n_2$ | $n_2^H = n_2 - n_H$ | H | $n_H$ | $n_H^H = n_H - n_H = 0$ |

表中原来的转速是指周转轮系中各构件相对于机架的绝对转速;而转化轮系中各构件的转速(在转速的右上角带有角标 H)则是指各构件相对于行星架 $H$ 的相对转速。

根据转化机构法,可以得到周转轮系的传动比的计算公式,见表 7-3。

表 7-3　　　　周转轮系的传动比计算公式

| 轮系 | | 传动比的计算 | 转速的计算 |
| --- | --- | --- | --- |
| 周转轮系 | 差动轮系 | 转化机构的传动比为:<br>$i_{13}^H = \dfrac{n_1^H}{n_3^H} = \dfrac{n_1 - n_H}{n_3 - n_H} = (-1)^1 \times \dfrac{z_2 \times z_3}{z_1 \times z_2} = -\dfrac{z_3}{z_1}$ | $n_1 = n_H\left(1 + \dfrac{z_3}{z_1}\right) - n_3\dfrac{z_3}{z_1}$ |
| | 行星轮系 | $i_{1H} = \dfrac{n_1}{n_H} = 1 + \dfrac{z_3}{z_1}$<br>($n_3 = 0$) | $n_1 = n_H\left(1 + \dfrac{z_3}{z_1}\right)$ |

注:公式只适用于输入轴、输出轴轴线与行星架 $H$ 的回转轴线重合或平行的情况。

## 任务实施

用机构转化法对轮系加一个转速为 $-n_H$ 的附加转速,根据公式可得:

$$i_{1H} = \frac{n_1}{n_H} = 1 + \frac{z_3}{z_1} = 1 + \frac{45}{30} = 2.5$$

当 $n_1 = 90\text{r/min}$ 时,$n_H = \dfrac{n_1}{i_{1H}} = \dfrac{90}{2.5} = 36\text{r/min}$

## 习 题

1. 已知如图7-18所示,$z_1 = z_2 = 30, z_3 = 90$;$n_1 = 1, n_3 = -1$(设逆时针为正),求 $n_H$ 及 $i_{1H}$。

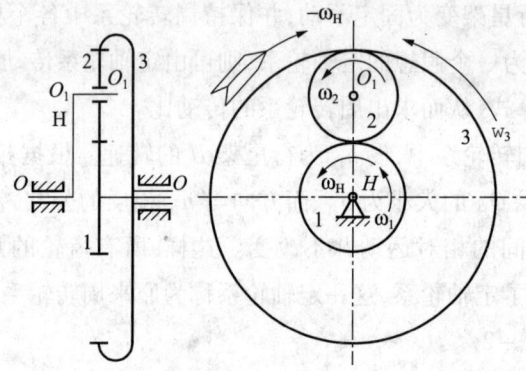

图7-18 练习题1

2. 已知如图7-19所示,$z_1 = 100, z_2 = 101, z_{2'} = 100, z_3 = 99$,求 $i_{H1}$。

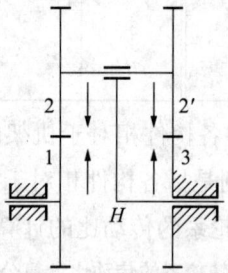

图7-19 练习题2

# 项目八  轴系零部件

传动零件必须被支承起来以后才能进行工作,支承传动件的零件称为轴;轴与轴毂之间的连接称为轴毂连接。轴是组成机器的重要零件之一,各传动零件都必须安装在轴上才能传递运动和动力。轴及轴上起支撑或连接作用的轴承、联轴器、键等统称为轴系零部件,它们在机器中起着重要作用。

## 课题一  轴

### 任务  设计齿轮轴

【学习目标】

1. 熟悉轴的类型与材料;
2. 掌握轴的结构设计及强度计算。

#### 任务引入

如图8-1所示为一电动机带动一级直齿圆柱齿轮减速器传动。已知轴传递的功率为 $P=10\mathrm{kW}$,从动齿轮转速 $n=200\mathrm{r/min}$,齿轮所承受的圆周力 $F_\mathrm{t}=2600\mathrm{N}$,径向力 $F_\mathrm{r}=980\mathrm{N}$,齿轮单向传动,居中安装,采用深沟球轴承,轴承跨距 $l=150\mathrm{mm}$,试确定从动齿轮轴的最小直径并对该轴进行强度校核。

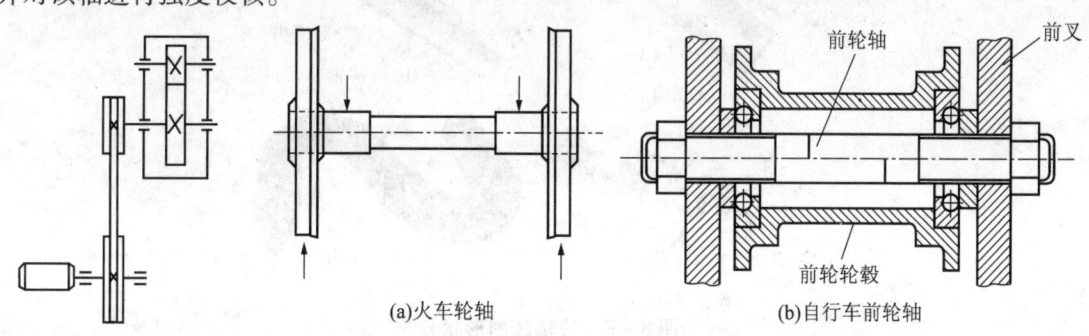

(a)火车轮轴     (b)自行车前轮轴

图8-1  减速器传动图        图8-2  心轴

## 任务分析

轴的主要功用是支撑旋转零件、传递转矩和运动。要确定齿轮轴的最小直径,就需要学习如何设计齿轮轴,即要学习轴的材料选择、轴的结构设计及轴的强度核算等知识。

## 相关知识

### 一、轴的类型与材料

按不同的分类方法可以将轴分为不同的类型。如果按照轴所受的载荷的不同,轴可以分为心轴、转轴和传动轴。如果按照轴线的形状,轴可以分为直轴、曲轴和挠性钢丝轴(钢丝软轴)。直轴又可以分为光轴(等直径的轴)和阶梯轴(如汽车的减速器转轴)。

心轴是用来支承转动零件,只受弯矩而不承受转矩的轴,它又可分为固定心轴和转动心轴。转动心轴可以随回转零件一起转动,如火车轮轴,如图 8-2(a)所示。固定心轴相对机架固定不动,如自行车的前轮轴,如图 8-2(b)所示。转轴主要用于传递转矩而不承受弯矩,或所承受的弯矩很小的轴,如减速器中的轴,如图 8-3 所示。转轴是机器中最常见的轴,通常简称为轴。传动轴是既承受弯矩又承受转矩的轴,如汽车的传动轴,如图 8-4 所示。

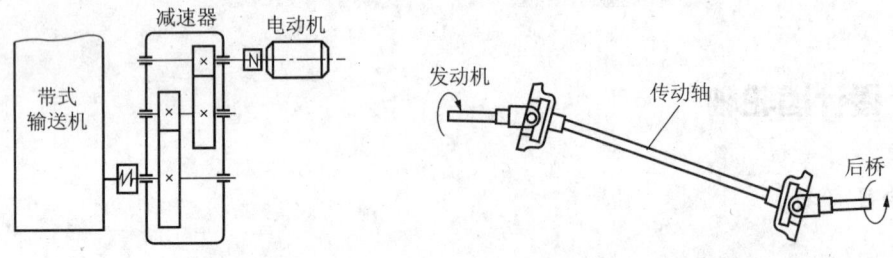

图 8-3 减速器转轴　　　　图 8-4 汽车传动轴

直轴中的光轴主要用于心轴和传动轴,如图 8-5(a)所示。而阶梯轴主要用于转轴,如图 8-5(b)所示。在一般的机械传动中,阶梯轴通常做成中间直径大而两端直径小的形状,既便于轴上零件安装定位及拆卸,又能使轴接近于等强度轴,使其得到广泛应用。

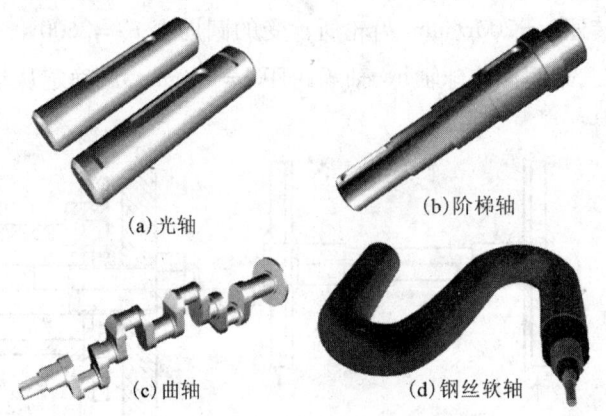

图 8-5 按轴线的形状分类

轴的材料是决定其承载能力的关键因素之一,选用适当的材料及热处理方法能有效提高轴的承载能力。轴的常用材料有碳素钢、合金钢和球墨铸铁。

(1)碳素钢。碳素钢比合金钢价格低廉,对应力集中敏感性低,可通过热处理改善其综合性能,加工工艺性好,故应用最广。一般用途的轴,多用优质碳素钢。常用的碳素钢有30~50钢,最常用的是45钢,为保证其力学性能,应进行调质或正火处理。对于不重要或受力较小的轴也可用Q235、Q275等普通碳素钢。

(2)合金钢。合金钢具有比碳钢更好的机械性能和淬火性能,但对应力集中比较敏感,且价格较贵,多用于对强度和耐磨性有特殊要求的轴,如20Cr、20CrMnTi等低碳合金钢,经渗碳淬火处理后可提高耐磨性。

(3)球墨铸铁。球墨铸铁容易获得复杂的形状,而且吸振性和耐磨性好,对应力集中敏感性低,适用于制造外形较复杂的轴,如曲轴和凸轮轴等。

轴的常用材料及其主要力学性能见表8-1。

表8-1 轴的常用材料及其主要力学性能

| 类别 | 材料牌号 | 热处理 | 毛坯直径 (mm) | 硬度 (HBS) | 抗拉强度 $\sigma_b$ | 屈服强度 $\sigma_s$ | 弯曲疲劳强度 $\sigma_{-1}$ | 扭转疲劳强度 $\tau_{-1}$ | 用途 |
|---|---|---|---|---|---|---|---|---|---|
| | | | | | 不低于(MPa) | | | | |
| 碳素钢 | Q235 | | >16~40 | | 418 | 225 | 174 | 100 | 用于不重要或承载不大的轴 |
| | Q275 | | >16~40 | | 550 | 265 | 220 | 127 | |
| | 45 | 正火、回火 | ≤100 | 170~217 | 600 | 300 | 240 | 140 | 用于强度高、韧性中等的较重要轴,应用最广 |
| | | | >100~300 | 162~217 | 580 | 290 | 235 | 135 | |
| | | 调质 | ≤200 | 217~255 | 650 | 360 | 270 | 155 | |
| 合金钢 | 40Cr | 调质 | ≤100 | 241~266 | 750 | 550 | 350 | 200 | 用于承载较大且无很大冲击的重要轴 |
| | | | >100~300 | 241~266 | 700 | 550 | 340 | 185 | |
| | 35SiMn 42SiMn | 调质 | ≤100 | 229~286 | 800 | 520 | 355 | 205 | 用于中、小型轴,性能接近40Cr |
| | | | >100~300 | 217~269 | 750 | 450 | 320 | 185 | |
| | 40MnB | 调质 | ≤200 | 241~286 | 750 | 500 | 335 | 195 | 用于重要的轴 |
| | 35CrMo | 调质 | ≤100 | 207~269 | 750 | 550 | 350 | 200 | 用于重载的轴 |
| | | | >100~300 | 207~269 | 700 | 500 | 320 | 185 | |
| | 38SiMnMo | 调质 | ≤100 | 229~286 | 800 | 600 | 360 | 210 | 用于重要的轴 |
| | | | >100~300 | 217~269 | 700 | 550 | 335 | 195 | |
| | 20Cr | 渗碳淬火、回火 | 15 | 50~60HRC | 850 | 550 | 375 | 215 | 用于要求强度高、韧性好的轴 |
| | | | ≤60 | | 650 | 400 | 280 | 160 | |
| | 1Cr18NiTi | 淬火 | ≤60 | ≤192 | 550 | 200 | 205 | 120 | 用于高温、低温及强腐蚀条件下工作的轴 |
| | | | >60~100 | | 540 | 200 | 195 | 115 | |
| 球墨铸铁 | QT500-07 | | | 187~255 | 500 | 380 | 180 | 155 | 用于制造外形复杂的轴 |
| | QT600-03 | | | 197~269 | 600 | 420 | 215 | 185 | |

## 二、轴的结构设计

轴的一般设计原则有：

(1) 满足强度、刚度、防振的要求，并通过结构设计提高这些方面的性能。

(2) 保证轴上零件定位且固定可靠。

(3) 便于轴上零件装拆和调整。

(4) 轴的加工工艺性好。

(5) 一般设计成中间大、两端小的阶梯形状。

### 1. 轴的各部分名称

如图 8-6 所示为减速器输出轴的结构图，其中，轴颈是被支撑部分，一般指安装轴承的轴段部分，轴头是安装齿轮、联轴器等回转零件的轴段部分，轴身是联结轴头和轴颈的轴段部分，轴肩是轴上截面尺寸发生变化的阶梯部位。做成阶梯轴的主要原因是综合考虑等强度、加工工艺和装配工艺的结果。

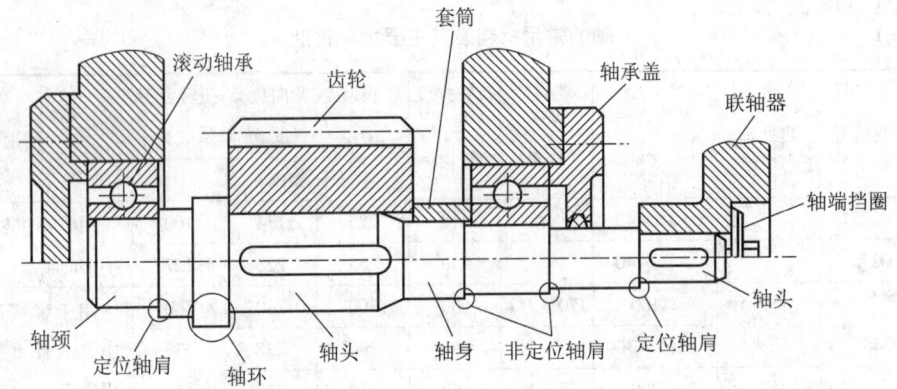

图 8-6 轴的各部分名称

### 2. 零件在轴上的固定

轴上零件的定位是为了保证传动件在轴上有准确的安装位置；固定则是为了保证轴上零件在运转中保持原位不变。作为轴的具体结构，既起定位作用又起固定作用，所以，零件在轴上既要轴向固定，又要周向固定。

常用的轴向固定方法有：轴肩（轴环）、圆螺母（止动片）、套筒、弹性挡圈、紧定螺钉、轴端挡圈定位等，见表 8-2。

周向固定是为了传递运动和转矩，防止轴上零件与轴作相对转动，轴和轴上零件必须可靠地沿周向固定（连接）。常用的周向固定方法有：销、键、花键、过盈配合和成形联结等，其中以键和花键联结应用最广。

### 3. 轴的结构工艺性

轴截面尺寸突变处会造成应力集中，所以对阶梯轴相邻轴段直径不宜相差太大，在轴径变化处的过渡圆角半径不宜过小。尽量避免在轴上开横孔、凹槽和加工螺纹。在重要结构中可采用凹切圆角、过渡肩环，以增加轴肩处过渡圆角半径和减小应力集中。为减小轮毂的轴压配合引起的应力集中,可开减载槽,如图8-7所示。

表8-2　　　　　　　　　　　轴上零件的轴向固定方法及应用

| 轴向固定方法 | 结构简图 | 特点及应用 |
| --- | --- | --- |
| 轴肩或轴环 | 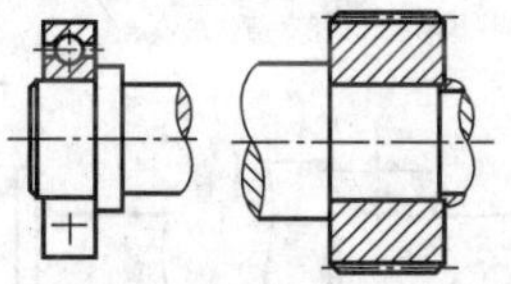 | 结构简单,固定可靠,承受较大轴向力,常用于齿轮、带轮、轴承等零件的定位,应用最为广泛 |
| 套筒 | 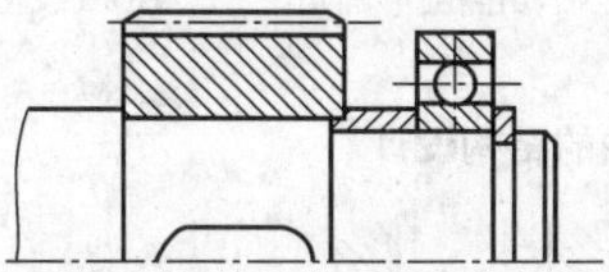 | 结构简单,固定可靠,不会削弱轴的强度,多用于轴上两零件近距离的相对固定,但轴的转速很高时不宜采用 |
| 圆螺母 | 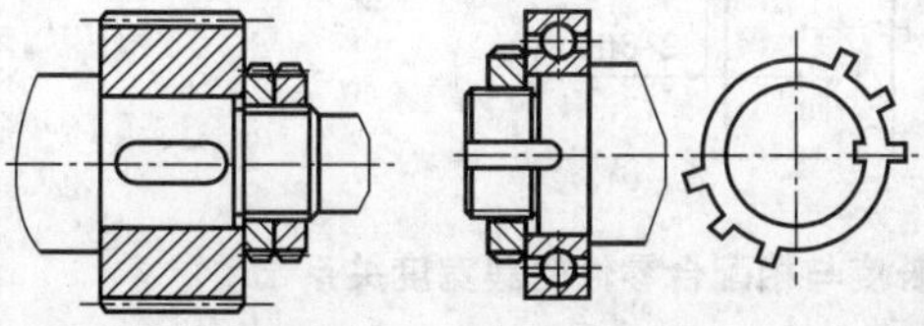 | 固定可靠,可承受较大的轴向力,但对轴的强度削弱较大,常用于轴的中部或端部,可使用双螺母或止动垫圈防松 |
| 弹性挡圈 | 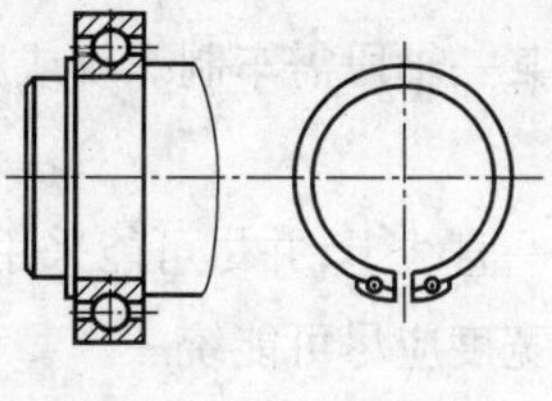 | 结构简单紧凑,装拆方便,只能承受很小的轴向力,且轴槽将引起应力集中,常用于滚动轴承固定 |
| 轴端挡圈 | 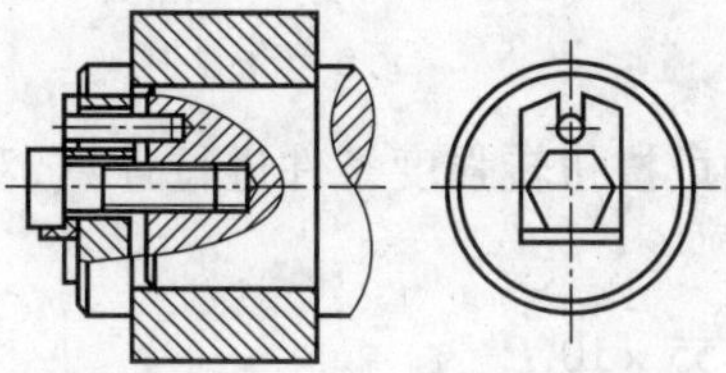 | 固定可靠,装拆方便,只适用于轴端上零件需要轴向固定的场合 |
| 圆锥形轴头 | 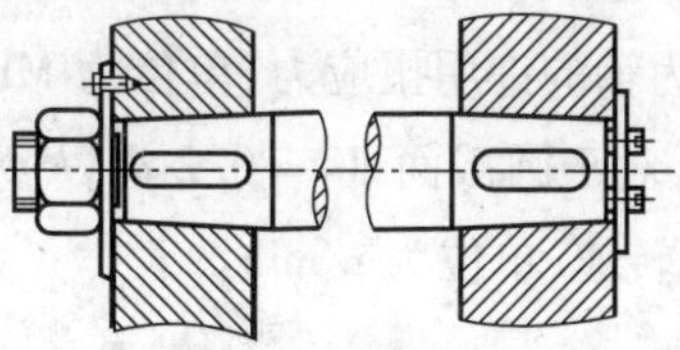 | 装拆方便,可兼作轴向固定,适用于高速、冲击及对中性要求较高的场合,常用于轴的端部 |
| 紧定螺钉 | 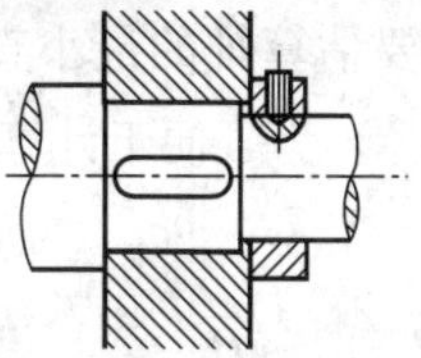 | 结构简单,但受力较小,只用于承受轴向力较小或不受轴向力的场合,不宜用于高速场合 |

轴的形状和结构应力求简单,为便于零件的装配、调整和维修,避免擦伤配合表面,轴的两端及过盈配合的台阶处应制出倒角。在用套筒、螺母或轴端挡圈等轴向固定时,应把零件配合的轴段长度做得比零件轮毂略短2～3mm,以确保套筒、螺母或轴端挡圈等能靠紧零件端面,如图8-8所示。

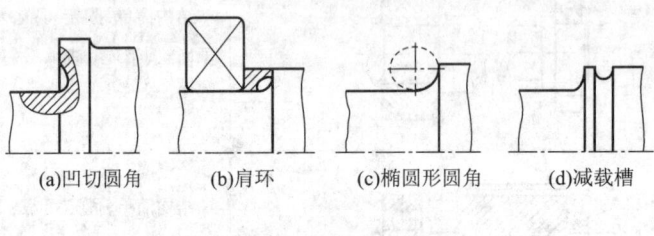

(a)凹切圆角　(b)肩环　(c)椭圆形圆角　(d)减载槽

图8-7　轴的结构设计

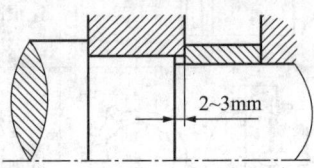

图8-8　轴段长度与相配合零件轮毂宽度关系

制造工艺方面,提高轴的表面质量,降低表面粗糙度,对轴表面采用碾压、喷丸和表面热处理等强化方法,均可显著提高轴的疲劳强度。当某一轴段需车制螺纹或磨削加工时,应留有退刀槽或砂轮越程槽。

为加工和装配方便,轴上的键槽应设计在同一直线上,并尽可能采用同一规格的键槽截面尺寸;同一轴上所有圆角半径、倒角尺寸、退刀槽宽度应尽可能统一。

### 三、轴的强度计算

1. 传动轴的强度计算

对于只受扭矩或主要承受扭矩的传动轴可按扭转强度条件进行计算,对于圆截面实心的传动轴,其强度条件为:

$$\tau = \frac{T}{W_T} = \frac{9.55 \times 10^6 P}{0.2 d^3 n} \leqslant [\tau]$$

式中,$\tau$ 为轴的扭应力,单位为 MPa;$[\tau]$ 为轴的许用扭应力,单位为 MPa;$T$ 为轴的传递转矩,单位为 N·mm;$W_T$ 为轴的抗扭截面模量,对于圆截面 $W_T = 0.2 d^3$;$P$ 为轴传递的功率,单位为 kW;$d$ 为轴的直径,单位为 mm;$n$ 为轴的转速;单位为 r/min。

2. 转轴的最小直径估算

由强度条件公式可知,在校核轴的强度之前需要估算轴的最小直径。对于既受弯矩又受扭矩的转轴,可先按转矩条件初步估算轴的最小直径。为了便于计算,或将上述的强度条件公式改为:

$$d \geqslant \sqrt[3]{\frac{9.55 \times 10^6 P}{0.2 [\tau] n}} = C \sqrt[3]{\frac{P}{n}}$$

式中,$C$ 为按 $[\tau]$ 确定的系数,见表 8-3。当所设计的轴段有键槽时,应适当增大直径,一个键槽可增大 3%～5%,双键槽增大 7%～10%,增大的直径应按表 8-4 圆整成标准直径,作为轴的最小直径,当然轴径应与配合零件的孔径相符合。

表 8-3  轴常用材料的 $[\tau]$ 及 $C$ 值

| 轴的材料 | Q235,20 | Q275,35 | 45 | 40Cr,35SiMn |
|---|---|---|---|---|
| $[\tau]$/MPa | 12～20 | 20～30 | 30～40 | 40～52 |
| $C$ | 160～135 | 135～118 | 118～107 | 107～98 |

表 8-4  标准直径(摘自 GB2822—81)

| 10 | 12* | 14 | 16 | 18 | 20 | 22 | 24 | 25* | 26 | 28 | 30 | 32* | 34 | 36 |
|---|---|---|---|---|---|---|---|---|---|---|---|---|---|---|
| 38 | 40* | 42 | 45 | 48 | 50* | 53 | 56 | 60 | 63* | 67 | 71 | 75 | 80* | 85 |
| 90 | 95 | 100* | 105 | 110 | 120 | 125* | 130 | 140 | 150 | 160* | 170 | 180 | 190 | 200* |

注:1. 带 * 号者为 R10 系列,优先选用。

2. 本标准不适用于另有其他标准的机械零件(如滚动轴承、螺纹、联轴器等)。

在日常工作中,我们还常用经验公式法来估算轴的直径,如在一般减速器中,高速输入轴的直径可按与其相连的电动机轴的直径 $D$ 估算,即

$$d = (0.8～1.2)D$$

各级低速轴的轴径可按同级齿轮传动的中心距 $a$ 估算,即 $d = (0.3～0.1a)$。

**3. 转轴的强度计算**

转轴同时承受扭矩和弯矩,必须按二者组合强度进行计算。通常把轴当做置于铰链支座上的梁,作用于轴上零件的力作为集中力,其作用点取为零件轮毂宽度的中点上。具体的计算步骤如下:

(1)画轴的空间力系图,分解为水平面分力和垂直面分力;

(2)计算水平面和垂直面上的弯矩并作出弯矩图;

(3)计算合成弯矩 $M = \sqrt{M_H^2 + M_V^2}$(其中,$M_H$ 为水平面弯矩,$M_V$ 为垂直面弯矩)并作出合成弯矩图;

(4)计算转矩 $T$,并作出转矩图;

(5)计算当量弯矩 $M_e = \sqrt{M^2 + (\alpha T)^2}$,绘出当量弯矩图。

(6)根据当量弯矩图找出危险截面,进行轴的强度校核,公式如下:

$$\sigma = \frac{M_e}{W} = \frac{\sqrt{M^2 + (\alpha T)^2}}{0.1d^3} \leq [\sigma_b]_{-1}$$

$$d \geq \sqrt[3]{\frac{M_e}{0.1[\sigma_b]_{-1}}}$$

式中,$d$ 为危险截面直径,单位为 mm;$M$ 为合成弯矩,单位为 N·mm;$M_e$ 为当量弯矩,

单位为 N·mm；$T$ 为转矩，单位为 N·mm；$W$ 为危险截面抗弯截面系数，单位为 mm³，对于实心圆轴 $W = 0.1 d^3$；$\alpha$ 为应力校正系数，根据转矩性质确定。当转矩不变时，取 $\alpha = 0.3$；当转矩脉动循环时，取 $\alpha = 0.6$，当转矩对称循环变化时，取 $\alpha = 1$；$[\sigma_b]_{-1}$ 为对称循环状态下的许用弯曲应力，见表 8-5。

表 8-5　　　　　　　　　　　轴的许用弯曲应力　　　　　　　　　　　　　　MPa

| 材料 | $\sigma_b$ | $[\sigma_b]_{+1}$ | $[\sigma_b]_0$ | $[\sigma_b]_{-1}$ |
|---|---|---|---|---|
| 碳素钢 | 400 | 130 | 70 | 40 |
| | 500 | 170 | 75 | 45 |
| | 600 | 200 | 95 | 55 |
| | 700 | 230 | 110 | 65 |
| 合金钢 | 800 | 270 | 130 | 75 |
| | 900 | 300 | 140 | 80 |
| | 1000 | 330 | 150 | 90 |
| 铸钢 | 400 | 100 | 50 | 30 |
| | 500 | 120 | 70 | 40 |

### 任务实施

1. 选择轴的材料及最小直径

轴采用 45 钢并正火处理，查表 8-1，$\sigma_b = 600\mathrm{MPa}$，根据表 8-3，可知 $C = 110$，按扭矩估算轴的最小直径为：

$$d \geq C \sqrt[3]{\frac{P}{n}} = 110 \times \sqrt[3]{\frac{10}{200}} = 40.5 \mathrm{mm}$$

考虑键槽对轴的影响，取 $d = 40.5 \times 1.05 = 42.5 \mathrm{mm}$，由表 8-4 取 $d = 45 \mathrm{mm}$。

2. 校核轴的强度

作轴的受力图及弯矩分析图，如图 8-9 所示。

(1) 作轴的空间受力图。

(2) 作铅垂面受力图：

$$R_{AV} = R_{BV} = F_r/2 = 980/2 = 490 \mathrm{N}$$

(3) 作铅垂面弯矩图：

$$M_{DV} = R_{AV} \times l/2 = 490 \times 0.15/2 = 36.75 \mathrm{N \cdot m}$$

(4) 作水平面受力图：

$$R_{AH} = R_{BH} = F_t/2 = 2600/2 = 1300 \mathrm{N}$$

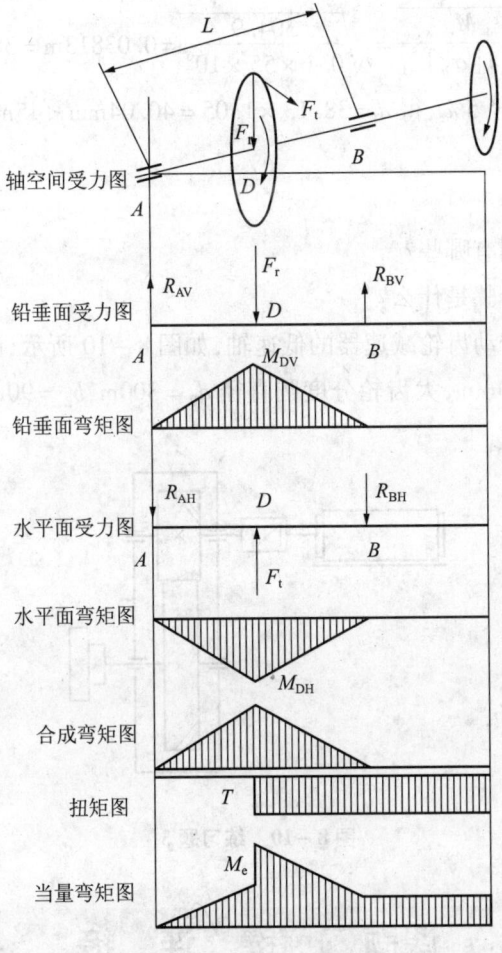

图 8-9 轴的强度校核

(5) 作水平面弯矩图:

$$M_{DH} = R_{AH} \times l/2 = 1\,300 \times 0.15/2 = 97.5 \text{N} \cdot \text{m}$$

(6) 作合成弯矩图:

$$M_D = \sqrt{M_{DH}^2 + M_{DV}^2} = \sqrt{(36.75)^2 + (97.5)^2} = 104.2 \text{N} \cdot \text{m}$$

(7) 作扭矩图:

$$T = 9550 \frac{P}{n} = 9550 \times \frac{10}{200} = 477.5 \text{N} \cdot \text{m}$$

(8) 作当量弯矩图:

由于单向传动,可认为扭矩是脉动循环,所以取应力校正系数 $\alpha = 0.6$,故危险截面 $D$ 处的当量弯矩是:

$$M_{De} = \sqrt{M_D^2 + (\alpha T)^2} = \sqrt{(104.2)^2 + (0.6 \times 477.5)^2} = 304.9 \text{N} \cdot \text{m}$$

(9) 计算危险截面 $D$ 处的轴径:查表得 $[\sigma_b]_{-1} = 55 \text{MPa}$,即

$$d \geqslant \sqrt[3]{\frac{M_e}{0.1[\sigma_b]_{-1}}} = \sqrt[3]{\frac{304.9}{0.1 \times 55 \times 10^6}} = 0.03813\text{m} = 38.13\text{mm}$$

$D$ 处有键槽,增大轴径 5%,得 $d = 38.13 \times 1.05 = 40.04\text{mm} < 45\text{mm}$,所以,轴的强度足够。

1. 轴的一般设计原则有哪些?
2. 转轴的强度计算步骤是什么?
3. 对于一单级斜齿传动齿轮减速器的低速轴,如图 8-10 所示,已知:电机功率 $P = 4\text{kW}$,转速 $n_1 = 750\text{r/m}$,$n_2 = 130\text{r/m}$,大齿轮分度圆直径 $d_2 = 300\text{m}$,$b_2 = 90\text{m}$,$\beta = 12°$,$\alpha_n = 20°$,试确定轴的最小直径。

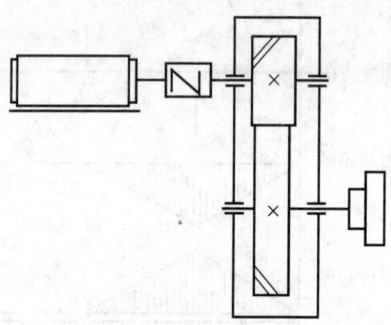

图 8-10 练习题 3

## 课题二 键 连 接

键是一种标准件,通常用于连接轴与轴上旋转零件与摆动零件,起周向固定零件的作用以传递旋转运动成扭矩,而导键、滑键、花键还可用作轴上移动的导向装置。

### 任务 选择键并校核其强度

【学习目标】

1. 熟悉键的类型与应用;
2. 掌握键的校核方法。

【任务引入】

如图 8-11 所示的一输出轴,轴与齿轮采用键连接方式。已知传递转矩 $T = 400\text{N·m}$,齿轮的材料为铸钢,有轻微冲击,试确定键连接的类型与尺寸,并校核其强度。

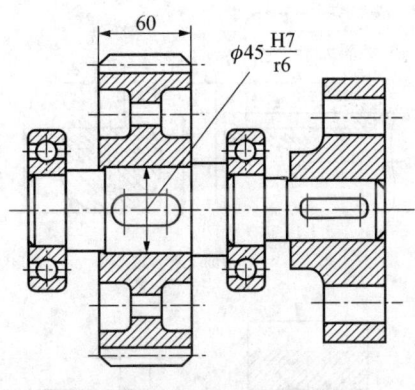

图 8-11 输出轴

## 📝 任务分析

键连接是先将键嵌入轴上的键槽内,再对准轮毂上的键槽,把轴和键同时插入孔和槽内,当轴转动时,通过键连接使轮与轴一起转动,达到传递动力的目的。要正确选用键连接的类型与尺寸,首先应熟悉各种键连接的类型与特点,还应当掌握有关键连接的强度计算方法以便进行对键的强度校核。

## 🔒 相关知识

### 一、键连接的类型

键连接主要分松键连接和紧键连接两大类。松键连接以侧面为工作面,靠侧面挤压,圆周方向剪切承载,例如,平键、半圆键和花键;紧键连接以上下表面为工作面,例如,楔键连接、切向键连接等。

#### 1. 平键连接

平键按用途分为三种:普通平键、导向平键和滑键。平键的两侧面为工作面,平键连接是靠键和键槽侧面挤压传递转矩,键的上表面和轮毂槽底之间留有间隙。平键连接具有结构简单、装拆方便、对中性好等优点,因而应用广泛。

普通平键用于静连接,键的形状有圆头(A 型)、方头(B 型)和单圆头(C 型),如图 8-12 所示。圆头平键在槽中固定良好,应用最广泛;方头平键连接的轴应力集中小,但尺寸大的方头平键应用紧定螺钉压紧;单圆头平键只用于轴端平键键槽(图 8-13),如图 8-12(c)所示。

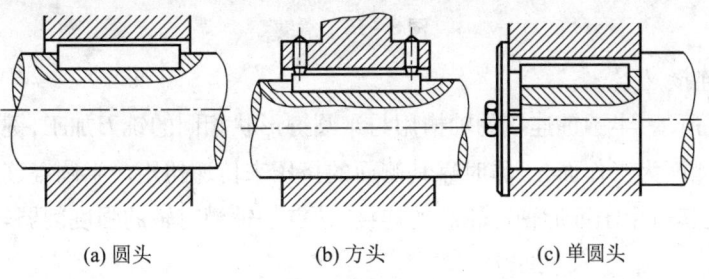

(a) 圆头      (b) 方头      (c) 单圆头

图 8-12 普通平键

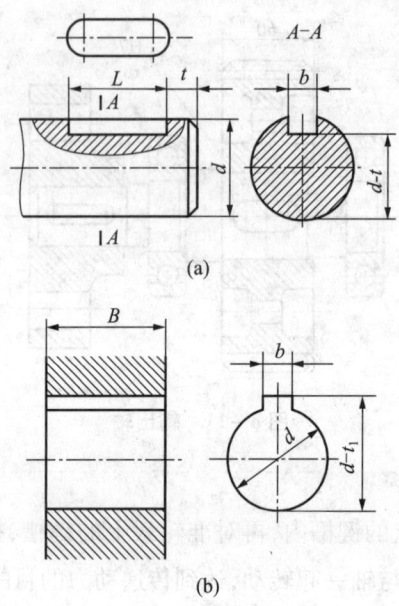

图 8-13 平键键槽

导向平键和滑键均用于轮毂与轴间需要有相对滑动的动连接。如图 8-14 所示,导向平键用螺钉固定在轴上的键槽中,轮毂沿键的侧面作轴向滑动。如图 8-15 所示,滑键则是将键固定在轮毂上,随轮毂一起沿轴槽移动。导向平键用于轮毂沿轴向移动距离较小的场合,当轮毂的轴向移动距离较大时宜采用滑键连接。

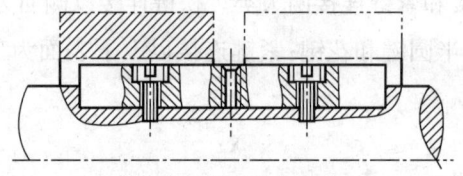

图 8-14 导向平键

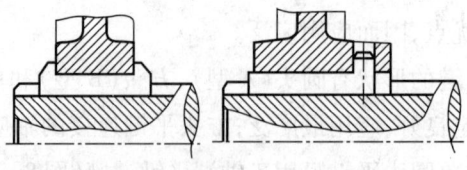

图 8-15 滑键

2. 半圆键连接

如图 8-16 所示,半圆键连接的轴槽用与半圆键形状相同的铣刀加工,键能在槽中绕几何中心摆动,键的侧面为工作面,工作时靠其侧面的挤压来传递扭矩。半圆键连接特点是工艺性好,装配方便,尤其适用于锥形轴与轮毂的连接,缺点是轴槽对轴的强度削弱较大,只适宜轻载连接。

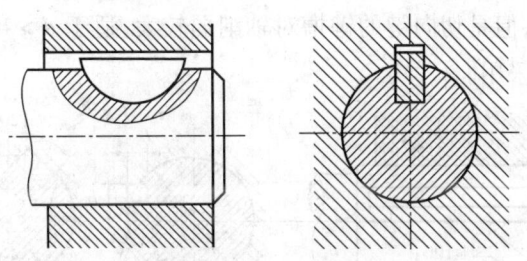

图 8-16 半圆键连接

3. 楔键连接

楔键连接有普通楔键和钩头楔键。如图 8-17(a)所示,普通楔键以上、下面为工作表面,有 1∶100 斜度(侧面有间隙),工作时打紧,靠上、下面摩擦传递扭矩,并可传递小部分单向轴向力,适用于低速轻载、精度要求不高。对中性较差,力有偏心。不宜高速和精度要求高的连接,变载下易松动。钩头只用于轴端连接,如在中间用键槽应比键长 2 倍才能装入,且为安全要罩上。

如图 8-17(b)所示,钩头楔键的上底面有 1∶100 的斜度。装配时,将键沿轴向打入键槽内,靠上、下底面在轴和轮键槽之间接触挤压的摩擦力而连接,故键的上、下底面是工作面,各画一条线;而两侧面为非工作面,应画两条线。钩头供拆卸用,轴上的键槽常制在轴端,拆装方便。

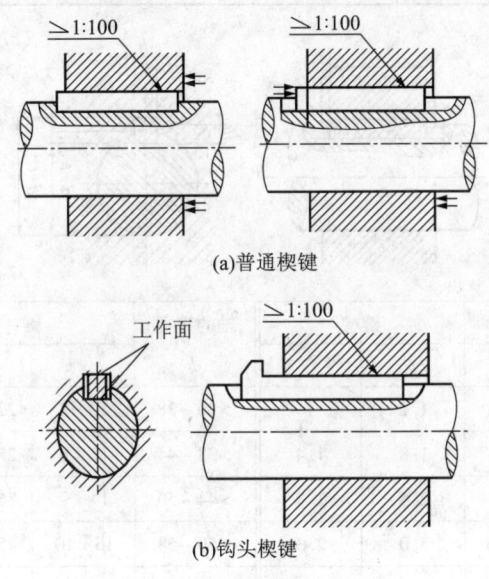

(a)普通楔键

(b)钩头楔键

图 8-17 楔键连接

4. 切向键连接

如图 8-18 所示,切向键连接靠工作面与轴及轮毂相互挤压来传递扭矩。切向键由一对普通楔键组成,装配时两个楔键分别从轮毂的两端打入,使其两斜面相互贴合,两键拼合后上、下两面互相平行,构成切向键的工作面。单个切向键只能单向传动,双向传动需用两个切向键,通常分布成 120°~135°安装。

切向键承载能力大,但是切向键的键槽对轴削弱较大,适于 $d>100$ mm 的轴,且对中性要求不高的重型机械中才采用。

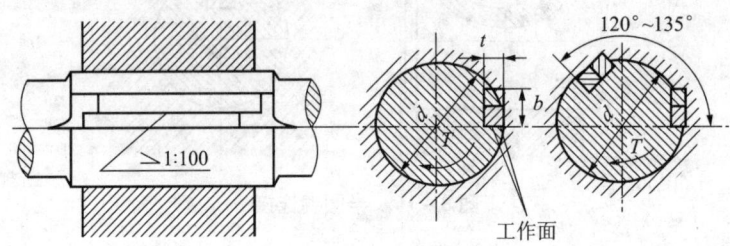

图 8-18 切向键连接

## 二、平键连接的选用及强度计算

### 1. 平键的选用及标记

平键的类型可以根据键连接的结构特点、使用要求及工作条件具体选择。键的主要尺寸为截面尺寸(键宽 $b$ × 键高 $h$)与长度 $L$。键的截面尺寸按轴的直径 $d$ 由标准中选定,见表 8-6。键的长度一般应小于或等于轮毂的长度且需要标准化。导向键的长度应按零件所需滑动的距离确定。

平键标记为:键类型　键宽 $b$ × 键长 $L$　GB/T 1096—2003

表 8-6　普通平键和键槽的尺寸(摘自 GB/T 1095—2003 与 GB/T 1096—2003)　　　　mm

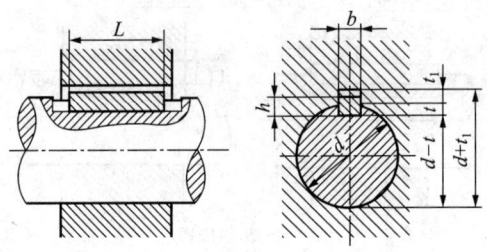

| 轴的直径 $d$ | 键 $b×h$ | 键 $L$ | 键槽 $t$ | 键槽 $t_1$ | 轴的直径 $d$ | 键 $b×h$ | 键 $L$ | 键槽 $t$ | 键槽 $t_1$ |
|---|---|---|---|---|---|---|---|---|---|
| 6~8 | 2×2 | 6~20 | 1.2 | 1 | >30~38 | 10×8 | 22~110 | 5.0 | 3.3 |
| >8~10 | 3×3 | 6~36 | 1.8 | 1.4 | >38~44 | 12×8 | 28~140 | 5.0 | 3.3 |
| >10~12 | 4×4 | 8~45 | 2.5 | 1.8 | >44~50 | 14×9 | 36~160 | 5.5 | 3.8 |
| >12~17 | 5×5 | 10~56 | 3.0 | 2.3 | >50~58 | 16×10 | 45~180 | 6.0 | 4.3 |
| >17~22 | 6×6 | 14~70 | 3.5 | 2.8 | >58~65 | 18×11 | 50~200 | 7.0 | 4.4 |
| >22~30 | 8×7 | 18~90 | 4.0 | 3.3 | >65~75 | 20×12 | 56~220 | 7.5 | 4.9 |
| >30~38 | 10×8 | 22~110 | 5.0 | 3.3 | >75~85 | 22×14 | 63~250 | 9.0 | 5.4 |
| 键长 $L$ 标准系统 | 6、8、10、12、14、16、18、20、22、25、28、32、36、40、45、50、56、63、70、80、90、100、110、125、140、160、180、200、250、280、320、360、400、450、500 | | | | | | | | |

注:圈中轴槽深用 $d-t$ 或 $t$ 标注,毂槽深用 $d+t_1$ 标注。

## 2. 平键的强度计算

普通平键为静连接,其主要失效形式是连接中较弱零件(通常为松毂)的工作面被压溃;为防止平键的失效应对平键进行挤压强度计算。而导向平键或滑键连接属于动连接,其主要失效形式为工作面过度磨损,故设计时,应对动连接验算压力强度。普通平键连接强度条件为:

$$\sigma_P = \frac{4T}{dhl} \leq [\sigma]_P$$

式中,$T$ 为允许传递的扭矩,单位为 N·mm;$d$ 为轴的直径,单位为 mm;$h$ 为键的高度,单位为 mm;$l$ 为键的工作长度,单位为 mm;A 型 $l = L - b$;B 型 $l = L$,C 型 $l = L - b/2$;$[\sigma_P]$ 为许用应力

$[\sigma]_P = \min\{[\sigma]_{P键}, [\sigma]_{P毂}, [\sigma]_{P轴}\}$,见表 8-7。

对于导向平键、滑键(动连接)的强度条件则是

$$p = \frac{4T}{hld} \leq [p]$$

式中,$[p]$ 为许用比压,$[p] = \min\{[p]_键, [p]_轴, [p]_毂\}$。

表 8-7　　键连接的许用挤压应力 $[\sigma_p]$ 与许用压强 $[p]$　　MPa

| 许用应力 | 连接方式 | 键或毂、轴的材料 | 载荷性质 | | |
|---|---|---|---|---|---|
| | | | 静载荷 | 轻微冲击 | 冲击 |
| $[\sigma_p]$ | 静连接 | 钢 | 125~150 | 100~120 | 60~90 |
| | | 铸铁 | 70~80 | 50~60 | 30~45 |
| $[p]$ | 动连接 | 钢 | 50 | 40 | 30 |

对半圆键连接强度校核,同平键。当键连接强度不够时,措施:

(1)双键,180°布置(按 1.5 个键计算),三键 120°布置;

(2)增大轴径 $d$;

(3)增长 $L$,但轮毂长受力不利;

(4)改用花键。

### 任务实施

1. 选择键连接类型与尺寸

齿轮传动要求对中性要好,所以选用普通平键 A 型。

根据轴直径 $d = 45$mm,轮毂宽度 60mm,查表 8-6 可知,键的尺寸 $b = 14$mm,$h = 9$mm,$L = 56$mm,允许轻动的转矩为 400N·mm。

2. 强度校核

查表 8-7 得许用应力 $[\sigma_p] = 100$MPa,A 型键的工作长度 $l = L - b = 56 - 14 = 42$mm,得:

$$\sigma_P = \frac{4T}{dhl} = \frac{4 \times 400 \times 10^3}{45 \times 9 \times 42} = 94.1 \text{MPa} \leq [\sigma_P]$$

所以，选普通平键：键 $14 \times 56$ GB/T 1096—2003，该键满足强度要求。

## 知识链接

### 一、花键连接

花键连接是由多个键齿与键槽在轴和轮毂孔的周向均布而成。花键齿侧面为工作面，适用于动、静连接。花键的特点有：

(1) 齿较多、工作面积大、承载能力较强；

(2) 键均匀分布，各键齿受力较均匀；

(3) 齿槽浅、齿根应力集中小，对轴的强度削弱减少；

(4) 轴上零件对中性好；

(5) 导向性较好；

(6) 加工需专用设备、制造成本高。

花键按齿形分为矩形花键和渐开线花键，如图 8-19(a) 和图 8-19(b) 所示。

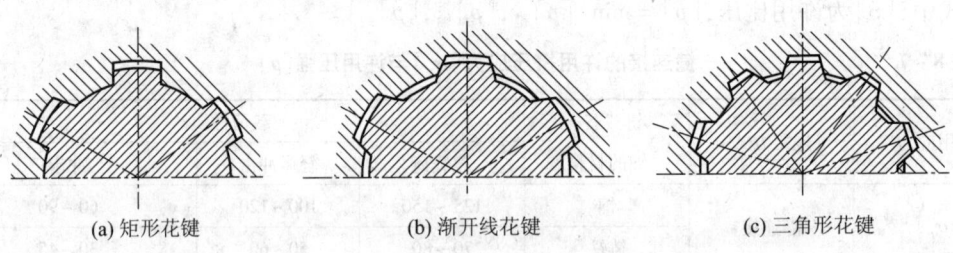

(a) 矩形花键　　　　(b) 渐开线花键　　　　(c) 三角形花键

图 8-19　花键连接

矩形花键(4~24 牙)已标准化，制造容易、应用广泛，根据齿数与键高的不同，矩形花键分轻、中、重、补充系列。

矩形花键的定心方式有外径定心、侧面定心和内径定心。外径定心，轴、孔加工简单(孔拉削)精度高，HRC 过高，拉不动(一般 HRC<40)，但现在可通过提高硬度，拉了以后再热处理，加工性能变好，一般均可用外径定心。侧面定心，定心精度不高，但载荷分布均匀，承载能力高，但零件易移动，侧面易磨损，使对中性变坏。适于定心要求不高的重载连接(静连接)。内径定心(新标准)，定心精度高，定心稳定性好，配合面均要研磨，磨削消除热处理后变形，加工较复杂，且硬度可高些。

渐开线花键，齿廓为渐开线，可用齿轮机床加工，工艺性较好，制造精度高，齿根圆角大，应力集中小，易于对心。但加工花键孔用渐开线拉刀制造复杂，成本高，适宜于传递大扭矩，大直径轴。

渐开线花键压力角分为 $\alpha=30°$ 和 $\alpha=45°$ 两种，后者又被称为三角形花键，如图 8-19(c) 所示。渐开线花键的定心方式有齿形定心、圆柱面定心和外径定心。齿形定心能自动定心，有利于各齿均载,应用广,优先采用。圆柱面定心,适于径向载荷较小且要求传动平稳的传动机构。外径定心,限制了自动定心,且加工需要特制刀具,较少采用。

花键材料常选用高强度钢($\sigma_B \geq 600\text{MPa}$),滑动花键要经淬火或化学处理,以便有足够的硬度与耐磨性。

## 二、销连接

根据销连接的作用,销一般可分为连接销、定位销和安全销。连接销可以实现轴与轴上零件的固定或零件之间的连接,承载能力很小;定位销用于确定零件之间的相对位置,一般成对使用;安全销可作为安全装置中的被剪断零件,起过载保护作用。

根据销的形状,销又可分为圆柱销、圆锥销和开口销。如图 8-20 所示,圆柱销或圆锥销的装配要求较高,销孔一般要在被连接零件装配后同时加工。这一要求需在相应的零件图上注明。圆柱销主要用于定位销,也可用于连接销或安全销。圆锥销也主要用于定位,圆锥销和销孔均有 1:50 的锥度,定位精度高,装拆方便。开口销一般用作连接销。

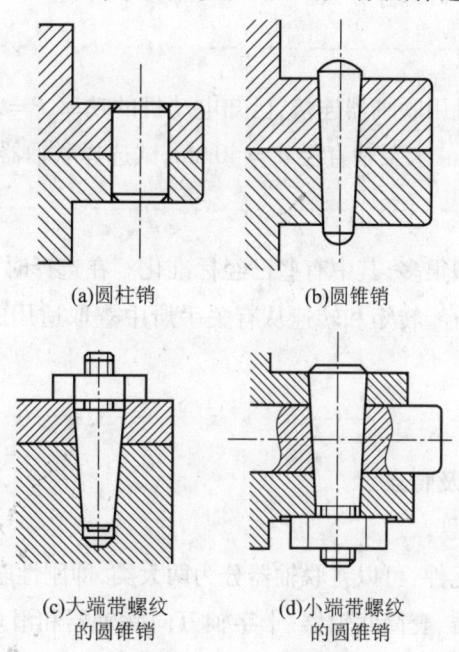

(a)圆柱销　　(b)圆锥销

(c)大端带螺纹的圆锥销　　(d)小端带螺纹的圆锥销

图 8-20　销连接

可以根据工作要求选择销的类型和尺寸。销连接的强度校核主要包括挤压和剪切强度校核。安全销的尺寸按过载时被剪断的条件确定。

## 习　题

1. 键连接的主要类型有哪些?
2. 花键的特点是什么?

## 课题三 联轴器与离合器

联轴器和离合器用于连接两轴,传递运动和转矩。用联轴器连接的两轴,须在机器停止运转后才能拆卸分离;而离合器连接的两轴,则在机器运转过程中即可随时结合和分离,从而达到操纵机器传动系统的断续,以便进行变速和换向等。

## 任务 选择联轴器的类型

### 【学习目标】

1. 熟悉联轴器和离合器的类型与特点;
2. 掌握联轴器和离合器的选择方法。

### 任务引入

某离心式水泵与电动机用联轴器连接,已知电动机的功率 $P=20\mathrm{kW}$,转速 $n=1470\mathrm{r/min}$,电动机伸出端直径 $d=42\mathrm{mm}$,水泵轴直径 $d'=40\mathrm{mm}$,试选择联轴器的类型。

### 任务分析

联轴器和离合器的类型很多,其中有些已经标准化。在选择时可根据工作要求,选定合适的类型,再按被连接轴的直径、转矩和转速从有关手册中查取适用的型号和尺寸,必要时再作进一步的验算。

### 相关知识

#### 一、联轴器的常见类型及特点

1. 联轴器的功能与类型

根据联轴器有无弹性元件,可以将联轴器分为两大类,即刚性联轴器和弹性联轴器。常见的刚性联轴器有凸缘联轴器、套筒联轴器、十字轴万向联轴器和滑块联轴器等;常见的弹性联轴器有弹性套柱销联轴器和弹性柱销联轴器等。

刚性联轴器又根据其结构特点分为固定式和可移动式两类,固定式联轴器要求被连接的两轴中心线严格对中。而可移动式联轴器允许两轴有一定的安装误差,对两轴的位移有一定的补偿能力。刚性固定式联轴器具有结构简单、成本低的优点。但对被连接的两轴间的相对位移缺乏补偿能力,故对两轴对中性要求很高。如果两轴线发生相对位移时,就会在轴、联轴器和轴承上引起附加的载荷,使工作情况恶化。所以,常用于无冲击、轴的对中性好的场合,这类联轴器常见的有套筒式、凸缘式等。

弹性联轴器视其所具有弹性元件材料的不同,又可以分为金属弹簧式和非金属弹性元件式两类。弹性联轴器不仅能在一定范围内补偿两轴线间的位移,还具有缓冲减振的作用。

如图8-21所示,联轴器所连接的两轴,由于制造及安装误差,承载后的变形以及温度变化的影响等,会引起两轴相对位置的变化,往往不能保证严格的对中。

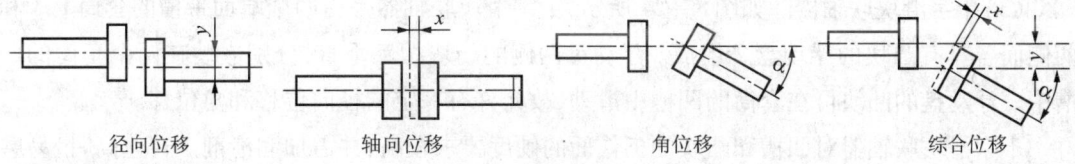

图8-21 轴线的相对位移

2. 常用联轴器

(1)套筒联轴器。套筒联轴器利用套筒和连接零件(键或销)将两轴连接起来。如图8-22所示,套筒联轴器结构简单、径向尺寸小、容易制造,缺点是装拆不方便且要求在两轴严格对中情况下使用。

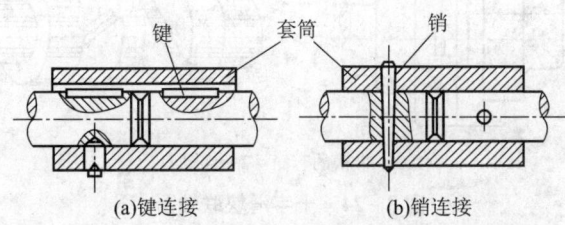

图8-22 套筒联轴器

(2)凸缘联轴器。刚性联轴器中使用最多的就是凸缘式联轴器。它由两个带凸缘的半联轴器组成,两个半联轴器通过键分别与两轴相连接,并用螺栓将两个半联轴器联成一体。

凸缘联轴器按对中方式分为Ⅰ型和Ⅱ型:Ⅰ型用凸肩和凹槽对中,如图8-23(a)所示。并用普通螺栓连接,工作时靠两半联轴器接触面间的摩擦力传递转矩,装拆时需要做轴向移动。如图8-23(b)所示,Ⅱ型用铰制孔螺栓对中,螺栓与孔为略有过盈的紧配合,工作时靠螺栓受剪与挤压来传递转矩。装拆时不需要做轴向移动,但要配铰螺栓孔。

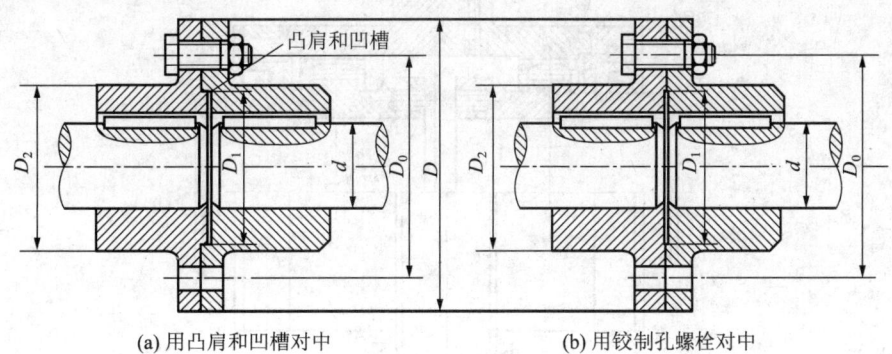

图8-23 凸缘联轴器

对于受中等载荷,圆周速度小于35m/s时,凸缘联轴器的材料可以使用HT200等灰铸铁。重载或圆周速度大于30m/s时可以采用35铸钢、45铸钢或锻钢。

凸缘式联轴器结构简单、价格低廉、使用方便,能传递较大的转矩,但要求被联结的两轴必须安装准确,严格对中,它适用于工作平稳、刚性好和速度较低的场合。凸缘联轴器的尺寸可以按照标准 GB5843-86 选用。

(3)十字滑块联轴器。如图 8-24 所示,十字滑块联轴器是由两个端面带槽的套筒 1、3 和两侧面各具有凸块的浮动盘 2 组成。浮动盘两侧的凸块相互垂直,分别嵌装在两个套筒的凹槽中。浮动盘的凸块可在套筒的凹槽中滑动,故允许有一定的径向位移和角位移。

十字滑块联轴器对凹槽和凸块的工作面的硬度要求较高,并需加润滑剂。转速高时,易磨损,且附加载荷大,故宜用于低速的场合。这种联轴器零件的材料可用 45 钢,工作表面须经热处理以提高其硬度;要求较低时也可以用 Q275 钢,不进行热处理。为了减少摩擦及磨损,使用时中间盘的油孔应注油进行润滑。

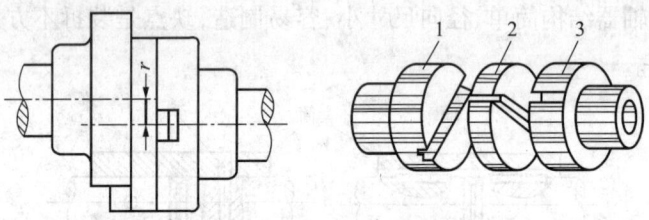

1,3—带槽的套筒　2—浮动盘

**图 8-24　十字滑块联轴器**

(4)齿式联轴器。齿式联轴器由两个具有外齿的半联轴器 1、4 和两个具有内齿的外壳 2、3 组成,通过螺栓 5 连接外壳 2、3,外壳与半联轴器通过内、外齿的相互啮合而相连,如图 8-25 所示。轮齿间留有较大的齿侧和顶隙,把外齿轮的齿顶做成球面,球面中心位于轴线上,转矩靠啮合的齿轮传递。齿式联轴器允许两轴有较大的综合位移。当两轴有位移时,联轴器齿面间因相对滑动而产生磨损。为了减少磨损,联轴器内注有润滑剂。联轴器上的螺塞、密封圈封住注油孔和防止润滑剂外泄的作用。

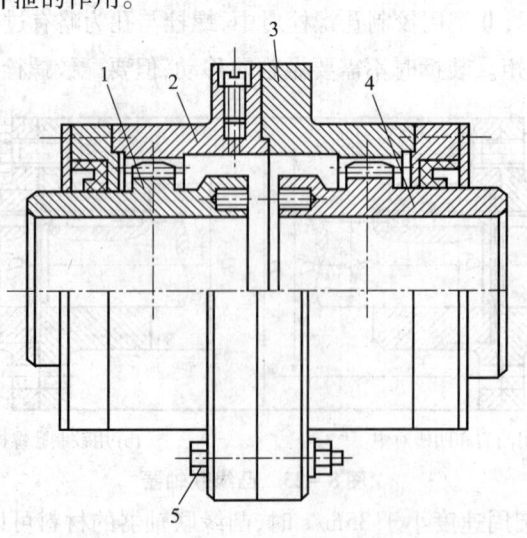

1,4—半联轴器　2,3—外壳　5—螺栓

**图 8-25　齿式联轴器**

齿式联轴器同时啮合的齿数多,承载能力大,外廓尺寸较紧凑,可靠性高,但其结构复杂,制造成本高,通常在高速重载的重型机械中使用。

(5)万向联轴器。万向联轴器由两个分别固定在主、从动轴上的叉形接头和一个十字形零件(称十字头)组成,如图8-26所示。叉形接头和十字头是铰接的,因此,允许被连接两轴轴线夹角很大,万向联轴器一般应成对使用。

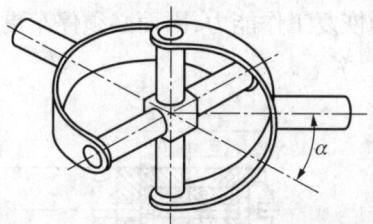

图8-26 万向联轴器

(6)弹性套柱销联轴器。弹性套柱销联轴器与凸缘联轴器相似,用套有弹性圈的柱销代替了连接螺栓。弹性套柱销联轴器结构简单,制造容易,不用润滑,弹性圈更换方便,具有一定的补偿两轴线相对偏移和减振、缓冲性能,适用于经常正反转、启动频繁、载荷平稳的高速运动中。如电动机与减速器(或其他装置)之间就常使用这类联轴器,如图8-27所示。

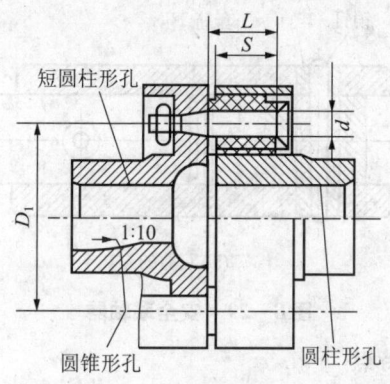

图8-27 弹性套柱销联轴器

(7)尼龙柱销联轴器。尼龙柱销联轴器可以看成为弹性圈柱销联轴器简化而成,即采用尼龙柱销代替弹性圈和金属柱销。如图8-28所示,为了防止柱销滑出,在柱销两端配置挡圈。尼龙柱销联轴器结构简单,安装、制造方便,耐久性好,能够吸振,具有补偿轴向位移的能力。常用于轴向窜动量较大,经常正反转,启动频繁,转速较高的场合,可代替弹性圈柱销联轴器。

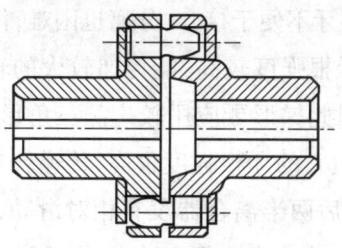

图8-28 尼龙柱销联轴器

(8)安全联轴器。安全联轴器的结构类似于凸缘联轴器,但不用螺栓,而是用钢制销钉连接。如图8-29所示,销钉装入经过淬火的两段钢制套管中,过载时立即被剪断。销钉直径可按剪切强度计算。销钉材料常用45钢淬火或高碳工具钢,准备剪断处应预先切槽,使剪断处的残余变形最小,以免毛刺过大,有碍于更换报废的销钉。

这类联轴器由于销钉材料力学性能的不稳定,以及制造尺寸的误差等原因,致使工作精度不高;而且销钉剪断后不能自动恢复工作能力,因而必须停车更换销钉;但由于结构简单,所以对很少过载的机器还经常使用。

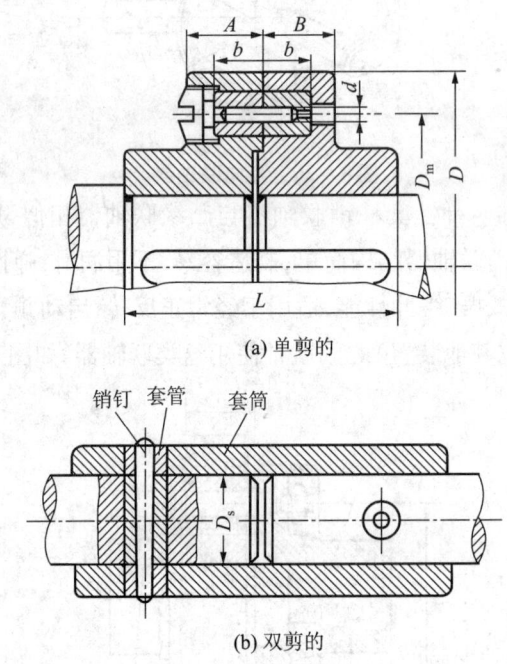

图8-29 安全联轴器

**二、离合器的常见类型与特点**

离合器是一种在机器运转过程中,可使两轴随时接合或分离的装置。离合器可以连接两轴以传递运动或动力,也可以根据需要随时分离或接合主、从动轴,常用作控制传动系统的启动、停止、换向及变速。

(1)牙嵌式离合器。如图8-30所示,牙嵌式离合器一般由两个端面带齿的半离合器1、3组成。牙嵌式离合器的齿形有梯形、三角形和锯齿形。三角形牙多用于轻载的情况,容易接合、分离,但牙齿强度较低。矩形牙不便于接合,分离也困难,仅用于静止时手动接合。梯形牙的侧面制成 $\alpha = 2° \sim 8°$ 的斜角,牙根强度较高,能传递较大的转矩,并可补偿磨损而产生的齿侧间隙,接合与分离比较容易,因此梯形牙应用较广。三角形、矩形、梯形牙都可以作双向工作,而锯齿形牙只能单向工作,但它的牙根强度很高,传递转矩能力最大,多在重载情况下使用。结构简单,外廓尺寸小,接合后两半离合器没有相对滑动,但只宜在两轴的转速差较小或相对静止的情况下接合,否则齿与齿会发生很大冲击,影响齿的寿命。

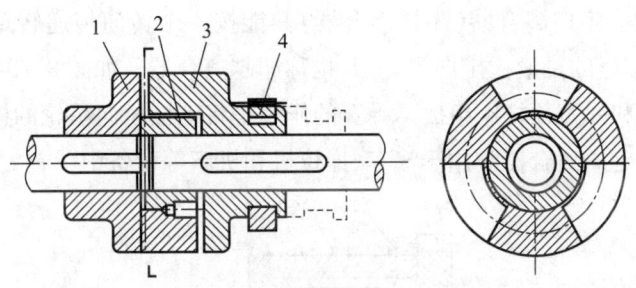

1、3—半离合器　2—对中环　4—滑块

图 8-30　牙嵌式离合器

牙嵌离合器的牙数一般为 3~60 不等。材料常用低碳钢表面渗碳,硬度为 56~62HRC,或采用中碳钢表面淬火,硬度为 48~54HRC,不重要的和静止状态接合的离合器,也允许用 HT200 制造。

(2) 摩擦式离合器。摩擦式离合器依靠两接触面之间的摩擦力,使主、从动轴接合和传递转矩。如图 8-31 和图 8-32 所示,摩擦离合器与牙嵌离合器比较,其优点是:两轴能在不同速度下接合;接合和分离过程比较平稳、冲击振动小;从动轴的加速时间和所传递的最大转矩可以调节;过载时将发生打滑,避免使其他零件受到损坏。故摩擦离合器的应用较广。缺点是结构复杂、成本高;当产生滑动时不能保证被连接两轴间的精确同步转动;摩擦会产生发热,当温度过高时会引起摩擦系数的改变,严重的可能导致摩擦盘胶合和塑性变形。所以,一般对钢制摩擦盘应限制其表面最高温度不超过 300~400℃,整个离合器的平均温度不超过 100~120℃。

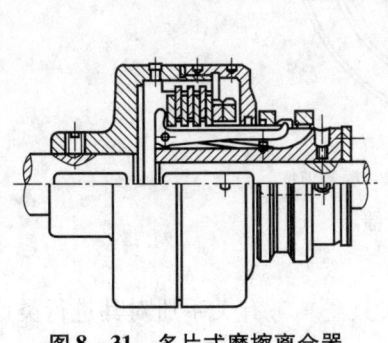

图 8-31　多片式摩擦离合器

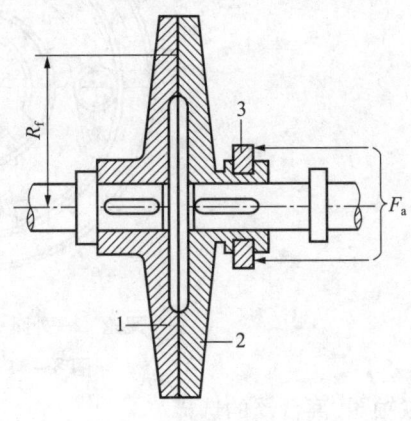

1、2—圆盘　3—滑块

图 8-32　单片式摩擦离合器

(3) 磁粉离合器。当线圈通电时,形成一个经轮心、间隙、外鼓轮又回到轮心的闭合磁通,使铁粉磁化。当主动轴旋转时,由于磁粉的作用,带动外鼓轮一起旋转来传递转矩。当断电时,铁粉恢复为松散状态,离合器即行分离,如图 8-33 所示。

这种离合器接合平稳,使用寿命长,可以远距离操纵,但尺寸和重量较大。

(4) 定向离合器。定向离合器(超越离合器)只能按一个转向传递转矩,反向时能自动分离。其中应用较为广泛的是滚柱定向离合器,也称超越离合器。如图 8-34 所示,它主要由星轮 1、外圈 2、滚柱 3 和弹簧顶杆 4 组成。弹簧的作用是将滚柱压向星轮的楔形槽内,使滚柱与星轮、外圈相接触。定向离合器常用于汽车、拖拉机和机床等设备中。

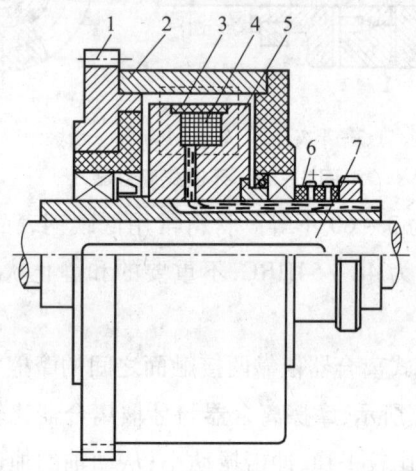

1—齿轮 2—从动轮 3—铁粉混合物 4—激磁线圈 5—磁铁轮心 6—接缺环 7—主动轴

图 8-33 磁粉离合器

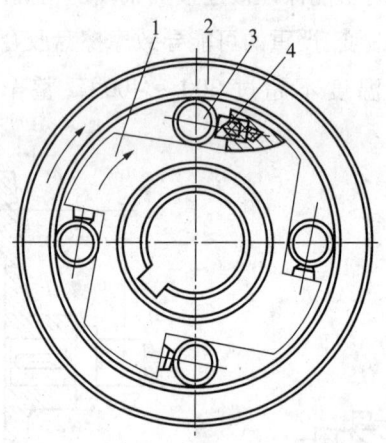

1—星轮 2—外圈 3—滚柱 4—弹簧顶杆

图 8-34 定向离合器

### 三、联轴器、离合器的选择

大多数联轴器、离合器已标准化或规格化,设计时,只需参考有关手册对其进行类比设计或选择即可。选择联轴器、离合器时,首先根据机器的工作特点和使用条件,结合各种离合器的性能特点,确定离合器的类型。类型确定后,可根据被连接的两轴的直径、计算转矩和转速,从有关手册中查出适当的型号,必要时,可对其薄弱环节进行承载能力校核。

选择联轴器、离合器时应考虑:所需传递的转矩的大小和性质以及对缓冲减振功能的要求;联轴器、离合器的工作转速高低和引起的离心力大小;两轴相对位移的大小和方向;联轴器、离合器的可靠性和工作环境;联轴器、离合器的制造、安装、维护和成本。

考虑到启动变速时的惯性力和冲击载荷等因素,应按计算转矩 $T_C$ 选择联轴器和离合器,即

$$T_C = KT$$

式中,$T_C$ 为计算转矩,单位为 N·m;$T$ 为名义转矩,单位为 N·m;$K$ 为工作情况系数,见表 8-8。

表 8-8　　　　　　　　　　　工作情况系数 $K$

| 原动机 | 工作机 | | $K$ |
|---|---|---|---|
| | 工作情况 | 典型机械 | |
| 电动机 | 转速变化很小 | 发电机、小型水泵、小型通风机 | 1.3 |
| | 转速变化较小 | 运输机、汽轮压缩机 | 1.5 |
| | 转速变化中等 | 搅拌机、增压机、冲床 | 1.7 |
| | 转矩变化中等,有冲击 | 织布机、水泥搅拌机、拖拉机 | 1.9 |
| | 转矩变化较大,有较大冲击 | 挖掘机、起重机、碎石机 | 2.3 |
| | 转矩变化大,有强烈冲击 | 压延机、活塞泵、重型轧机 | 3.1 |

  任务实施

1. 选择类型

离心式水泵载荷平稳,刚度大,两轴对中性好,所以选用凸缘联轴器。

2. 确定转矩

名义转矩为:

$$T = 9550 \times \frac{P}{n} = 9550 \times \frac{20}{1470} = 129.93 \text{N·m}$$

查表 8-9,取工作情况系数 $K = 1.3$,计算转矩:

$$T_C = KT = 1.3 \times 129.93 = 168.91 \text{N·m}$$

3. 选择型号

查凸缘联轴器国家标准 GB/T 5843—2003,选 GY5 型凸缘联轴器,其公称转矩 400N·m > $T_C$,许用转速 8 000r/min > $n$,两轴直径与标准相符,所以主动端选 Y 型轴孔,A 型键槽,从动端选 $J_1$ 型轴孔,A 型键槽。

习　题

1. 常见联轴器、离合器有哪几种?
2. 联轴器与离合器在功能上有什么区别?

# 项目九 轴 承

轴承可以支承轴及轴上回转零件的部件,并保持轴的旋转精度,减少转轴与支承之间的摩擦和磨损。轴承分为滚动摩擦轴承(简称滚动轴承)和滑动摩擦轴承(简称滑动轴承)两大类。滚动轴承启动灵活、摩擦阻力小、效率高、轴向结构紧凑、润滑简便及易于互换等,所以应用广泛。但是在高速、高精度、重载、结构上要求剖分等场合下,滑动轴承就显示出它的优异性能,尤其在汽轮机、离心式压缩机、内燃机、大型电机中多采用滑动轴承。此外,在低速而带有冲击的机器中,如水泥搅拌机、滚筒清砂机、破碎机等也常采用滑动轴承。

## 课题一 滑动轴承

### 任务 合理选用滑动轴承

【学习目标】

1. 了解滑动轴承的主要类型和结构特点;
2. 能够合理选用滑动轴承。

#### 任务引入

试设计一个蜗轮轴上的滑动轴承,确定滑动轴承的类型、材料、结构及润滑方式。已知该轴承的轴径直径 $d=100$mm,轴承宽度 $B=50$mm,所承受的径向平均载荷 $P=35000$N,最大载荷 $P_{max}=42000$N,轴在正常工作时转速 $n=300$r/min,轴连续工作,不承受弯曲变形,工作温度范围是5℃~90℃,轴颈硬度值经淬火后达到200HBS。

#### 任务分析

滑动轴承具有很多优点:(1)滑动轴承采用面接触,因而承载能力大;(2)轴承工作面上的油膜有减振、缓冲和降噪的作用,因而工作平稳、噪声小;(3)处于液体摩擦状态下轴承摩擦系数小、磨损轻微、寿命长;(4)影响精度的零件数较少,故可达到很高的回转精度;(5)结构简单,径向尺寸小;(6)能在特殊工作条件下工作,如在水下、腐蚀介质或无润滑介质等条件中工作;(7)可做成剖分式,便于安装。因而,滑动轴承在很多场合得到了应用。

一般设计滑动轴承的思路是:首先根据所承受载荷种类确定滑动轴承的类型,其次根据所承受载荷的大小和转速的高低对轴承强度、滑动速度进行验算,确定滑动轴承的材料和结构,最后选择润滑材料和润滑方式。

## 相关知识

### 一、滑动轴承的类型

滑动轴承的类型很多,根据轴承所承受载荷的方向,滑动轴承可分为向心(径向)滑动轴承和推力滑动轴承。其中,向心滑动轴承用于承受与轴线垂直的径向力;推力滑动轴承则用于承受与轴线平行的轴向力。

1. 向心(径向)滑动轴承

(1)整体式向心滑动轴承。如图9-1所示为整体式向心滑动轴承,它由轴承座和轴套组成。轴套的固定可用骑缝螺钉等方法。轴承顶部设有装润滑油杯的螺纹孔。这种轴承结构简单,成本低廉,易于制造,但其缺点是轴套磨损后,轴承间隙过大时无法调整;另外,只能从轴颈端部装拆,对于质量大的轴或具有中间轴颈的轴,装拆很不方便,甚至在结构上无法实现。因此,这种结构的轴承多用在低速、轻载或间歇工作的简单机械上。剖分式滑动轴承克服了整体式滑动轴承的缺点。

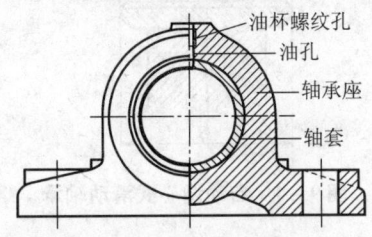

图9-1 整体式向心滑动轴承

(2)剖分式滑动轴承。如图9-2所示,剖分式滑动轴承主要由轴承座、轴承盖、螺栓、剖分的上下轴瓦等组成,上下两部分由螺栓联结。轴承盖上装有润滑油杯,不重要的轴承也可以不装轴瓦,只装轴承衬。在轴瓦内壁不负担载荷的表面上开油槽,润滑油通过油孔和轴瓦内表面上的油槽进入摩擦面。常见的油槽的样式如图9-3所示。

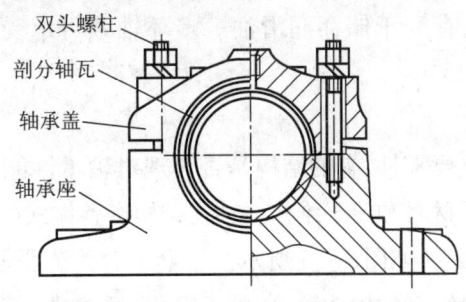

图9-2 剖分式滑动轴承

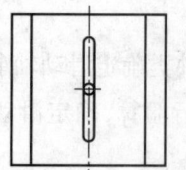 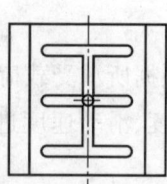 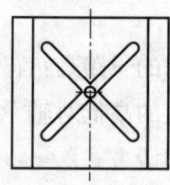

图 9-3　常见油槽样式

当载荷垂直向下或略有偏斜时,轴承的中分面常为水平方向。若载荷方向有较大偏斜时,则轴承的中分面也斜着布置(通常倾斜45°,使中分平面垂直于或接近垂直于载荷)。

(3) 自动调心式滑动轴承。轴承宽度 $B$ 与轴承直径 $d$ 之比称为宽径比,宽径比的大小对轴承的磨损有直接的影响。对于宽径比大于 1.5 的滑动轴承,为避免因轴的挠曲或轴承孔的同轴度较低而造成轴与轴瓦端部边缘产生局部接触,使轴瓦边缘产生局部磨损,可采用自动调心滑动轴承,如图 9-4 所示,其轴瓦外表面制成球面,当轴颈倾斜时,轴瓦自动调心。

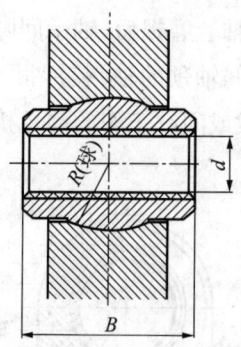

图 9-4　自动调心式滑动轴承

2. 推力滑动轴承

推力滑动轴承(或止推轴承)用于承受轴向载荷。推力滑动轴承的止推面可以利用轴的端面,也可在轴的中段做出凸肩或装上推力圆盘,如图 9-5 所示。实心端面轴颈作为止推面时,由于旋转的端面的不同半径处的线速度不相等,使得端面中心部的磨损很小,而边缘磨损很大,结果造成轴颈端面中心处应力集中。实际应用中,常采用空心轴颈,使得端面压力的分布得到改善,并且有利于储存润滑油。多环轴颈可承受双向载荷,且可承受较大的载荷。

二、轴瓦的结构

轴瓦是滑动轴承中的重要零件,它的结构是否合理对轴承性能影响很大。轴承体上采用轴瓦是为了节约贵重的轴承材料和便于维修。轴瓦结构有整体式(又称轴套)和剖分式两种。

整体式轴瓦通常称为轴套,如图 9-6 所示。轴套又分为光滑轴套(一般不带油沟)和带纵向油槽的轴套两种。光滑轴套的构造简单,用于轻载、低速或不经常转动和不重要的场合;带纵向油槽的轴套,便于向工作面供油,故应用比较广泛。

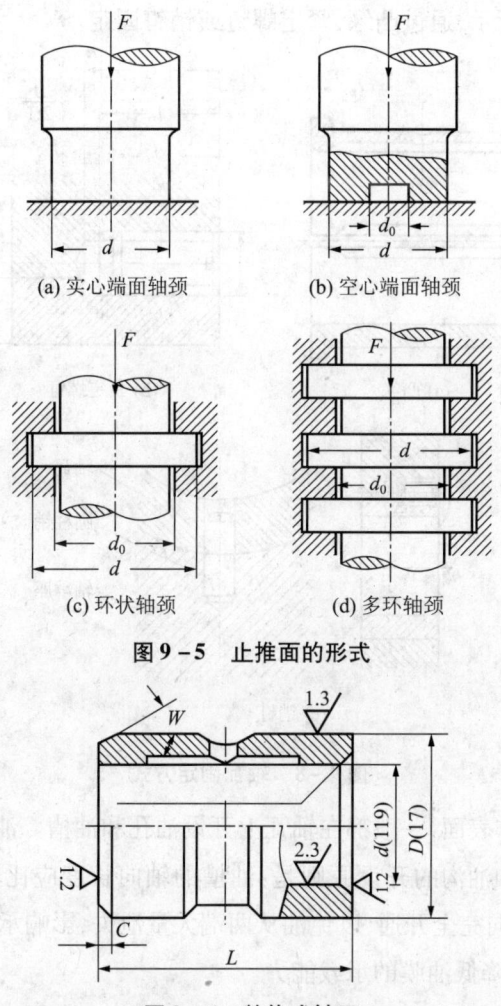

图 9-5　止推面的形式

(a) 实心端面轴颈　　(b) 空心端面轴颈
(c) 环状轴颈　　(d) 多环轴颈

图 9-6　整体式轴瓦

剖分式轴瓦由上、下两半轴瓦组成,如图 9-7 所示。通常,下轴瓦承受载荷,上轴瓦不承受载荷,但上轴瓦开有油沟和油孔,润滑油由油孔输入后,经油沟分布到整个轴瓦表面上。

为改善轴瓦表面的摩擦性质,常在其内表面上浇注一层或两层减摩材料,通常称为轴承衬,所以轴瓦又有双金属轴瓦和三金属轴瓦。轴承衬的厚度应随轴承直径的增大而增大,一般由十分之几毫米到 6mm。

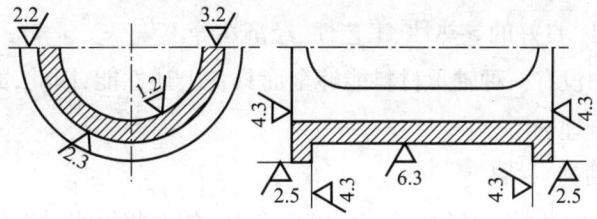

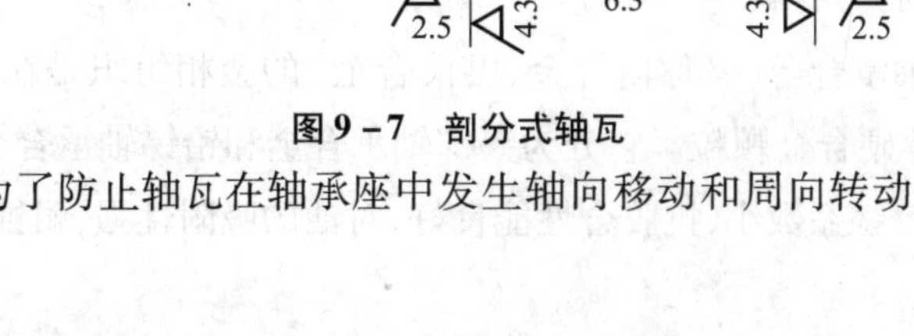

图 9-7　剖分式轴瓦

在轴瓦设计中,为了防止轴瓦在轴承座中发生轴向移动和周向转动。轴瓦必须有可靠的定位和固定,如图9-8所示,通过凸缘、紧定螺钉或销钉固定。

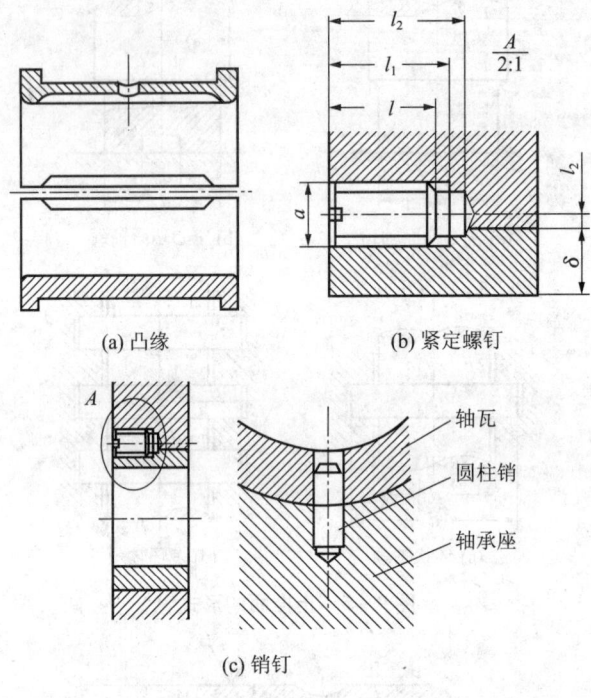

图9-8 轴瓦固定方式

为了润滑轴承的工作表面,一般都在轴瓦上开设油孔和油槽。油孔用来供油,油槽用来输送和分布润滑油。油孔和油沟的开设原则是:油槽的轴向长度应比轴瓦长度短(大约为轴瓦长度的80%),不能沿轴向完全开通,以免油从两端大量泄失,影响承载能力;油孔和油槽不应开在轴瓦的承载区,以免降低油膜的承载能力。

### 三、轴瓦(轴套)的材料

轴瓦(轴套)和轴承衬的材料统称为轴承材料。

1. 对轴瓦(轴套)材料的基本要求

(1)良好的减磨性、耐磨性和抗咬黏性;

(2)良好的摩擦顺应性、嵌藏性、磨合性和润滑性;

(3)足够的抗压强度、抗疲劳强度和抗冲击能力;

(4)线膨胀系数小,良好的导热性、工艺性、经济性等。

但是,实际应用中没有一种轴承材料能够全面具备上述性能,因此,必须针对各种具体情况,仔细进行分析后合理选用。

2. 常用的轴瓦(轴套)材料

(1)轴承合金。轴承合金(又称白合金、巴氏合金)的金相组织是在锡或铅的软基体中夹着锑、铜和碱土金属等硬合金颗粒。它分为锡锑轴承合金和铅锑轴承合金两大类。

锡锑轴承合金的摩擦系数小,抗胶合性能良好,对油的吸附性强,耐蚀性好,易跑合,是优良的轴承材料,常用于高速、重载的轴承。但它的机械强度较差且价格较贵、硬度和熔点低,因此只能作为轴承衬材料而浇铸在软钢、铸铁或青铜的轴瓦基体上。铅锑轴承合金的各方面性能与锡锑轴承合金相近,但这种材料较脆,不宜承受较大的冲击载荷,它一般用于中速、中载的轴承。

(2) 铜合金。铜合金有锡青铜、铝青铜和铅青铜三种。青铜的强度高,承载能力大,耐磨性与导热性都优于轴承合金,它可以在较高的温度(250℃)下工作。但它的可塑性差,不易跑合,与之相配的轴颈必须淬硬。青铜可以单独做成轴瓦。为了节省有色金属,也可将青铜浇铸在钢或铸铁轴瓦内壁上。在一般情况下,它们分别用于中速重载、中速中载和低速重载的轴承上。

(3) 粉末冶金。将不同的金属粉末经压制烧结而成的多孔结构材料,称为粉末冶金材料。用粉末冶金法做成的轴承,具有多孔性组织,孔隙内可以储存润滑油,常称为含油轴承。运转时,由于轴颈旋转对它产生挤压和抽吸作用,随着轴瓦温度升高,由于油的膨胀系数比金属大,就会自动进入摩擦表面起到润滑作用。当不转时,因为毛细管的作用润滑油又被吸回孔隙中,所以含油轴承加一次油可以使用较长时间,但由于其韧性较差,故常用于低速、载荷平稳及加油不方便等场合。

(4) 非金属材料。非金属轴瓦材料以塑料用得最多。塑料轴承具有摩擦系数低,可塑性、跑合性良好,耐磨、耐蚀,可以用水、油及化学溶液润滑等优点。但它的导热性差,膨胀系数较大,容易变形。为改善此缺陷,可将薄层塑料作为轴承衬材料黏附在金属轴瓦上使用。

非金属轴瓦材料还有橡胶及尼龙。橡胶轴承具有较大的弹性,能减轻振动使运转平稳,可以用水润滑,常用于潜水泵、砂石清洗机、钻机等有泥沙的场合。尼龙轴承的自润性、耐腐蚀性、耐磨性、减震性等都较好,但导热性好,吸水性大,线膨胀系数大,尺寸稳定性不好,适用于速度不高或散热条件较好的场合。

常用轴瓦(轴套)材料的性能及用途,见表9-1。

表9-1　　　　　　常用轴瓦(轴套)材料的性能及用途

| 名称 | 代号 | 许用值[1] | | | 最高工作温度(℃) | 硬度[2] (HBS) | 性能比较[3] | | | | 适用范围 |
| | | $[p]$ (MPa) | $[v]$ (m/s) | $[pv]$ (MPa·m/s) | | | 抗咬合性 | 顺应性嵌藏性[4] | 耐蚀性 | 耐疲劳性 | |
| --- | --- | --- | --- | --- | --- | --- | --- | --- | --- | --- | --- |
| 铸造铜合金 | ZCuSn10Pb1<br>ZCuSn5Pb5Zn5 | 15<br>8 | 10<br>3 | 15(25)<br>15 | 280 | 5~100<br>(200) | 5 | 3 | 1 | 1 | 用于中速重载及受变载荷的轴承用于中速中载的轴承 |
| | ZCuPb10Sn10、<br>ZCuPb30 | 25 | 12 | 30(90) | 280 | 40~280<br>(300) | 3 | 4 | 4 | 2 | 用于高速重载轴承,能承受变载和冲击载荷 |
| | ZCuAl10Fe5Ni5<br>ZCuAl10Fe3<br>ZCuAl10Fe3Mn2 | 15(30)<br>30<br>20 | 4(10)<br>8<br>5 | 12(60)<br>12<br>15 | 280 | 100~120<br>(200) | 5 | 5 | 5 | 2 | 最宜用于润滑充分的低速重载轴承 |

续表

| 名称 | 代号 | 许用值[①] [p] (MPa) | [v] (m/s) | [pv] (MPa·m/s) | 最高工作温度 (℃) | 硬度[②] (HBS) | 性能比较[③] 抗咬合性 | 顺应性 | 嵌藏性[④] | 耐蚀性 | 耐疲性 | 适用范围 |
|---|---|---|---|---|---|---|---|---|---|---|---|---|
| 铅基轴承合金 | ZPbSb16Sn16Cu4<br>ZPbSb15Sn5Cu<br>ZPbSb15Sn10 | 12<br>5<br>20 | 12<br>8<br>15 | 10(60)<br>5<br>15 | 150 | 15~30<br>(150) | 1 | 1 | | 3 | 5 | 用于中速中载轴承,不宜用于受显著冲击载荷的轴承,可为锡基轴承合金的代用品 |
| 锡基轴承合金 | ZSnSb12Pb10Cu4<br>ZSnSb11Cu6<br>ZSnSb8Cu4<br>ZSnSb4Cu4 | 25(40)<br>20 | 平稳载荷<br>80<br>冲击载荷<br>60 | 20(100)<br>15 | 150 | 20~30<br>(150) | 1 | 1 | | 1 | 5 | 用于高速重载下工作的重要轴承,变载下易疲劳,价格较贵 |
| 铝基轴承合金 | 20 高锡铝合金 | 28~35 | 14 | | 140 | 45~50<br>(300) | 4 | 1 | | 1 | 2 | 用于高速中载的变载荷轴承 |
| 黄铜 | ZCuZn38Mn2Pb2 | 10 | 1 | 10 | 200 | 80~150<br>(200) | 3 | 5 | | 1 | 1 | 用于低速中载轴承,耐蚀耐热 |
| 铸铁 | HT150、HT200、HT250 | 2~4 | 0.5~1 | 1~4 | 150 | 160~180<br>(200~250) | 4 | 5 | | 1 | 1 | 用于低速轻载、不重要的轴承,价格低廉 |

注:①括号内的数值为极限值,其余为一般值(润滑良好)。对于液体动压滑动轴承极限值没有意义。
②括号外的数值为轴承合金硬度,括号内的数值为轴颈的最小硬度。
③性能比较:1—最佳;2—良好;3—较好;4——般;5—最差。
④顺应性是指轴承材料补偿对中误差和其他几何形状误差的能力。嵌藏性是指轴承材料嵌藏外来微粒和污物使之不外露,防止磨损的能力。对轴承材料、弹性模量小和塑性好的材料具有良好的顺应性。若顺应性好,一般嵌藏性也好。

### 3. 滑动轴承(轴瓦)材料的选用

滑动轴承材料的选用主要取决于滑动轴承的载荷与轴颈的滑动速度。

(1)向心滑动轴承的计算。在设计时,通常是已知轴承所受最大径向载荷 $P_{max}$(单位为 N)、轴颈转速 $n$(单位为 r/min)及轴径直径 $d$(单位为 mm),然后进行以下验算。

①验算轴承的压强 $p$:

$$p_{max} = \frac{P_{max}}{dB} \leq [p] \quad \text{MPa}$$

式中,$B$ 为轴承宽度,单位为 mm;$[p]$ 为轴瓦材料的许用压强,单位为 MPa。

②验算轴承的 $pv$ 值。轴承所受平均径向载荷 $P$(单位为 N),轴承的发热量与其单位面积

上的摩擦功耗 $fpv$ 成正比($f$ 是摩擦系数),限制 $pv$ 值就是限制轴承的温升,即

$$pv = \frac{Pn}{19100B} \leq [pv] \, (\text{MPa} \cdot \text{m/s})$$

式中,$v$ 为轴径圆周速度,即滑动速度,单位为 m/s;$[pv]$ 为轴承材料的许用压力,单位为 MPa·m/s。

③验算滑动速度:

$$v = \frac{\pi dn}{60 \times 1000} \leq [v] \, (\text{m/s})$$

式中,$[v]$ 为许用滑动速度,单位为 m/s;

(2)推力滑动轴承的计算。推力滑动轴承的设计方法与向心滑动轴承基本相同,其计算公式如下:

$$p_{max} = \frac{F_a}{\frac{\pi}{4}(d^2 - d_0^2)zk} \leq [p] \, \text{MPa}$$

$$pv_m = p \frac{\pi d_m n}{60 \times 1000} \leq [pv] \quad \text{MPa}$$

$$v_m = \frac{\pi d_m n}{60 \times 1000} \leq [v] \quad \text{m/s}$$

式中,$F_a$ 为轴向最大载荷,单位为 N;$d$ 为推力滑动轴承环形支承面的外径,单位为 mm;$d_0$ 为推力滑动轴承环形支承面的内径,单位为 mm;$d_m$ 为环形支承面的平均直径,单位为 mm;$v_m$ 为平均速度,单位为 m/s;$z$ 为推力环个数;$k$ 为考虑推力环面上开有油沟而使面积减小的百分数,常取 $k = 0.85 \sim 0.95$。

### 四、滑动轴承的润滑

滑动轴承润滑的主要目的是减小摩擦、降低磨损率,同时还起冷却、防尘、防锈以及吸振等作用。

**1. 润滑油**

润滑油的主要物理及化学性能指标:黏度、闪点、凝点、倾点等。黏度表示润滑油流动时内部摩擦力大小,是选用润滑油的主要依据。选择轴承润滑油的黏度时,应考虑轴承压力、滑动速度、摩擦表面状况、润滑方式等条件。凝点表示润滑油的低温流动性,将油面倾斜成 45° 保持 60s,油面不流动的最高温度。倾点指在规定条件下,被冷却的润滑油开始连续流动的最低温度。闪点是在规定条件下,加热润滑油,当温度够高时,润滑油的蒸气和周围空气的混合气一旦与火焰接触即发生闪火现象时的温度。一般润滑油的工作温度比凝点高 10℃~20℃,比闪点低 30℃~40℃。

选择润滑油的一般原则是:

(1)在压力大或冲击、变载等工作条件下,应选用黏度较高的油。

(2)滑动速度高时,容易形成油膜,为了减小摩擦功耗,应采用黏度较低的油。

(3) 加工粗糙或未经跑合的表面,应选用黏度较高的油。

(4) 循环润滑、芯捻润滑或油垫润滑时,应选用黏度较低的油;飞溅润滑应选用高品质、能防止与空气接触而氧化变质或因激烈搅拌而乳化的油。

(5) 低温工作的轴承应选用凝点低的油。

工业常用润滑油的性能和用途,见表9-2。

表9-2　　　　　　　　工业常用润滑油的性能和用途

| 名称 | 牌号 | 主要质量指标 | | | | | 主要性能和用途 |
|---|---|---|---|---|---|---|---|
| | | 运动黏度 ($mm^2/s$) (40℃) | 凝点 (℃) (≤) | 倾点 (℃) (≤) | 闪点 (℃) (≥) | 黏度指数 | |
| L-AN<br>全损耗系统用油<br>(GB 443—1989) | 15 | 13.5~16.5 | -15 | | 150 | | 适用于对润滑油无特殊要求的轴承、齿轮和其他低负荷机械部件的润滑,不适用于循环系统 |
| | 22 | 19.8~24.2 | -15 | | 150 | | |
| | 32 | 28.8~35.2 | -15 | | 150 | | |
| | 46 | 41.4~50.6 | -10 | | 160 | | |
| | 68 | 61.2~74.8 | -10 | | 160 | | |
| L-HL 液压油<br>(GB 11118.1—1994) | 32 | 28.8~35.2 | | -6 | 175 | 90 | 抗氧化、防锈、抗浮化等性能优于普通机油,适用于一般机床主轴箱、齿轮箱和液压系统及类似机械设备的润滑 |
| | 46 | 41.4~50.6 | | -6 | 185 | 90 | |
| | 68 | 61.2~74.8 | | -6 | 195 | 90 | |
| | 100 | 90.0~100 | | -6 | 205 | 90 | |
| L-CKB<br>工业闭式齿轮油<br>(GB 5903—1995) | 100 | 90~110 | | -8 | 180 | 90 | 具有抗氧防锈性能,适用于正常油温下运转的轻载荷工业闭式齿轮润滑 |
| | 150 | 135~165 | | -8 | 200 | 90 | |
| | 220 | 198~242 | | -8 | 200 | 90 | |

2. 润滑脂

润滑脂是用矿物油与各种稠化剂(钙、钠、铝等金属皂)混合制成,其稠度大,不易流失,承载力也较大,但物理和化学性质不如润滑油稳定,摩擦功耗大,不宜在温度变化大或高速下使用,一般是当轴颈速度<1~2m/s时可采用润滑脂润滑。

工业上应用最广的润滑脂是钙基润滑脂。在100℃附近开始稠度急剧降低,因此只能在60℃以下使用。钠基润滑脂,一般用在120℃以下,比钙基脂耐热,但怕水。锂基润滑脂有一定的抗水性和较好的稳定性,适用于-20℃~120℃。

润滑脂的主要指标有针入度与滴点。针入度是指润滑脂的稠度,当针入度越小时润滑脂越稠。滴点是在规定条件下加热,当开始滴下第一滴油时的温度,它决定了润滑脂的最高使用温度。常见润滑脂的性能及用途,见表9-3。

3. 固体润滑剂

固体润滑剂有石墨、二硫化钼($MoS_2$)、聚氯乙烯树脂等多种品种。一般在超出润滑油使用范围之外才考虑使用。例如,在高温介质中,或在低速重载条件下。目前,其应用

表 9-3　　　　　　　　　　　　常见润滑脂的性能及用途

| 名称 | 代号 | 滴点(℃)(不低于) | 针入度($10^{-1}$mm) | 性能和主要用途 |
|---|---|---|---|---|
| 钙基润滑脂<br>(GB 491—1987) | 1<br>2<br>3 | 80<br>85<br>90 | 310~340<br>265~295<br>220~250 | 耐水性好,但耐热性差,用于各种工农业、交通运输设备的中速中低载荷轴承润滑,特别是有水、潮湿处 |
| 钠基润滑脂<br>(GB 492—1989) | 2<br>3 | 160<br>160 | 265~295<br>220~250 | 耐热性很好但不耐水,用于工作温度为-10℃~110℃的一般中等载荷机械设备轴承的润滑 |
| 通用锂基润滑脂<br>(GB 7324—1994) | 1<br>2<br>3 | 170<br>175<br>180 | 310~340<br>265~295<br>220~250 | 多效通用润滑脂,适用于各种机械设备的滚动轴承和滑动轴承及其他摩擦部位的润滑,使用温度为-20℃~120℃ |
| 7407 号齿轮润滑脂<br>(SY 4036—1984) |  | 160 | 75~90 | 用于各种低速、中速载荷齿轮、链和联轴器的润滑,使用温度小于 120℃ |
| 滚珠轴承润滑脂<br>(SH 0386—1992) | 2 | 120 | 250~290 | 具有良好的润滑性能,用于汽车、电动机、机车及其他机械中滚动轴承的润滑 |

已逐渐广泛,例如,可将固体润滑剂调和在润滑油中使用,也可以涂覆、烧结在摩擦表面形成覆盖膜,或者用固结成型的固体润滑剂嵌装在轴承中使用,或者混入金属或塑料粉末中烧结成型。

石墨性能稳定,在 350℃以上才开始氧化,并可在水中工作。聚氯乙烯树脂摩擦系数低,只有石墨的一半。二硫化钼与金属表面吸附性强,摩擦系数低,使用温度范围也广(-60℃~300℃),但遇水则性能下降。

4. 润滑装置

滑动轴承的润滑油给油方法多种多样,分为间歇式与连续式两种供油方式。常用的油杯有压配式压注油杯、旋套式注油油杯及旋盖式注油杯,如图 9-9 所示,针阀式油杯,手柄平放时,针杆因弹簧的推压而堵住底部油孔。直立手柄时,针杆被提起,油孔敞开,于是,润滑油自动滴到轴颈上。在针阀油杯的上端开有小孔,供补充润滑油用,平时由簧片遮盖。

图 9-10(b)所示为油环润滑。在轴颈上套一油环,油环下部浸入油池中,当轴颈旋转时,靠摩擦力带动油环旋转,把油引入轴承。油环浸在油池内的深度约为直径的四分之一时,给油量已足以维持液体润滑状态的需要。常用于大型电机的滑动轴承中。

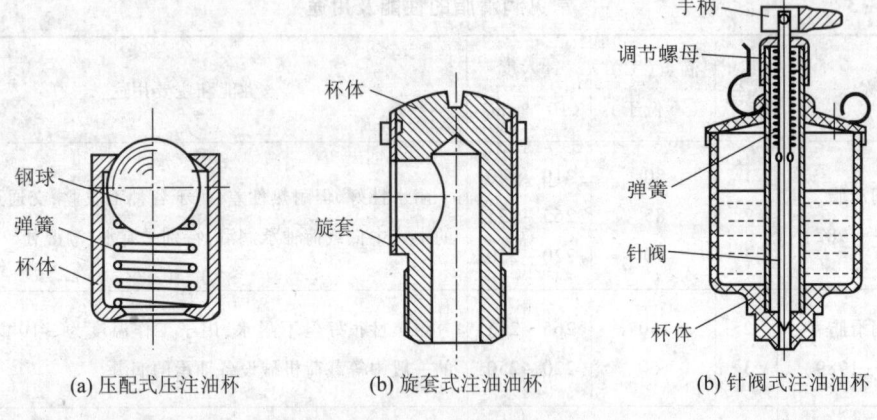

(a) 压配式压注油杯　　(b) 旋套式注油油杯　　(b) 针阀式注油油杯

图 9-9　间歇供油油杯

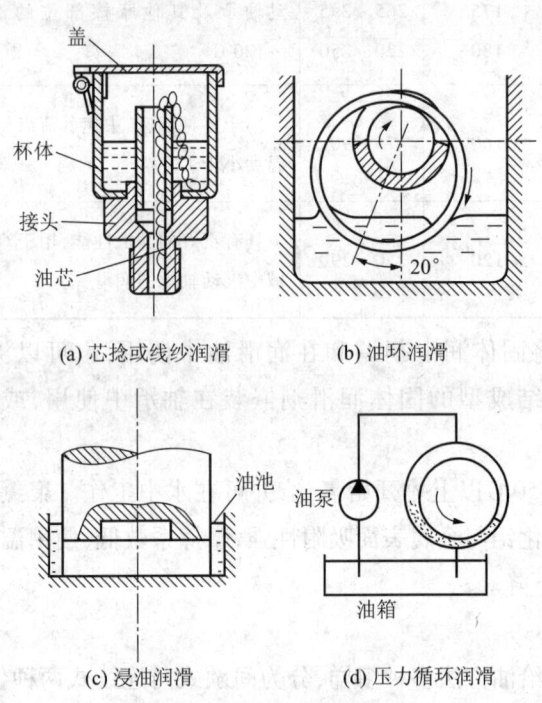

(a) 芯捻或线纱润滑　　(b) 油环润滑

(c) 浸油润滑　　(d) 压力循环润滑

图 9-10　连续供油方法

最完善的供油方法是利用油泵循环给油,给油量充足,供油压力只需(即 0.5 表压)在油的循环系统中常配置过滤器、冷却器。还可以设置油压控制开关,当油管内油压下降时可以报警,或启动辅助油泵,或指令主机停车。所以这种供油法安全可靠,但设备费用较高,常用于高速且精密的重要机器中。

一般在机械装配时就将润滑脂填入轴承内,也常采用黄油杯或黄油枪。如图 9-11 所示,润滑脂用的油杯中填满润滑脂,定期旋转杯盖,使空腔体积减小而将润滑脂注入轴承内,它只能间歇润滑。

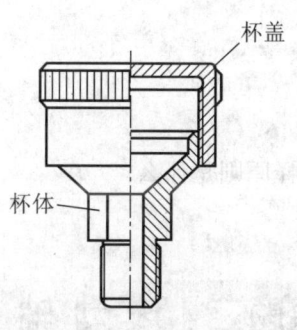

图9-11 黄油杯

滑动轴承的润滑方式可根据系数K来选择：

$$K = \sqrt{pv^3}$$

式中，$p$ 为轴承压强，单位为 MPa；$v$ 为轴颈圆周速度，单位为 m/s。

当 $K \leq 2$ 时，用脂润滑；当 $K > 2$ 时，用油润滑；$K$ 为 2~15 时，用针阀油杯润滑；$K$ 为 15~30 时，采用油环、飞溅或压力润滑；$K > 30$ 时采用压力循环润滑。

### 任务实施

1. 选择轴承类型

要设计的滑动轴承所承受的是径向载荷，载荷较大，非间歇工作，轴在工作时不产生弯曲变形，因此，选用向心剖分式滑动轴承。

2. 向心滑动轴承材料选择

（1）对压强 $p$ 的验算：

$$p_{max} = \frac{P_{max}}{dB} = \frac{42000}{100 \times 50} = 8.4 \text{MPa}$$

（2）$pv$ 值的验算：

$$pv = \frac{Pn}{19100B} = \frac{35000 \times 300}{19100 \times 50} = 10.99 \text{MPa} \cdot \text{m/s}$$

（3）滑动速度 $v$ 的验算：

$$v = \frac{\pi dn}{60 \times 1000} = \frac{3.14 \times 100 \times 300}{60 \times 1000} = 1.57 \text{m/s}$$

通过计算，查表9-1可知，铸造铜合金 ZCuSn10Pb1 的许用值 $[p] = 15 > 8.4$，$[pv] = 15 > 10.99$，$[v] = 10 > 1.57$，最小轴颈硬度为 200HBS，符合设计要求，所以材料选铸造铜合金 ZCuSn10Pb1。

3. 确定润滑材料及方式

$K = pv^2 = 8.4 \times 1.57^2 = 20.7 > 2$，因此，选用润滑油润滑，工作温度范围为 5℃~90℃，根据工作温度及用途查表9-2选取5号 L-AN 全损耗系统用油，且 $15 < K < 30$，故采用油环、飞溅或压力润滑。

### 习题

1. 滑动轴承的优点是什么?
2. 滑动轴承润滑油的一般选择原则是什么?
3. 润滑脂的特点是什么?

## 课题二 滚动轴承

### 任务1 滚动轴承的特点、类型、代号

【学习目标】

1. 了解滚动轴承的主要类型和结构特点;
2. 能够合理选用滚动轴承。

#### 任务引入

滚动轴承在外圈端面上标记:6208 – 2Z/P6、71210B,代表什么含义?

#### 任务分析

滚动轴承作为标准件,由轴承厂家大批量生产,其制造标准需要满足国家标准(GB/T272—1993)。滚动轴承国家标准对滚动轴承的类型、尺寸、精度和结构特点等都作了规定。因此,需要学习如何识读轴承的代号及学习选用合适的轴承类型。

#### 相关知识

**一、滚动轴承的结构及工作特点**

滚动轴承由内圈、外圈、滚动体、引导环以及保持架构成。如图9-12所示,滚动轴承在相对的内圈与外圈之间放置若干个滚动体,通过保持架使滚动体保持一定间隔,从而进行滚动运动。滚动体的形状,除球之外,还有圆柱滚子、滚针、圆锥滚子以及鼓形球面滚子。从几何学讲,滚动体与内外圈滚道是点(球)或线(滚子)接触。滚动体在内、外圈滚面上进行滚动运动,并公转。滚动体与套圈是以其滚道面的接触面支撑轴承所承担的负荷。保持架并不直接承受负荷,只是用以保持滚动体的正确位置及等间距,同时防止安装轴承时滚动体脱落。有些滚动轴承还存在引导环、密封等其他部件。

滚动体和轴承内、外圈的材料:一般用含铬锰合金钢制造,如滚动轴承钢 GCr 9、GCr15、GCr15SiMn 等;保持架的材料一般用低碳钢冲压后经铆接或焊接而成,也可用有色金属或塑料制成。

滚动轴承具有以下优点:

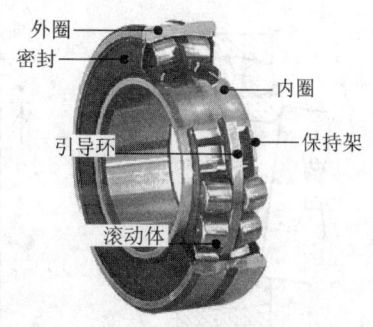

图 9-12 滚动轴承

(1) 起动摩擦力矩低,功率损耗小,滚动轴承效率(0.98~0.99)比混合润滑轴承高。

(2) 多数类型的轴承能同时承受径向和轴向载荷,轴向尺寸较小。

(3) 产品已标准化,并由专业生产厂家进行大批量生产,具有优良的互换性和通用性。

(4) 便于润滑、维护及保养。

(5) 负荷、转速和工作温度的适应范围宽,工况条件的少量变化对轴承性能影响不大。

滚动轴承也有下列缺点:

(1) 大多数滚动轴承径向尺寸较大。

(2) 在高速、重载荷条件下工作时,寿命短。

(3) 振动及噪音较大。

(4) 承受冲击载荷能力较差。

**二、滚动轴承的结构参数与类型**

1. 滚动轴承的结构参数

如图 9-13 所示,滚动轴承的结构参数有:

(1) 公称接触角 $\alpha$。滚动轴承的公称接触角 $\alpha$ 是指轴承的径向平面(垂直于轴线)与滚动体和滚道接触点的公法线之间的夹角。

(2) 角偏位。轴承由于安装误差或轴的变形等都会引起内、外圈发生相对倾斜,此倾斜角 $\theta$ 称为角偏位。

(3) 游隙。游隙是指轴承的内、外圈与滚动体之间的间隙量。

(4) 极限转速 $n_{\lim}$。极限转速 $n_{\lim}$ 是在一定的载荷及润滑条件下,轴承许可的最高转速。

2. 滚动轴承的基本类型

(1) 按滚动体的形状可分为球轴承和滚子轴承。滚子轴承按滚子的外形和尺寸又可分为圆柱滚子轴承、滚针轴承、圆锥滚子轴承以及调心滚子轴承(球面鼓形滚子)。

(2) 按滚动体的列数,滚动轴承又可分为单列、双列及多列滚动轴承。

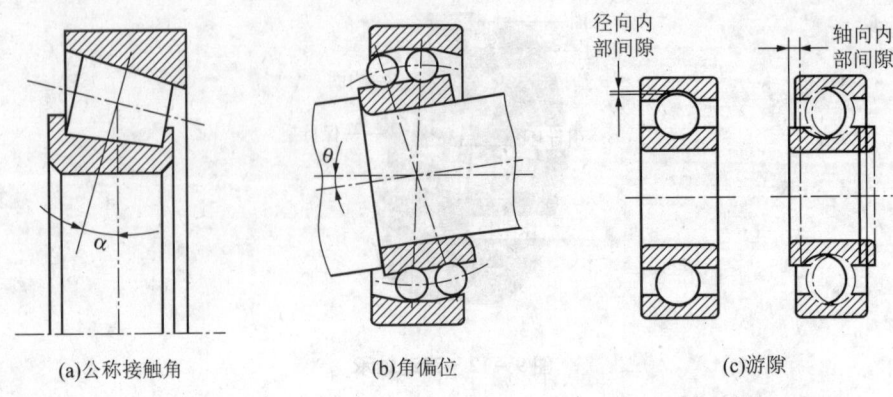

(a) 公称接触角  (b) 角偏位  (c) 游隙

**图 9-13 滚动轴承结构参数**

(3) 按滚动轴承所承受外载荷的方向和大小可分为向心轴承、推力轴承和向心推力轴承，如图 9-14 所示。

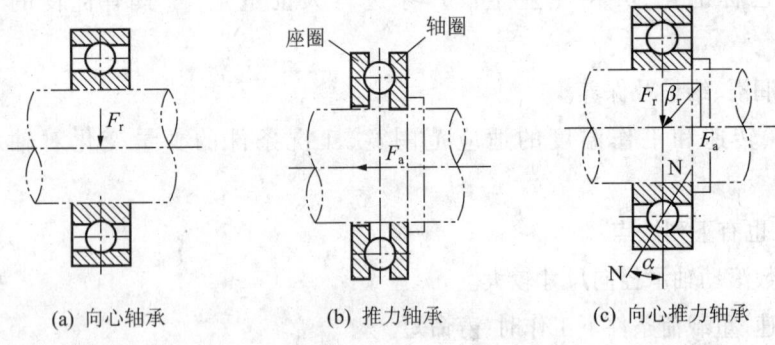

(a) 向心轴承  (b) 推力轴承  (c) 向心推力轴承

**图 9-14 不同类型轴承**

常见的滚动轴承的基本类型及特性，见表 9-4。

表 9-4　　　　　　　常见的滚动轴承的基本类型及特性

| 类型及代号 | 结构简图 | 特　点 | 极限转速 | 允许偏移角 |
|---|---|---|---|---|
| 深沟球轴承 (6) | | 主要承受径向载荷，也可同时承受一定的双向轴向载荷。当量摩擦系数最小。极限转速高，高速时可用来承受轴向载荷。大批量生产，价格最低 | 高 | 8′～16′ |
| 角接触球轴承 (7) | | 可以承受径向及单方向的轴向载荷。一般将两个轴承面对面安装，用于承受两个方向的轴向载荷，$\alpha$ 越大，承受轴向载荷的能力越大，$\alpha$ 角有三种，70000C($\alpha=15°$)，70000AC($\alpha=25°$)，70000B($\alpha=40°$) | 较高 | 2′～10′ |

续 表

| 类型及代号 | 结构简图 | 特 点 | 极限转速 | 允许偏移角 |
|---|---|---|---|---|
| 圆锥滚子轴承（3） | 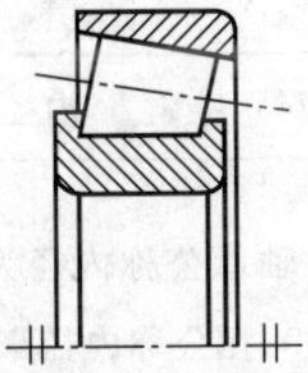 | 内外圈可分离,可同时承受径向及单方向的轴向载荷,承载能力大,成对安装,可以承受两个方向的轴向载荷 | 中等 | 2′ |
| 圆柱滚子轴承（N） | 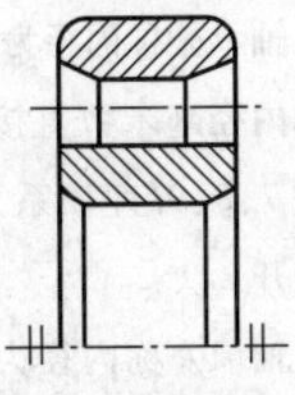 | 可分离,不能承受轴向载荷,能承受较大的径向载荷。因线性接触内外圈轴线允许的相对偏转角很小。除内圈无挡边（NU）结构外,还有外圈单挡边（NF）等形式 | 高 | 2′~4′ |
| 推力球轴承（5） | 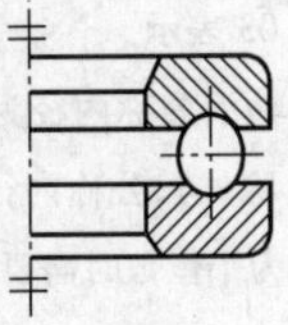 | 只能承受轴向载荷,且作用线必须与轴线重合。分为单、双向两种。高速时,因滚动体离心力大,球与保持架摩擦发热严重,寿命较低,可用于轴向载荷大、转速不高之处 | 低 | 不允许 |
| 调心球轴承（1） | 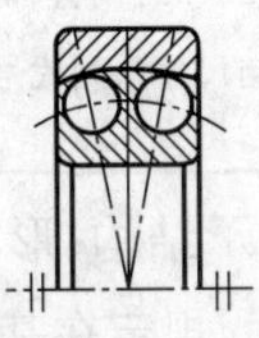 | 主要承受径向载荷,同时也能承受少量轴向载荷。因为外滚道表面是以轴承中点为中心的球面,故能调心 | 中等 | 2°~3° |
| 调心滚子轴承（2） | 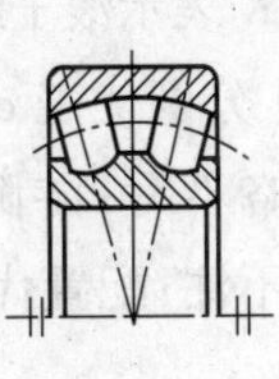 | 具有调心能力,可以承受径向及两个方向的轴向载荷,径向承载能力强 | 低 | 0.5°~2° |

**三、滚动轴承的代号**

滚动轴承代号是用字母加数字来表示轴承结构、尺寸、公差等级、技术性能等特征的产品符号。国家标准 GB/T272-93 规定轴承的代号由三部分组成：基本代号、前置代号和后置代号。

基本代号表示轴承的基本类型、结构和尺寸。基本代号由类型代号、尺寸系列代号、内径代号构成，其中类型代号用一位（或两位）数字或字母表示不同类型的轴承。尺寸系列代号由两位数字组成，前一位数字代表宽度系列（向心轴承）或高度系列（推力轴承），后一位数字代表直径系列。尺寸系列表示内径相同的轴承可具有不同的外径,而同样的外径又有不同的宽度(或高度),由此用以满足各种不同要求的承载能力。内径代号表示轴承公称内径的大小。滚动轴承基本代号,见表9-5。

表9-5　　　　　　　　　　滚动轴承基本代号

| 类型代号 | 宽(高)度系列代号 | 直径系列代号 | 内径代号 |
| --- | --- | --- | --- |
| 用一位(或两位)字母或数字表示,见表9-4 | 指内径($d$)相同的轴承,对向心轴承配有不同宽度($B$)的尺寸系列,代号有8、0、1、2、3、4、5、6,尺寸依次递增;对推力轴承配有不同高度($T$)的尺寸系列,代号为7、9、1、2,尺寸依次递增<br><br>两代号连用,当宽(高)度系列代号为0时可省略 | 指内径($d$)相同的轴承配有不同外径($D$)的尺寸,其代号为7、8、9、0、1、2、3、4、5,尺寸依次递增 | 轴承公称内径为0.6到10(非整数),用公称内径毫米数直接表示,在其尺寸系列代号之间用"/"分开<br><br>轴承公称内径为1到9(整数),用公称内径毫米数直接表示,对深沟球轴承7、8、9直径系列代号之间用"/"分开<br><br>轴承公称内径为10到17,10用00表示,12用01表示,15用02表示,17用03表示<br><br>轴承公称内径为20到480(22、28、32除外),公称内径除以5的商数,商数为个位数时需要在商数左边加"0"<br><br>轴承公称内径大于和等于500以及22、28、32,用公称毫米数直接表示,但在与尺寸系列代号之间用"/"分开 |

前置代号和后置代号都是轴承代号的补充,只有在遇到对轴承结构、形状、材料、公差等级、技术要求等有特殊要求时才使用,一般情况可部分或全部省略。规定在基本代号左侧用字母表示成套轴承的分部件,如 $L$ 表示分离轴承的分离内圈或外圈,$K$ 表示滚子组件。

常用的后置代号有:内部结构代号,用字母表示,如 C、AC、B 分别代表 $\alpha=15°$、$\alpha=25°$、$\alpha=40°$;公差等级代号/P0、/P6、/P6X、/P5、/P4、/P2、/P0 可省略不写;游隙代号/C1、/C2、/C3、/C4、/C5,分别符合标准规定的游隙1、2、0、3、4、5组,0组不注;配置代号,成对安装轴承有三种配置形式:/DB、/DF、/DT。

### 📝 任务实施

(1)轴承6208-2Z/P6。6-类型代号,深沟球轴承;2-尺寸系列代号;08-内径代号,$d=40mm$;2Z-轴承两端面带防尘罩;P6-公差等级符合标准规定6级。

(2)轴承71210B。7表示角接触球轴承,尺寸系列12,内径50mm,接触角40°,精度为P0级。

 **习 题**

1. 滚动轴承的基本类型有哪些?
2. 滚动轴承具有哪些优点与缺点?
3. 轴承代号 LN 312/P5 的意义是什么?

# 任务2　滚动轴承的寿命计算及相关组合设计

**【学习目标】**

1. 能够计算滚动轴承的寿命;
2. 学会滚动轴承的组合设计。

## 任务引入

如图 9-15 所示,已知:轴受径向力 $F_R=15000\text{N}$,轴向力 $F_A=2500\text{N}$,轴的转速 $n=400\text{r/min}$。取载荷系数 $f_p=1.1$,轴承工作温度低于 100℃,要求轴承寿命 $L_h=10000\text{h}$。若此轴的轴颈不小于 50mm,试选择这一对轴承的型号。

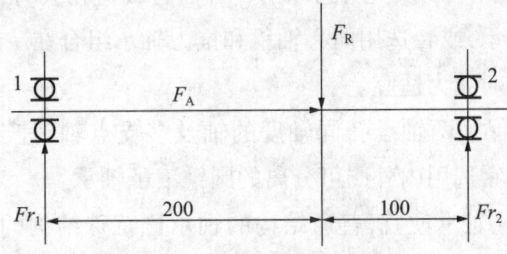

图 9-15　轴承组合形式

## 任务分析

选择滚动轴承的一般步骤是:根据齿轮轴颈尺寸确定轴承尺寸;根据轴承所受载荷情况初步确定滚动轴承类型代号;对已经选择的轴承进行寿命计算;确定所选轴承是否适用,若不适用则重新选择轴承再次计算,直至轴承符合要求。因此,本任务需学习滚动轴承选择原则及滚动轴承寿命计算等知识。

## 相关知识

### 一、滚动轴承的失效形式

滚动轴承的主要失效形式有点蚀、磨粒磨损、断裂、黏着磨损、塑性变形等。点蚀表现为内外套圈的滚道及滚动体的表面出现凹坑,其原因是轴承过载、装配时配合过紧、内外套圈位置不正和润滑不良等。磨粒磨损是滚道表面、滚动体与保持架接触部位发生磨损,其主要原因是滚动轴承内部有研磨物或润滑不良。断裂是指内外圈上发生轴向、径向裂纹或保持架开裂,其原因是配合太紧装配面不匀或轴承座变形等。黏着磨损表现为滚道及滚动体表面上有黏着痕迹,其原因是运转速度太高、润滑不良或不适当的装配等。塑性变形表现为滚动体或套圈滚道上有不均匀的塑性变形凹坑,其主要原因是静载荷或冲击载荷过大。滚动轴承的其他失效形式还有锈蚀、电腐蚀等。

轴承以一般转速旋转时,若轴承只承受径向载荷,由于各元件的弹性变形,轴承上半圈的滚动体将不受力,而下半圈各滚动体受力大小与其所处的位置有关,此时的主要失效形式是疲劳点蚀;轴承以较低转速旋转时,可能因过大的静载荷或冲击载荷,使套圈滚道与滚动体接触处产生太大的塑性变形;轴承以高速旋转时,可能由于润滑不良等原因引起磨损甚至胶合。

### 二、滚动轴承的选择原则

滚动轴承的常用选择原则有:

(1)球轴承适于承受轻载荷,滚子轴承适于承受重载荷及冲击载荷。

(2)只存在轴向载荷时,一般选用推力轴承,而只存在径向载荷时,一般选用深沟球轴承或短圆柱滚子轴承。

(3)当滚动轴承受径向载荷的同时,还有不大的轴向载荷时,可选用深沟球轴承、角接触球轴承、圆锥滚子轴承及调心球或调心滚子轴承;当轴向载荷较大时,可选用接触角较大的角接触球轴承及圆锥滚子轴承,或者选用向心轴承和推力轴承组合在一起,这在极高轴向载荷或特别要求有较大轴向刚性时尤为适宜。

(4)跨距较大或难以保证两轴承孔同轴度的轴及多支点轴,宜选用调心轴承;为便于安装、拆卸和调整轴承游隙,宜选用内外圈可分离的圆锥滚子轴承。

(5)一般球轴承比滚子轴承便宜,普通结构的轴承比特殊结构的轴承便宜。同型号的轴承,精度越高,价格越贵,一般机构传动宜选用普通级(P0)精度。

(6)保持架的材料对轴承转速影响极大,实体保持架比冲压保持架允许有更高一些的转速。

(7)若工作转速超过了轴承样本,可以用提高公差等级、适当增大游隙、选用循环冷却等方法。

(8)根据轴颈直径初步选择适当的轴承型号,然后进行轴承的寿命计算或强度计算。

### 三、滚动轴承的寿命计算

1. 常用参数

(1)轴承寿命及轴承基本额定寿命 $L$。轴承中任一元件出现疲劳点蚀扩展迹象前运转的总转数或一定转速下的工作小时数,称为轴承寿命。

一批同型号的滚动轴承在相同条件下运行,当有10%的轴承发生疲劳点蚀时,轴承所经历的转数(单位$10^6$转)或工作的小时数(单位 h),被定义为滚动轴承的基本额定寿命,用 $L$ 表示。基本额定寿命对于某一具体轴承,意味着在此寿命之前发生失效的概率为0.1(即可靠度为0.9)。设计中用基本额定寿命 $L$ 作为轴承寿命的指标,也就是取可靠度0.9的一种轴承寿命的计算标准。

(2)基本额定动载荷 $C$。滚动轴承的基本额定寿命 $L$ 与所受载荷 $P$ 的大小有关,载荷越大,轴承中产生的接触应力越大,所以发生疲劳点蚀破坏前所能经受的应力变化次数就越少,即轴承的寿命越短,如图 9 - 16 所示,表示了载荷与基本额定寿命的关系。

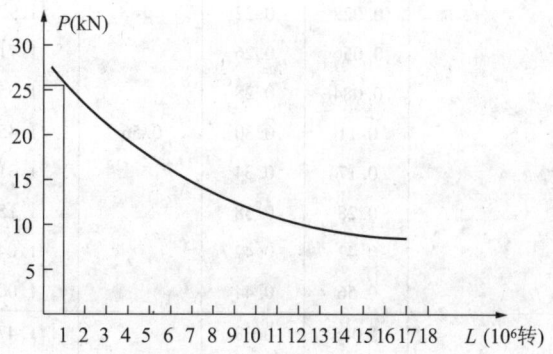

图 9 - 16　滚动轴承 $P - L$ 曲线

定义基本额定寿命 $L = 10^6$ 转时轴承所能承受的最大载荷为滚动轴承的基本额定动载荷,以 $C$ 表示。不同型号的轴承,基本额定动载荷的值不同,它反映了轴承承载能力的大小。对径向接触轴承,$C$ 为径向载荷;对于向心角接触轴承,$C$ 为载荷的径向分量;对轴向接触轴承,$C$ 为中心轴向载荷。

(3)当量动载荷 $P$。滚动轴承的基本额定动载荷 $C$ 是在特定试验条件下得出的,而在实际工作中,用在轴承上的实际载荷经常与试验条件不一样,必须将实际载荷折算成试验条件下的载荷,在此载荷作用下,轴承的寿命与实际载荷作用下的寿命相同,这种折算后的载荷是假定的载荷,称为当量动载荷,用 $P$ 表示。对于径向接触轴承和向心角接触轴承,当量动载荷 $P$ 是径向载荷;对于轴向接触轴承,当量动载荷 $P$ 是轴向载荷。

滚动轴承的当量动载荷 $P$ 的计算公式为:

$$P = K_p(xF_r + yF_a)$$

式中,$F_r$ 为轴承所受的径向载荷;$F_a$ 为轴承所受的轴向载荷;$K_p$ 为载荷系数(见表 9 - 6);$x$、$y$ 为径向载荷系数与轴向载荷系数(见表 9 - 7)。

表 9 - 6　　　　　　　　　　　　　　载荷系数

| 载荷性质 | $K_p$ | 应用举例 |
| --- | --- | --- |
| 无冲击或轻微冲击 | 1.0 ~ 1.2 | 电动机、汽轮机、通风机、水泵等 |
| 中等冲击或中等惯性力 | 1.2 ~ 1.8 | 车辆、动力机械、起重机、造纸机、冶金机械、选矿机、水力机械、卷扬机、木材加工机、机床等 |
| 强大冲击 | 1.8 ~ 3.0 | 破碎机、轧钢机、石油钻机、振动筛等 |

表9-7　　　　　　　　　　　　　　向心轴承的 $x$、$y$ 系数

| 轴承类型 | $F_a/C_{or}$ | $e$ | $F_a/F_r > e$ | | $F_a/F_r \leq e$ | |
|---|---|---|---|---|---|---|
| | | | X | Y | X | Y |
| 深沟球轴承 | 0.014 | 0.19 | 0.56 | 2.30 | 1 | 0 |
| | 0.028 | 0.22 | | 1.99 | | |
| | 0.056 | 0.26 | | 1.71 | | |
| | 0.084 | 0.28 | | 1.55 | | |
| | 0.11 | 0.30 | | 1.45 | | |
| | 0.17 | 0.34 | | 1.31 | | |
| | 0.28 | 0.38 | | 1.15 | | |
| | 0.42 | 0.42 | | 1.04 | | |
| | 0.56 | 0.44 | | 1.00 | | |
| 角接触球轴承 70000C ($\alpha = 15°$) | 0.015 | 0.38 | 0.44 | 1.47 | 1 | 0 |
| | 0.029 | 0.40 | | 1.40 | | |
| | 0.058 | 0.43 | | 1.30 | | |
| | 0.087 | 0.46 | | 1.23 | | |
| | 0.12 | 0.47 | | 1.19 | | |
| | 0.17 | 0.50 | | 1.12 | | |
| | 0.29 | 0.55 | | 1.02 | | |
| | 0.44 | 0.56 | | 1.00 | | |
| | 0.58 | 0.56 | | 1.00 | | |
| 70000AC ($\alpha = 25°$) | — | 0.68 | 0.41 | 0.87 | 1 | 0 |
| 70000B ($\alpha = 40°$) | — | 1.14 | 0.35 | 0.57 | 1 | 0 |
| 圆锥滚子轴承 | — | $1.5\tan\alpha$① | 0.4 | $0.4\cot\alpha$① | 1 | 0 |

注：①具体数值按轴承型号查附表或有关手册；$\alpha$ 为公称接触角。

2. 轴承寿命计算

轴承寿命常用小时数来计算,以 $L_h$ 表示,它与基本额定动载荷 $C$、转速 $n$ 及当量动载荷 $P$ 有关,其关系式如下：

$$L_h = \frac{10^6}{60n}\left(\frac{C}{P}\right)^\varepsilon = \frac{16670}{n}\left(\frac{C}{P}\right)^\varepsilon$$

式中,$\varepsilon$ 为轴承寿命系数,球轴承 $\varepsilon = 3$,滚子轴承 $\varepsilon = 10/3$；$P$ 为当量动载荷,单位为 N；$n$ 为轴承转速,单位为 r/min。

在设计中,轴承转速通常是已知的设计条件,当量动载荷 $P$ 则可由设计者根据轴承所受外载荷和工作条件自行计算。这样,当选定轴承型号时(即可查表确定出额定动载荷 $C$ 值),利用公式很容易计算该轴承的使用寿命 $L_h$,以校验所选择的轴承是否满足预期的使用寿命 $L'_h$。反之,设计时如果已知当量动载荷 $P$ 和转速 $n$,又选定了轴承的预期使用寿命 $L'_h$,计算公式又可改写为：

$$C' = P\left(\frac{60nL'_h}{10^6}\right)^{1/\varepsilon}$$

从而可根据上式计算的值,在设计手册中选用所需的滚动轴承型号,使得 $C' \leq C$。滚动轴承工作寿命的推荐值见表9-8。

表9-8 滚动轴承预期寿命推荐值

| 机器种类 | | 预期寿命(h) |
|---|---|---|
| 不常使用的仪器和设备 | | 500 |
| 航空发动机 | | 500~2000 |
| 间断使用的机器 | 中断使用不致引起严重后果的手动机械、农业机械等 | 4000~8000 |
| | 中断使用会引起严重后果,如升降机、运输机、吊车等 | 8000~12000 |
| 每天工作8h的机器 | 利用率不高的齿轮传动、电动机等 | 12000~20000 |
| | 利用率较高的通信设备、机床等 | 20000~30000 |
| 24h连续工作的机器 | 一般可靠性的空气压缩机、电动机、水泵等 | 50000~60000 |
| | 高可靠性的电站设备、给排水装置等 | >100000 |

**3. 向心角接触轴承轴向载荷计算**

由于向心角接触轴承在工作过程中常常不仅要承受径向载荷 $F_r$ 产生的派生轴向力 $F_s$,还要承受外部轴向载荷 $F_a$。为此在计算轴向力之前,应先按轴承压力中心确定轴的支点,并以此求出轴的支点反力,即轴承的径向载荷 $F_r$。轴向力的具体计算步骤如下:

(1)画出轴承组合结构受力简图。当轴承两外圈窄边相对时称为轴承正安装,如图9-17(a)所示,可使两支点反力作用点靠近,缩短轴的跨距;当两窄边相背时称为轴承反安装,图9-17(b)所示,使轴的跨距加长。但无论向心角接触轴承的安装形式如何,两个轴承的派生轴向力的方向总是由各自轴承外圈的宽边指向窄边;两轴承所受径向载荷 $F_{r1}$、$F_{r2}$ 应分别画在各自的作用点 $O_1$、$O_2$ 上;外部轴向载荷方向依照传动零件确定。

(2)由 $F_r$ 计算两轴承所受径向载荷 $F_{r1}$、$F_{r2}$。

(3)参照表9-9计算派生轴向力 $F_{s1}$、$F_{s2}$。

表9-9 角接触轴承的内部派生轴向力 $F_s$

| 角接触球轴承 | | | 圆锥滚子轴承 |
|---|---|---|---|
| 70000C | 70000AC | 70000B | 3类 |
| $F_s = 0.47F_r$ | $F_s = 0.68F_r$ | $F_s = 1.14F_r$ | $F_s = F_r/(2Y)$ |

(4)确定"压紧"轴承和"放松"轴承。判明轴上全部轴向力(包括外部轴向载荷和轴承的派生轴向力)的合力的指向,确定"压紧"轴承和"放松"轴承。确定时必须要考虑轴承成对使用时的安装方式。

以图9-17(a)为例,如果 $F_a + F_{s2} > F_{s1}$,则轴系有向左移动的趋势,又由于轴承1的左侧已固定,所以轴承1被压紧,称为"压紧"轴承,轴承2被放松,称为"放松"轴承。反之,若 $F_a + F_{s2} < F_{s1}$,则轴系有向右移动的趋势,又由于轴承2的右侧已固定,所以轴承2称为"压紧"轴

承，轴承 1 称为"放松"轴承。

(5) 计算各轴承承受的轴向载荷 $F_{a1}$、$F_{a2}$。以图 9-17(a) 为例，当 $F_a + F_{s2} > F_{s1}$ 时，被压紧的轴承 1 所受的总轴向力：$F_{a1} = F_a + F_{s2}$；被放松的轴承 2 承受的轴向力为其本身派生的轴向力，为 $F_{a2} = F_{s2}$；当 $F_a + F_{s2} < F_{s1}$ 时，被放松的轴承 1 所受的轴向力为其本身派生的轴向力：$F_{a1} = F_{s1}$；被压紧的轴承 2 承受的总轴向力为 $F_{a2} = F_{s1} - F_a$。

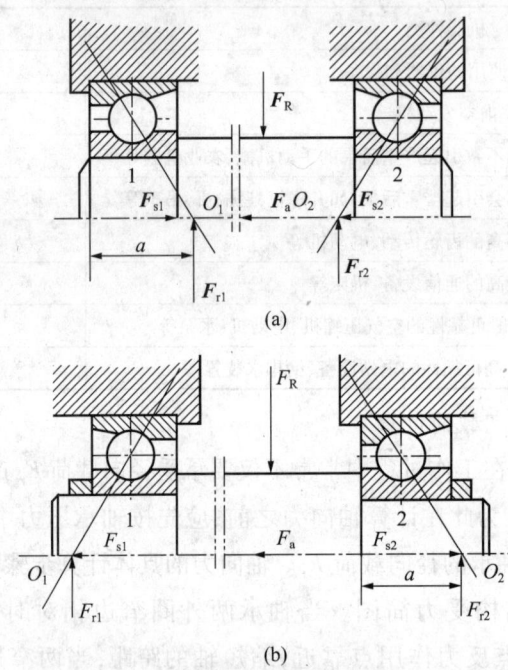

图 9-17 角接触轴承的轴向载荷

4. 滚动轴承的静强度计算

滚动轴承静强度的计算标准是基本额定静载荷，它表示滚动轴承抵抗塑性变形的最大承载能力，是轴承静强度计算的依据。基本额定静载荷，用 $C_0$ 表示。其计算公式为：

$$C_0 \geqslant S_0 P_0$$

式中，$S_0$ 为安全系数，见表 9-10，$P_0$ 为当量静载荷，其计算公式为：

表 9-10　　　　　　　　　　轴承静强度安全系数 $S_0$

| 工作条件 | $S_0$ |
| --- | --- |
| 旋转精度和平稳性要求高或受强烈冲击载荷 | 1.2~2.5 |
| 一般情况 | 0.8~1.2 |
| 旋转精度低，允许摩擦力较大，没有冲击振动 | 0.5~0.8 |

$$P_0 = X_0 F_r + Y_0 F_a$$

上式中，$X_0$ 为径向静载荷系数，$Y_0$ 为轴向静载荷系数，见表 9-11。若计算出的当量静载荷小于径向载荷，则应取 $P_0 = F_r$。

表9-11　　　　　　　　　径向静载荷系数 $X_0$ 与轴向静载荷系数 $Y_0$

| 轴承类型 | | 单列轴承 | |
|---|---|---|---|
| | | $X_0$ | $Y_0$ |
| 深沟球轴承 | | 0.6 | 0.5 |
| 角接触球轴承 | 15° | 0.5 | 0.46 |
| | 25° | 0.5 | 0.38 |
| | 40° | 0.5 | 0.26 |
| 圆锥滚子轴承 | | 0.5 | $0.22\cot\alpha$，一般取 $\alpha=15°\sim20°$ |

**四、滚动轴承的组合设计**

滚动轴承部件主要由轴、轴承、轴承支座以及其他有关零件组成。所谓组合设计，就是将这些零件组合成合理的轴承部件结构，使之能满足工作中提出的种种要求，如正确解决轴承的装拆、配合、固紧、调节、润滑、密封等问题。

1. 支撑端结构形式

支撑端结构形式有三种：两端单向固定、一端双向固定一端游动和两端游动。

(1) 两端单向固定(见图9-18)。普通工作温度下的短轴(跨距<400mm)，支点常采用深沟球轴承(或角接触球轴承、圆锥滚子轴承)两端单向固定方式，每个轴承分别承受一个方向的轴向力。为允许轴工作时有少量热膨胀，轴承安装时应留有 0.25mm～0.4mm 的轴向间隙(间隙很小，结构图上不必画出)，间隙量常用垫片或调整螺钉调节。

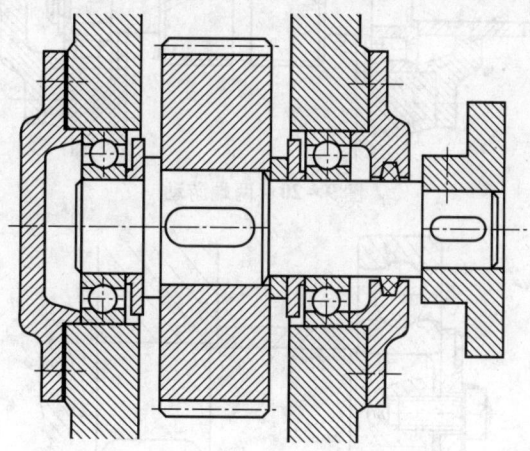

图9-18　两端单向固定

(2) 一端双向固定一端游动。当轴较长或工作温度较高时，轴的热膨胀收缩量较大，宜采用一端双向固定、一端游动的支点结构，如图9-19所示。固定端由单个轴承或轴承组承受双向轴向力，而游动端则保证轴伸缩时能自由游动。为避免松脱，游动轴承内圈应与轴作轴向固定(常采用弹性挡圈)。用圆柱滚子轴承作游动支点时，轴承外圈要与机座作轴向固定，靠滚子与套圈间的游动来保证轴的自由伸缩。

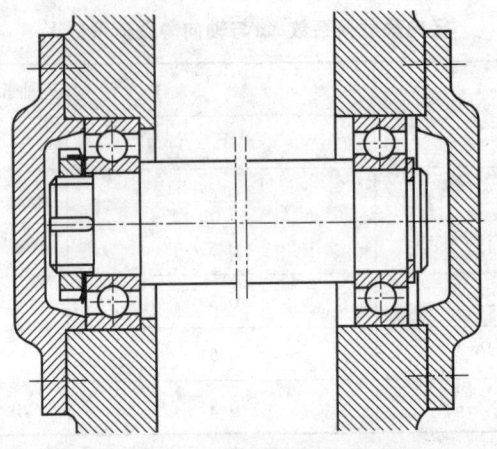

图 9-19　一端双向固定一端游动

(3) 两端游动。如图 9-20 所示,要求能左右双向游动的轴,可采用两端游动的轴系结构。如图 9-21 所示,轴承在轴上一般用轴肩或套筒定位,定位端面与轴线保持良好的垂直度。为保证可靠定位,轴肩圆角半径必须小于轴承的圆角半径。轴肩的高度通常不大于内圈高度的 $\frac{3}{4}$,过高不便于轴承拆卸。

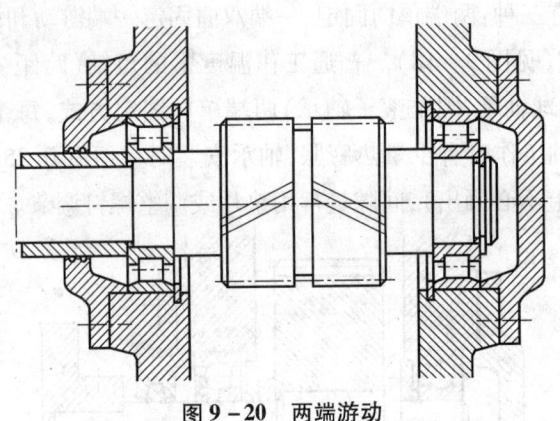

图 9-20　两端游动

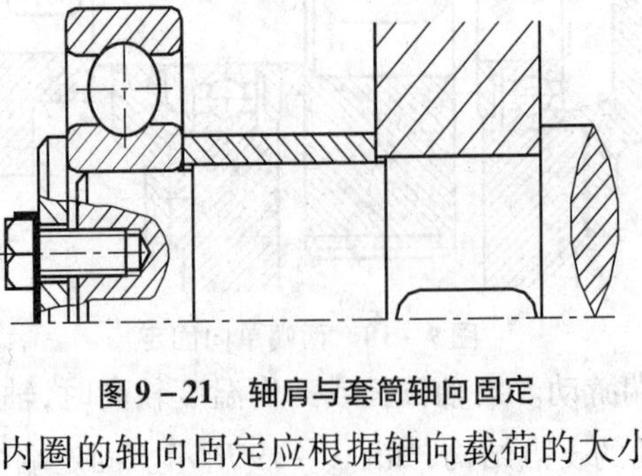

图 9-21　轴肩与套筒轴向固定

如图 9-22 所示,轴承内圈的轴向固定应根据轴向载荷的大小及转速高低选用:轴端挡圈、圆螺母、轴用弹性挡圈等结构。外圈则采用机座孔端面、孔用弹性挡圈、压板、端盖等形式固定。

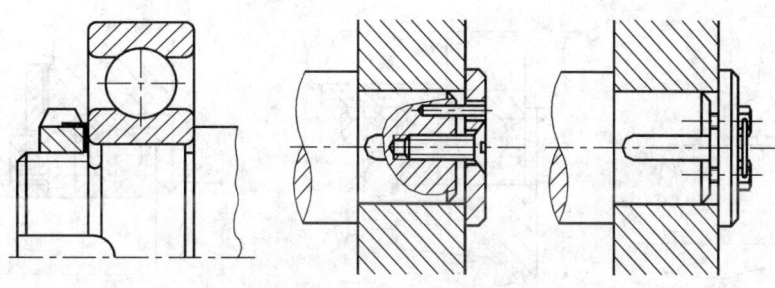

图 9 – 22　圆螺母、轴端挡圈轴向固定

2. 轴承的配合

轴承、轴和机座之间应有合理的配合,才能保证轴承的正常工作。必须注意,滚动轴承的配合与一般圆柱体的配合相比有其一定的特点。一般来说,尺寸大、载荷大、振动大、转速高或工作温度高等情况下,应选紧一些的配合,而经常拆卸或游动套圈则采用较松的配合。

3. 轴承的密封

轴承的密封包括如何正确地选用润滑油的种类和润滑方式,以及在什么情况下选用何种密封装置等。滚动轴承润滑方式的选择见表 9 – 12。

表 9 – 12　　　　　　　　　　　滚动轴承润滑方式的选择

| 轴承类型 | $d_n(\mathrm{mm\cdot r/min})$ | | | | |
| --- | --- | --- | --- | --- | --- |
| | 浸油/飞溅润滑 | 滴油润滑 | 喷油润滑 | 油雾润滑 | 脂润滑 |
| 深沟球轴承<br>角接触球轴承<br>圆柱滚子轴承 | $\leq 2.5\times 10^5$ | $\leq 4\times 10^5$ | $\leq 6\times 10^5$ | $\leq 6\times 10^5$ | $\leq (2\sim 3)\times 10^5$ |
| 圆锥滚子轴承 | $\leq 1.6\times 10^5$ | $\leq 2.3\times 10^5$ | $\leq 3\times 10^5$ | — | |
| 推力轴承 | $\leq 0.6\times 10^5$ | $\leq 1.2\times 10^5$ | $\leq 1.5\leq 10^5$ | — | |

轴承的密封主要目的是防尘、防漏油,密封方式有接触式密封和非接触式密封。非接触式密封不受速度限制。接触式密封只能用在线速度较低的场合,为保证密封的寿命及减少轴的磨损,轴接触部分的硬度应在 HRC40 以上,表面粗糙度宜小于 $Ra1.60\mu m \sim Ra0.80\mu m$。如图 9 – 23 和图 9 – 24 所示,常见的密封装置有毡圈、O 形密封圈、唇形密封圈、沟槽密封、离心式密封(甩油密封)、迷宫密封和螺旋密封等。

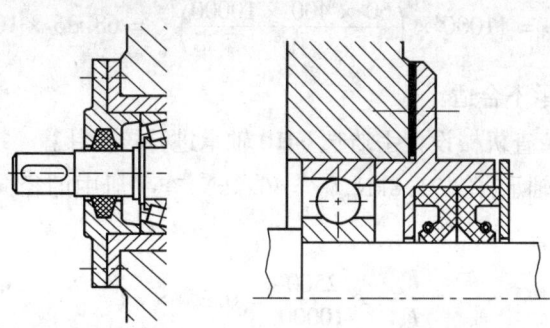

图 9 – 23　毡圈密封和唇形密封圈密封

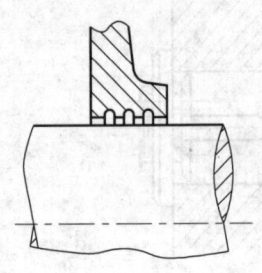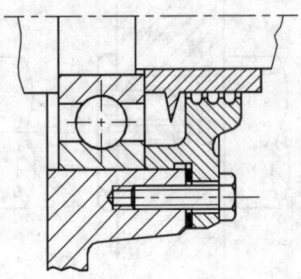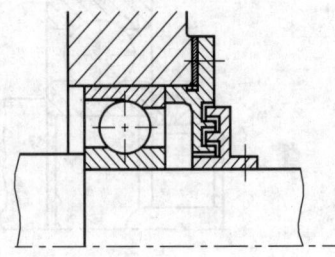

图 9-24 沟槽密封、甩油密封和曲路密封(迷宫密封)

### 任务实施

**1. 求轴承所受载荷**

轴承 1：径向载荷：由力矩平衡得

$$(200 + 100)F_{r1} - 100F_R = 0$$

$$F_{r1} = \frac{100}{100 + 200}F_R = \frac{1}{3} \times 15000 = 5000 \text{ N}$$

轴向载荷：两轴承用双固定式支承结构，$F_A$ 指向轴承 2，$F_A$ 由轴承 2 承受；轴承 1 则不承受轴向载荷，即 $F_{a1} = 0$。

轴承 2：径向载荷：由力平衡得

$$F_{r2} = F_R - F_{r1} = 15000 - 5000 = 10000 \text{ N}$$

轴向载荷：$F_{a2} = F_A = 2500 \text{N}$

由于轴承 2 所承受载荷远大于轴承 1，故应按轴承 2 计算。

**2. 试选 6310 型轴承进行校验计算**

根据轴颈不小于 50mm，试选 6310 型轴承，查手册，$K_P = 1.1$，$C = 48.4$kN，$C_0 = 36.3$kN，查手册中的径向系数 $x$ 和轴向系数 $y$，应用线性内插法得到 $e = 0.27$，即

$$\frac{F_{a2}}{F_{r2}} = \frac{2500}{10000} = 0.25 < e$$

故取 $x = 1, y = 0$

$$P_2 = K_P(xF_{r2} + yF_{a2}) = 1.1 \times (1 \times 10000 + 0 \times 2500) = 11000 \text{ N}$$

$$C' = P\left(\frac{60nL'_h}{10^6}\right)^{1/\varepsilon} = 11000 \times \left(\frac{60 \times 400 \times 10000}{10^6}\right)^{1/3} = 68.36 \times 10^3 \text{ N}$$

$C' > C$，故 6310 轴承不合适。

**3. 由 $C' = 68.36$kN，查机械设计手册选 6410 轴承进行核验计算**

查设计手册，6410 轴承：$C = 71.8$kN，$C_0 = 46.4$kN，查手册中的径向系数 $x$ 和轴向系数 $y$，得到 $e = 0.24$，即

$$\frac{F_{a2}}{F_{r2}} = \frac{2500}{10000} = 0.25 > e$$

故取 $x = 0.56, y = 1.83$（应用线性内插法）

$$P_2 = K_P(xF_{r2} + yF_{a2}) = 1.1 \times (0.56 \times 10000 + 1.83 \times 2500) = 11192.5 \text{ N}$$

$$C' = P\left(\frac{60nL'_h}{10^6}\right)^{1/\varepsilon} = 11192.5 \times \left(\frac{60 \times 400 \times 10000}{10^6}\right)^{1/3} = 69.56 \times 10^3 \text{ N}$$

$C' < C$，所以选择 6410 型滚动轴承合适。

## 习 题

1. 滚动轴承的主要失效形式有哪些？它们的主要产生原因是什么？
2. 试分析图 9 – 25 中齿轮、轴、轴承部件组合设计的错误结构，并改正之。齿轮用油润滑，轴承用脂润滑。

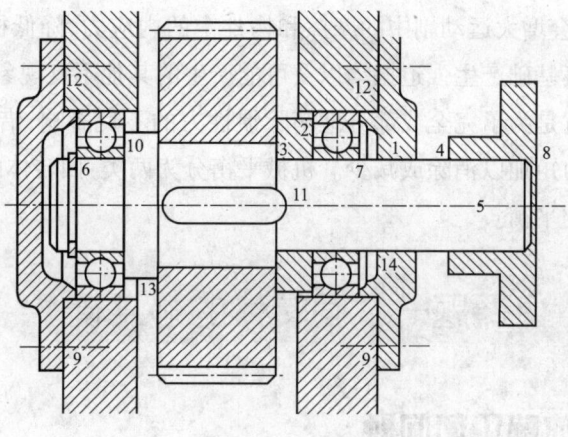

图 9 – 25 习题 2

# 项目十 回转体的平衡

机械在运转时,构件所产生的惯性力和惯性力矩在运动副上引起了大小和方向不断变化的附加动压力,这不仅会增大运动副中的摩擦和构件中的内应力,降低机械效率和使用寿命,而且必将引起机械及其基础产生强迫振动以及可能产生的其他不良现象。

机械平衡的目的就是为了完全或部分地消除惯性力的不良影响,借助于选择构件质量将不平衡惯性力和惯性力矩加以消除或减少。机械平衡分为两类:回转体的平衡与机构的平衡。本项目只讨论回转体的平衡。

## 课题一 回转体的静平衡

### 任务 分析回转体静平衡问题

【学习目标】

1. 掌握回转体静平衡的条件;
2. 能通过计算和试验解决回转体的静平衡问题。

#### 任务引入

如图 10-1 所示,一个质量均匀的轮子,在向径 $r_1 = 380$mm 处有一螺钉,质量为 $m_1 = 0.1$kg;在向径 $r_2 = 560$mm 处有一孔,质量 $m_2 = -0.25$kg,若平衡质量的回转半径为 $r_b = 500$mm,求平衡质量与方位角。

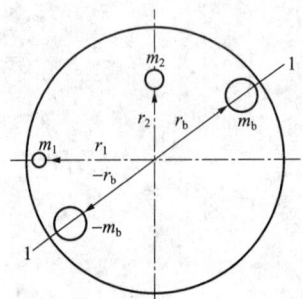

图 10-1 轮子的静平衡

## 任务分析

回转体的平衡即使得回转体在转动时其惯性力的矢量和在理论上等于零,这需要在设计回转体阶段就要完成质量与结构分布设计,而对于因材质不均匀和制造、装配等原因引起的不平衡,需采用试验的方法完成回转体平衡。

## 相关知识

### 一、静平衡的条件

回转体由于结构不对称、材质的不均匀或制造精度不高等原因,导致总重心偏离回转中心,当回转体旋转时产生离心力,这些离心力将使得回转体产生震动、发热、噪音、磨损等破坏性影响。

对于轴向宽度小(轴向长度与外径的比值 $L/D \leq 0.2$)的回转件,例如,砂轮、飞轮、盘形凸轮等,可以将偏心质量看作分布在垂直于轴线同一回转面内,当回转件回转时,各质量产生的离心惯性力构成一个平面汇交力系,如该力系的合力不等于零,则该回转件不平衡。对于这种不平衡转子,只需重新分布其质量,使质心移到回转轴线上即可达到平衡,这种平衡称为静平衡,即此时在同一回转面内增加或减少一个平衡质量,使平衡质量产生的离心惯性力 $F$ 与原有各偏心质量产生的离心惯性力的矢量和 $\Sigma F_i$ 相平衡,也即回转体的静平衡条件为:其惯性力的矢量和应等于零,或质径积的矢量和应等于零,如图 10-2 所示。

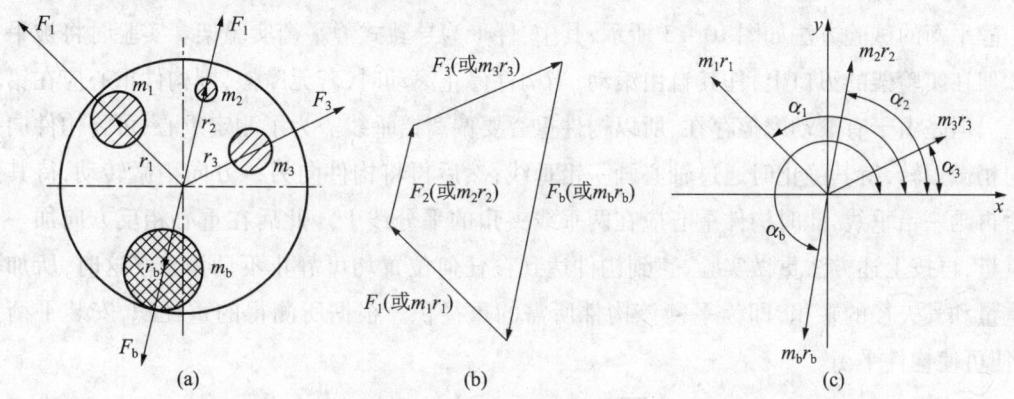

**图 10-2 回转体的静平衡**

如图 10-2(a)所示,回转体上有偏心质量 $m_1$、$m_2$、$m_3$,它们的回转半径矢量分别为 $r_1$、$r_2$、$r_3$,设所加的质量为 $m_b$,平衡质量的回转半径为 $r_b$,当回转体以角速度 $\omega$ 作等速回转时,各偏心质量及后加质量产生的离心惯性力为:

$$F_1 = m_1 r_1 \omega^2 ; F_2 = m_2 r_2 \omega^2 ; F_3 = m_3 r_3 \omega^2 ; F_b = m_b r_b \omega^2$$

根据平衡条件可得:

$$F_1 + F_2 + F_3 + F_b = 0$$

即:

$$m_e \omega^2 = m_1 r_1 \omega^2 + m_2 r_2 \omega^2 + m_3 r_3 \omega^2 + m_b r_b \omega^2 = 0$$

经简化后得：
$$m_e = \sum m_i r_i + m_b r_b = 0$$

上述式中：$m$ 为回转体总质量，$e$ 为回转体总重心的偏心距。根据上式可用作图法求出未知的配重及配重的偏心距，如图 10-2(b) 所示；也可以通过解析法示出配重的大小和方位，如图 10-2(c) 所示，可得：

$$\left. \begin{array}{l} m_{bx} = -\dfrac{\sum m_i r_i \cos\alpha_i}{r_b} \\[2mm] m_{by} = -\dfrac{\sum m_i r_i \sin\alpha_i}{r_b} \end{array} \right\}$$

其中，$\alpha_i$ 是第 $i$ 个偏心质量的矢径与 $x$ 轴方向的夹角。平衡质量的大小及方位角为

$$m_b = \sqrt{m_{bx}^2 + m_{by}^2}$$

$$\alpha_b = \arctan\left(\dfrac{m_{by}}{m_{bx}}\right)$$

## 二、静平衡的试验

由于制造的不准确、安装的误差及材料不均匀等原因，也会引起不平衡，而这种不平衡量是无法计算出来的，只能在平衡机上通过实验的方法来解决，故所有回转体均须通过实验的方法才能予以平衡。

静平衡的试验方法如图 10-3 所示，其中，件 1 为导轨式静平衡实验架。实验时将被平衡件 2 架在实验架的刃口上，任其自由滚动，当构件停止滚动时，若无摩擦，则构件重心应在铅垂线上。但是由于有滚动摩擦存在，所以构件重心要偏离铅垂线。为了测定重心，可将构件向一方向稍微偏转，待其静止时通过轴心画一铅垂线；然后再将构件向另一方向稍微转动，待其静止后再画一铅垂线，此时构件重心应在两垂线夹角的平分线上。此后在重心相反方向加一平衡重量，再按上述方法重做实验，直到构件达到在任何位置均可静止不动为止。这时，所加平衡重量和其矢径的乘积，即为平衡该构件所需的重径积。根据所测得的重径积，安装平衡重量，便可使构件平衡。

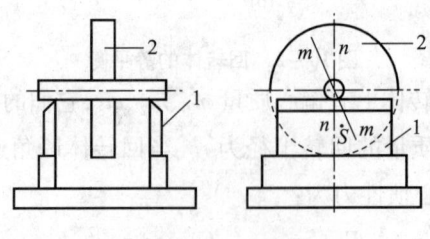

1—实验架　2—被平衡件

图 10-3　静平衡试验

## 任务实施

设配重的平衡质量为 $m_b$，由平衡条件公式得：

$$m_{bx} = -\frac{\sum m_i r_i \cos\alpha_i}{r_b} = -\frac{m_1 r_1 \cos 180°}{r_b} = -\frac{0.1 \times 0.38 \times (-1)}{0.5} = 0.076 \text{ kg}$$

$$m_{by} = -\frac{\sum m_i r_i \sin\alpha_i}{r_b} = -\frac{m_2 r_2 \sin\alpha_i 90}{r_b} = -\frac{-0.25 \times 0.56 \times 1}{0.5} = 0.28 \text{ kg}$$

$$m_b = \sqrt{m_{bx}^2 + m_{by}^2} = \sqrt{0.076^2 + 0.28^2} = 0.29 \text{ kg}$$

$$\alpha_b = \arctan\left(\frac{m_{by}}{m_{bx}}\right) = \arctan\left(\frac{0.28}{0.076}\right) = 74.81°$$

由计算结果知方位角应在第一象限。当然也可以在平衡质径积的反方向去除相应的质量。

## 习 题

1. 回转体的静平衡条件是什么？
2. 如图 10-4 所示，盘形回转件上存在三个偏置质量，已知 $m_1 = 10\text{kg}$，$m_2 = 15\text{kg}$，$m_3 = 10\text{kg}$，$r_1 = 50\text{mm}$，$r_2 = 100\text{mm}$，$r_3 = 70\text{mm}$，设所有不平衡质量分布在同一回转平面内，问应在什么方位上加多大的平衡质径积才能达到平衡？

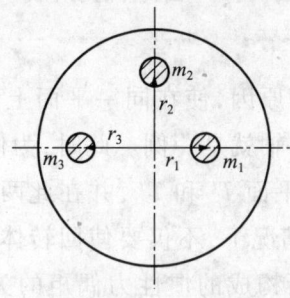

图 10-4 习题 2

# 课题二 回转体的动平衡

## 任务 分析回转体动平衡问题

【学习目标】

1. 掌握回转体动平衡的条件；
2. 能通过计算和试验解决回转体的动平衡问题。

## 任务引入

如图 10-5 所示的回转体中,三个偏心质量 $m_1=20\text{kg}, m_2=25\text{kg}, m_3=30\text{kg}$,偏心距 $r_1=r_2=r_3=150\text{mm}$,方位如图所示。若取 I、II 为平衡基面,平衡质量的偏心距为 $r_{bI}=r_{bII}=150\text{mm}$,试求平衡质量 $m_{bI}, m_{bII}$ 的大小和方位角。

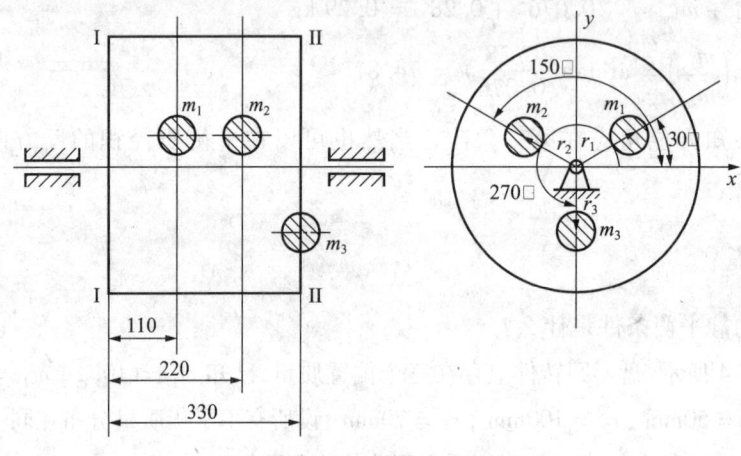

图 10-5 回转体的动平衡

## 任务分析

在实际应用中,有时因结构等原因,使在同一平面上安装平衡重量十分不便或不可能,如图 10-6 所示单缸发动机曲轴就是一例。此时,为使该件平衡,可在所需平衡面的两侧任意选择两个与轴线垂直的平面 $T'$ 和 $T''$,并在此两平面上分别安装平衡重量来代替原来所需的平衡重量。在这种情况下,不仅要使回转体在转动时其惯性力的矢量和在理论上等于零,还要使其惯性力所构成的惯性力偶矩的矢量和等于零,才能使回转体达到平衡。

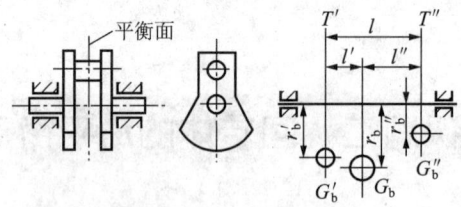

图 10-6 曲轴平衡

## 相关知识

### 一、动平衡条件

对于轴向尺寸较大的回转构件,如多缸发动机的曲轴、多个凸轮的凸轮轴等,其不平衡质量分布在几个平面内,此类回转构件的平衡即属于平行平面内回转质量的平衡。此时,满足静平衡条件的回转体不一定就满足动平衡条件,因为分布在不同平面内的离心力组成了惯性力偶矩,因此,需要研究回转体的动平衡条件。

如图 10-7 所示,在垂直于构件回转轴线的平面 1、2 和 3 上,分布有不平衡质量 $m_1$、$m_2$ 和 $m_3$,其重心矢径分别为 $r_1$、$r_2$ 和 $r_3$。构件回转时,由于惯性力 $P_1$、$P_2$ 和 $P_3$ 不是平面汇交力系,所以不可能在某一单个平面上安装平衡重量使其达到平衡。要使惯性力平衡,可在任意选定的两个垂直于回转轴线的平面 $T'$ 及 $T''$ 上安装平衡重量。不平衡质量 $m_1$、$m_2$ 或 $m_3$ 均可用分布在 $T'$ 和 $T''$ 面上的 $m'_1$ 和 $m''_1$、$m'_2$ 和 $m''_2$ 及 $m'_3$ 和 $m''_3$ 来代替,各代替质量应满足:

$$\begin{cases} m'_1 = \dfrac{l''_1}{l} m_1 \\ m'_2 = \dfrac{l''_2}{l} m_2 \\ m'_3 = \dfrac{l''_3}{l} m_3 \end{cases} \text{和} \begin{cases} m''_1 = \dfrac{l'_1}{l} m_1 \\ m''_2 = \dfrac{l'_2}{l} m_2 \\ m''_3 = \dfrac{l'_3}{l} m_3 \end{cases}$$

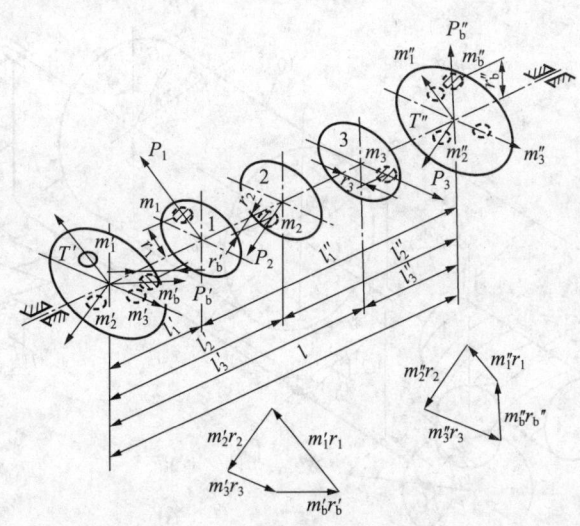

图 10-7 平衡质量向两个面的转化

为了平衡 $T'$、$T''$ 面上的代替重量,$T'$、$T''$ 面上所应安装的平衡重量 $m'_b$、$m''_b$ 及其矢径 $r'_b$、$r''_b$ 应满足的条件是

$$\begin{cases} m'_b r_b + m'_1 r_1 + m'_2 r_2 + m'_3 r_3 = 0 \\ m''_b r_b + m''_1 r_1 + m''_2 r_2 + m''_3 r_3 = 0 \end{cases}$$

由此可见,回转体动平衡的条件为:其惯性力的矢量和等于零,其惯性力矩的矢量和也应等于零。

不论回转体在几个回转平面内有多少个偏心质量,均可以通过在所选定的两个基面上,分别加上或去除适当的平衡质量的方法使回转体达到平衡。

## 二、动平衡试验

理论计算并不能消除回转体材质及安装等原因造成的回转体动不平衡,因此,必须进行回转体的动平衡试验。

图 10-8 所示为一种框架式动平衡实验机工作原理图。实验时将被平衡构件 10 的一端

卡紧在实验机的主轴 4 上,另一端架在轴承 11 上,然后开动电机带动主轴 4 转动。实验机的摆架 1 可绕轴线 $OO$ 转动,摆架用弹簧 2 与底座 3 相连。螺旋齿轮 6 可沿主轴 4 移动,当它从最左端位置移至最右端位置时,可带动螺旋齿轮 5 旋转一周以上。圆盘 7 固定在轴 9 上,圆盘 8 可沿轴 9 上下移动,但不能相对于轴 9 转动,圆盘 8 和圆盘 7 上各有一个重量相等的重块 $G_k$,两块重心位于通过轴线的同一平面上,且都与轴 9 轴线相距 $r_k$。实验时,使构件 10 的 $T''$ 平面通过轴线 $OO$,不平衡惯性力 $P''_0$ 对轴线的力矩为零,因而 $P''_0$ 不会使摆架 1 转动。不平衡重量 $G'_0$ 的惯性力 $P'_0$ 和圆盘 7、8 上的重量 $G_k$ 的惯性力 $P_k$,将产生使摆架摆动的变力矩 $M_0$ 和 $M_k$,变力矩的数值分别为:

$$M_0 = P'_0 l \cos\varphi$$
$$M_k = P_k L_k \cos\varphi_k$$

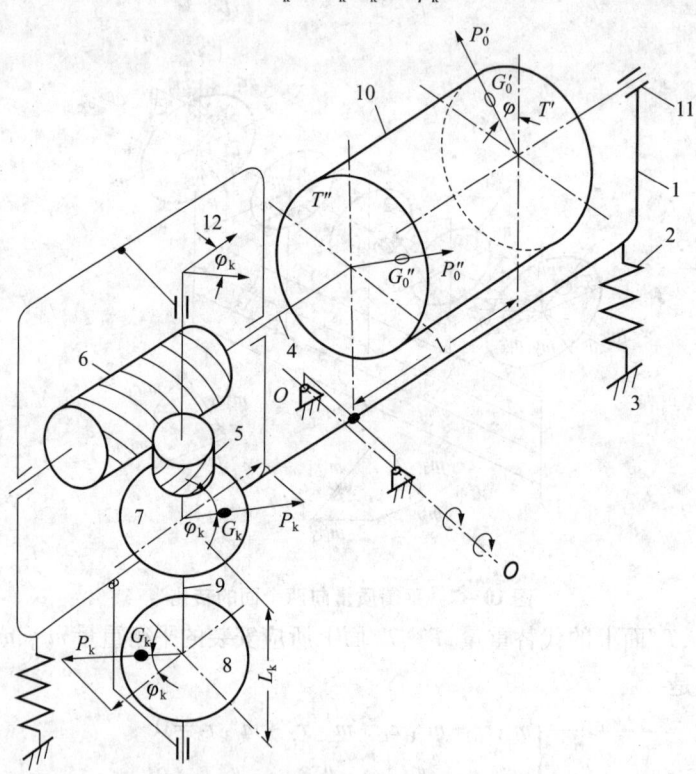

图 10-8　框架式动平衡实验机工作原理图

式中,$\varphi_k$ 的数值可由实验机指针 12 显示。当沿轴 4 移动螺旋齿轮 6 使螺旋齿轮 5 转动时,$\varphi_k$ 值改变,力矩 $M_k$ 的方向也发生变化。实验时先移动齿轮 6 使摆架振幅最小,这时实验机指针所指的角度值 $\varphi_k = \varphi$,然后移动圆盘 8,调节 $L_k$,以改变 $M_k$ 大小。当摆架振动完全消除时,力矩 $M_k$ 和 $M_0$ 必定大小相等,则有

$$G'_b r'_b = G'_0 r'_0 = G_k r_k \frac{L_k}{l}$$

上式右边各数值可由实验获得,所以当选定 $r'_b$ 后,即可求得 $G'_b$,其方位由实验机停车后

指针12所示的角度 $\varphi_k$ 确定。由于 $\varphi_k = \varphi$ ,所以, $\varphi_k + 180°$ 的方位,就是安装平衡重量 $G'_b$ 的方位。此后使 $T''$ 平面通过摆架转动轴线,并重复上述实验步骤,即可求得 $T''$ 平面上的平衡重量 $G''_b$ 及其向径 $r''_b$。

动平衡机的种类和结构形式很多,随着工业的发展,动平衡试验机也相应地向高精度、自动化方向发展。现在的动平衡机采用电测量和电脑运算显示,可一次直接指明两个校正平面内的不平衡质径积的大小和方位,并采用激光处理质量技术,提高了平衡精度。

## 任务实施

根据已知条件,将三个偏心质量分解到两个平衡基面上去,得到平衡基面Ⅰ和平衡基面Ⅱ上,即

$$m'_1 = \frac{m_1 l_1}{l} = \frac{20 \times (330 - 110)}{330} = 13.3 \text{ kg}$$

$$m'_2 = \frac{m_2 l_2}{l} = \frac{25 \times (330 - 220)}{330} = 8.3 \text{ kg}$$

$$m'_3 = \frac{m_3 l_3}{l} = \frac{30 \times 0}{330} = 0$$

$$m_{bIx} = -\frac{\sum m'_i r'_i \cos\alpha_i}{r_{bI}} = -\frac{13.3 \times 0.15 \times \cos30° + 8.3 \times 0.15 \times \cos150° + 0}{0.15} = -4.33$$

$$m_{bIy} = -\frac{\sum m'_i r'_i \sin\alpha_i}{r_{bI}} = -\frac{13.3 \times 0.15 \times \sin30° + 8.3 \times 0.15 \times \sin150° + 0}{0.15} = -10.8$$

$$m_{bI} = \sqrt{m_{bIx}^2 + m_{bIy}^2} = \sqrt{(-4.33)^2 + (-10.8)^2} = 11.64$$

$$\alpha_{bI} = \pi + \arctan\left(\frac{m_{bIy}}{m_{bIx}}\right) = 248.15°$$

平衡基面Ⅱ上:

$$m''_1 = \frac{m_1(l - l_1)}{l} = \frac{20 \times 110}{330} = 6.7 \text{ kg}$$

$$m''_2 = \frac{m_2(l - l_2)}{l} = \frac{25 \times 220}{330} = 16.7 \text{ kg}$$

$$m''_3 = \frac{m_3(l - l_3)}{l} = \frac{30 \times 330}{330} = 30 \text{ kg}$$

$$m_{bⅡx} = -\frac{\sum m''_i r''_i \cos\alpha_i}{r_{bⅡ}} = -\frac{6.7 \times 0.15 \times \cos30° + 16.7 \times 0.15 \times \cos150° + 0}{0.15} = 8.66$$

$$m_{bⅡy} = -\frac{\sum m''_i r''_i \sin\alpha_i}{r_{bⅡ}}$$

$$= -\frac{6.7 \times 0.15 \times \sin30° + 16.7 \times 0.15 \times \sin150° + 30 \times 0.15 \times \sin270°}{0.15}$$

= 18.3

$$m_{bI} = \sqrt{m_{bIx}^2 + m_{bIy}^2} = \sqrt{8.66^2 + 14.95^2} = 20.2$$

$$\alpha_{bII} = \arctan\left(\frac{m_{bIIy}}{m_{bIIx}}\right) = 64.68°$$

在相应的向径上焊上与所求的两个平衡基面Ⅰ、Ⅱ上平衡质量相等的金属，或在相反方向去掉等质径积的一块材料，即可实现动平衡。

## 习 题

1. 回转体的动平衡条件是什么？

2. 高速水泵的凸轮轴系由三个互相错开120°的偏心轮组成，每一偏心轮的质量为 $m$，其偏心距为 $r$，设在平衡平面 $A$ 和 $B$ 上各装一个平衡质量 $m_A$ 和 $m_B$，其回转半径为 $2r$，其他尺寸如图 10-9 所示，试求 $m_A$ 和 $m_B$ 的大小和方向（用图解法）。

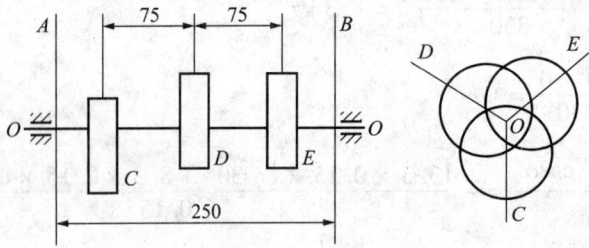

图 10-9 习题 2

# 项目十一  平面连杆机构

在实际生活中已经见过许多的平面连杆机构,它们被广泛地使用在各种机器、仪表及操纵装置中,例如,内燃机、牛头刨、钢窗启闭机构和碎石机等。这些机构都是由一些刚性构件用转动副和(或)移动副连接而成的在同一个平面或相互平行的平面内运动的机构。

平面连杆机构结构简单,制造容易,能实现多种运动规律和运动轨迹的要求;杆与杆间是低副联结,接触面积大、压强小、磨损小,能实现增力、扩大行程和实现远距离传动的目的。但是,各构件因是低副联结,存在间隙,传动精度低,不适用于高速传动;要准确实现运动规律或轨迹,其设计十分困难,一般只能近似满足。

平面连杆机构的类型很多,单从组成机构的杆件数来看就有四杆、五杆和多杆机构。一般的多杆机构可以看成是由几个四杆机构所组成。所以平面四杆机构不但结构最简单、应用最广泛,而且只要掌握了四杆机构的有关知识和设计方法,就为进行多杆机构的设计和分析奠定了基础。构件间组成的运动副均为转动副的平面四杆机构称为铰链四杆机构,是四杆机构的基本形式,其他的四杆机构均可看成由它演化而成的。

## 课题一  认识铰链四杆机构

### 任务  分析牛头刨床刨削运动规律

**【学习目标】**

1. 铰链四杆机构的分类;
2. 常用的铰链四杆机构的演化形式。

**任务引入**

如图 11-1 所示为牛头刨床实现刨削运动的机构简图,试分析牛头刨床的运动规律。

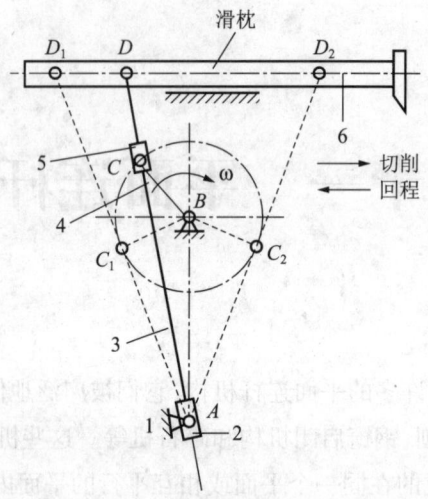

1—机架　2—曲柄　3—连杆　4—导杆　5—滑块　6—刨头

图 11-1　牛头刨床摆动导杆机构

## 任务分析

牛头刨床的运动机构是由铰链四杆机构演化而成的,因此,我们需要学习铰链四杆机构的分类及常用演化形式。

## 相关知识

### 一、铰链四杆机构的组成

如图 11-2 所示,铰链四杆机构包含机架、连架杆和连杆。机架又称固件、静件,是机构中固定不动的构件(图 11-2 中 AD);连架杆是与机架相连的构件(图 11-2 中 AB、CD)。相对机架可作 360°转动的连架杆称为曲柄,相对机架只能在小于 360°范围内作摆动的连架杆称为摇杆。连杆是不与机架相连的构件(图 11-2 中 BC)。

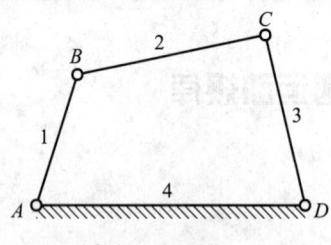

1、3—连架杆　2—连杆　4—机架

图 11-2　铰链四杆机构

### 二、铰链四杆机构的基本类型及应用

1. 曲柄摇杆机构

具有一个曲柄和一个摇杆的铰链四杆机构称为曲柄摇杆机构。当取曲柄为主动件作等速运动时,则摇杆作变速往复运动;当摇杆为主动件时,则曲柄可能作回转运动也可能静止不动。如图 11-3 所示曲柄摇杆机构,是雷达天线调整机构的原理图,机构由构件 AB、BC、连有天线的 CD 及机架 DA 组成,构件 AB 可作整圈的转动,称为曲柄 1;天线 CD 作为机构的另一连架杆

可作一定范围的摆动,称为摇杆3;随着曲柄的缓缓转动,天线仰角得到改变。如图11-4所示搅拌机,随电动机带曲柄 AB 转动,搅拌爪与连杆一起作往复的摆动,爪端点 E 作轨迹为椭圆的运动,实现搅拌功能。

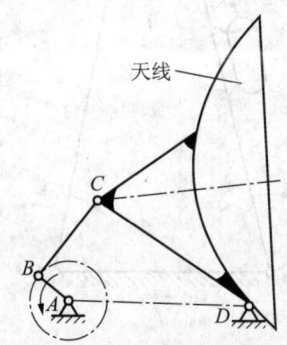

图 11-3 雷达天线调整机构

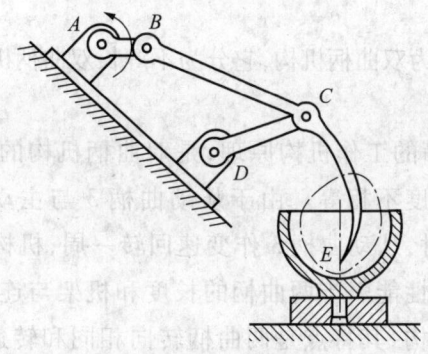

图 11-4 搅拌机

2. 双摇杆机构

具有两个摇杆的铰链四杆机构称为双摇杆机构,其主动和从动摇杆都做往复摆动。如图 11-5 所示的鹤式起重机,当 CD 杆摆动时,连杆 CB 上悬挂重物的点 M 在近似水平线上移动,使重物避免不必要的升降,以减少能量消耗。再如图 11-6 所示的摇头机构,电动机安装在摇杆 4 上,铰链 A 处装有一个与连杆 1 固接在一起的蜗轮。电机转动时,电动机轴上的蜗杆带动蜗轮迫使连杆 1 绕 A 点做整周转动,从而使连架杆 2 和 4 做往复摆动。

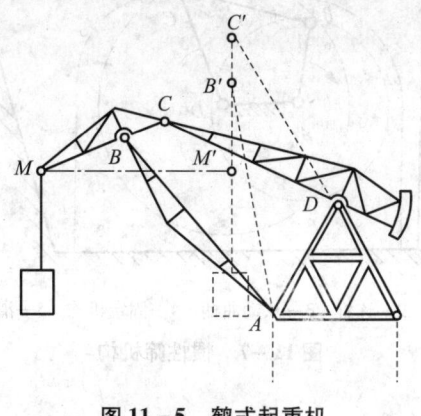

图 11-5 鹤式起重机

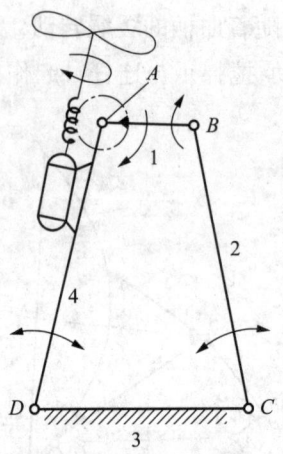

图 11-6 摇头机构

### 3. 双曲柄机构

具有两个曲柄的机构称为双曲柄机构,它分为不等长双曲柄机构、平行双曲柄机构及反向双曲柄机构。

如图 11-7 所示惯性筛的工作机构原理,是双曲柄机构的应用实例。不等长双曲柄机构是指主、从动曲柄的长度不相等。由于从动曲柄 3 与主动曲柄 1 的长度不同,故当主动曲柄 1 匀速回转一周时,从动曲柄 3 作变速回转一周,机构利用这一特点使筛子 6 作加速往复运动,提高了工作性能。当两曲柄的长度和机架与连杆的长度分别相等且平行布置时,成了平行双曲柄机构,其特点是两曲柄转向相同和转速相等及连杆作平动,因而应用广泛,如图 11-8 所示火车驱动轮联动机构利用了同向等速的特点。如图 11-9 所示为反向双曲柄机构,是指主、从动曲柄长度相等,而机架与连杆的长度也相等,但不平行。它具有两曲柄反向不等速的特点,车门的启闭机构就利用了两曲柄反向转动的特点,如图 11-10 所示。

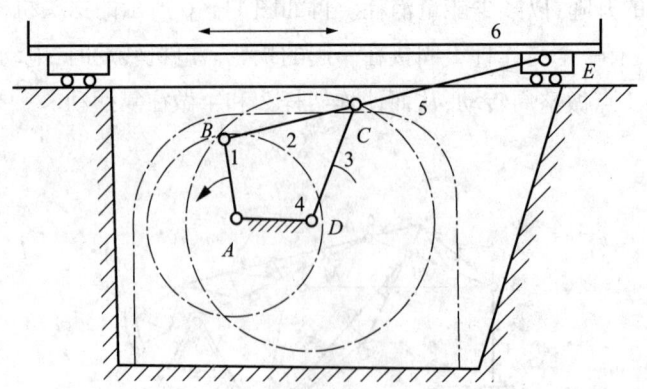

1—主动曲柄 2—连杆 3—从动曲柄 4—固定机构 5—滑块 6—筛子

图 11-7 惯性筛机构

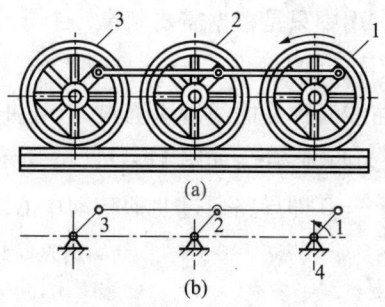

图 11-8 机车车轮机构

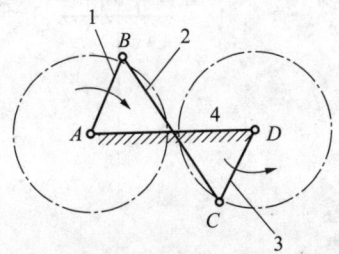

图 11-9 反向双曲柄机构

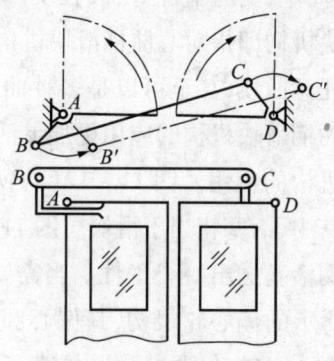

图 11-10 车门启闭机构

在实际中,除上述的三种基本类型的铰链四杆机构外,还广泛地使用着许多其他类型的四杆机构。而这些四杆机构都可以看作是通过某种方法由铰链四杆机构演化而成的。例如,我们前面所说,铰链四杆机构可以分为三种形式,即曲柄摇杆机构、双摇杆机构、双曲柄机构,而其中后两种机构可视为曲柄摇杆机构取不同构件作为机架演化而来。尽管其形式不同于基本类型,但其运动性质、分析和设计方法在本质上是相同或类似的。

### 三、铰链四杆机构的演化

1. 曲柄滑块机构

在图 11-11(a)所示的铰链四杆机构 ABCD 中,如果要求 C 点运动轨迹的曲率半径较大甚至使 C 点作直线运动,则摇杆 CD 的长度就特别长,甚至无穷大,这显然给布置和制造带来困难或不可能。为此,在实际应用中只是根据需要制作一个导路,C 点做成一个与连杆铰接的滑块并使之沿导路运动即可,不再专门做出 CD 杆。这种含有移动副的四杆机构称为滑块四杆机构,当滑块运动的轨迹为曲线时称为曲线滑块机构,当滑块运动的轨迹为直线时称为直线滑块机构。直线滑块机构可分为两种情况:如图 11-11(b)所示为偏置曲柄滑块机构,导路与曲柄转动中心有一个偏距 $e$;当 $e=0$ 即导路通过曲柄转动中心时,称为对心曲柄滑块机构,如图 11-11(c)所示。

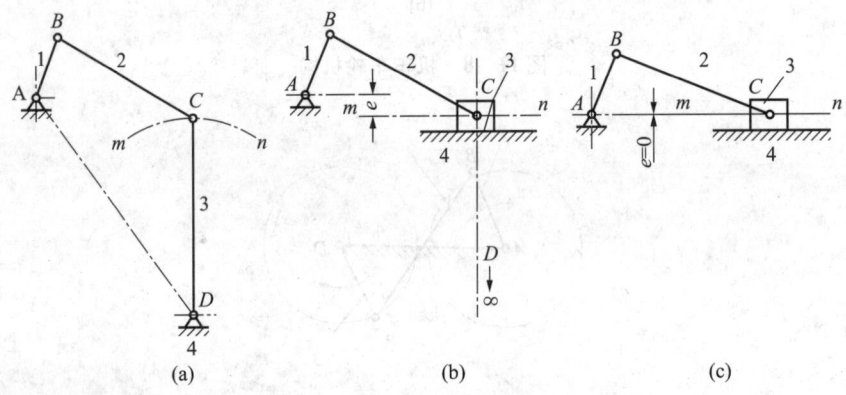

图 11-11 曲柄滑块机构

由于对心曲柄滑块机构结构简单,受力情况好,故在实际生产中得到广泛应用。因此,如果没有特别说明,所提的曲柄滑块机构即指对心曲柄滑块机构。应该指出,滑块的运动轨迹不仅局限于圆弧和直线,还可以是任意曲线,甚至可以是多种曲线的组合,这就远远超出了铰链四杆机构简单演化的范畴,也使曲柄滑块机构的应用更加灵活、广泛。

图 11-12 所示为曲柄滑块机构的应用。图 11-12(a)所示为应用于内燃机、空压机、蒸汽机的活塞-连杆-曲柄机构,其中,活塞相当于滑块。图 11-12(b)所示为用于自动送料装置的曲柄滑块机构,曲柄每转一圈活塞送出一个工件。当需要将曲柄做得较短时结构上就难以实现,通常采用图 11-12(c)所示的偏心轮机构,其偏心圆盘的偏心距 $e$ 就是曲柄的长度。这种结构减少了曲柄的驱动力,增大了转动副的尺寸,提高了曲柄的强度和刚度,广泛应用于冲压机床、破碎机等承受较大冲击载荷的机械中。

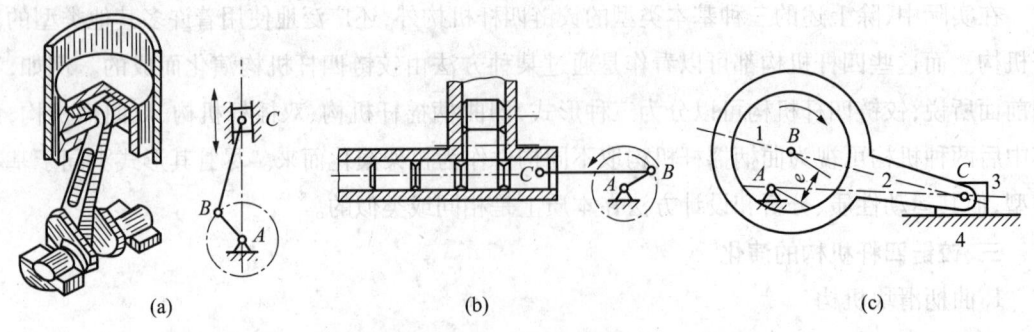

图 11-12 曲柄滑块机构的应用

## 2. 导杆机构

在对心曲柄滑块机构中,导路是固定不动的,如果将导路做成导杆 4 铰接于 $A$ 点,使之能够绕 $A$ 点转动,并使 $AB$ 杆 1 固定,就变成了导杆机构,如图 11 - 13 所示。当 $AB < BC$ 时,导杆能够作整周的回转,称为旋转导杆机构,如图 11 - 13(a)所示。当 $AB > BC$ 时导杆 4 只能作不足一周的回转,称为摆动导杆机构,如图 11 - 13(b)所示。

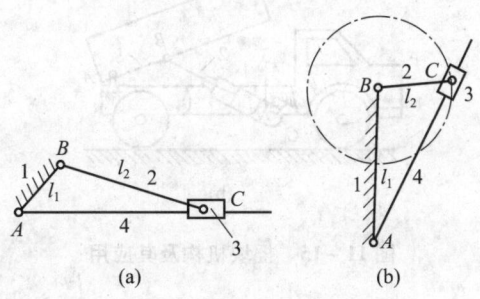

图 11 - 13　导杆机构

导杆机构具有很好的传力性,在插床、刨床等要求传递重载的场合得到应用。如图 11 - 14(a)所示为插床的工作机构,如图 11 - 14(b)所示为牛头刨床的工作机构。

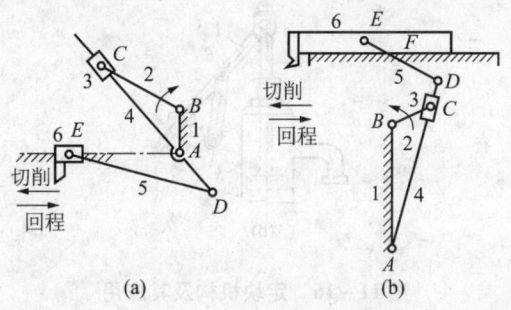

图 11 - 14　导杆机构的应用

## 3. 摇块机构和定块机构

在对心曲柄滑块机构中,将与滑块铰接的构件固定成机架,使滑块只能摇摆不能移动,就成为摇块机构,如图 11 - 15(a)所示。摇块机构在液压与气压传动系统中得到广泛应用,如图 11 - 15(b)所示为摇块机构在自卸货车上的应用,以车架为机架 $AC$,液压缸筒 3 与车架铰接于 $C$ 点成摇块,主动件活塞及活塞杆 2 可沿缸筒中心线往复移动成导路,带动车厢 1 绕 $A$ 点摆动实现卸料或复位。将对心曲柄滑块机构中的滑块固定为机架,就成了定块机构,如图 11 - 16(a)所示。图 11 - 16(b)所示为定块机构的应用,用手上下扳动主动件 1,使作为导路的活塞及活塞杆 4 沿唧筒中心线往复移动,实现唧水或唧油。

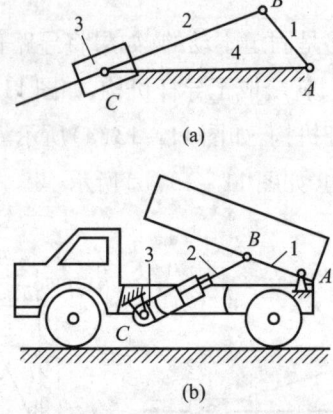

图 11-15　摇块机构及其应用

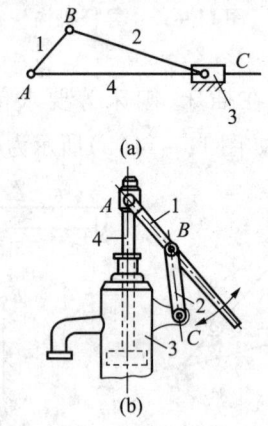

图 11-16　定块机构及其应用

任务实施

图 11-1 所示牛头刨床刨削机构为一个摆动导杆机构,是从曲柄摇杆机构演化而来的一种形式。该机构的机架(床身)长度大于曲柄的长度,曲柄是主动件,作圆周运动,再通过滑块带动导杆往复摆动,因而使得刨刀作往复直线运动,完成刨削运动。牛头刨床刨削时曲柄转过的角度大于刨刀空回程时曲柄所转过的角度,因此,该机构具有急回特性,即刨削工作行程时间比空回行程时间长,刨削工作时的速度小于空回行程时的速度。

### 习　题

1. 铰链四杆机构的基本类型及其演化形式有哪几种?
2. 试分析牛头刨床刨削运动机构的运动规律。

## 课题二 设计平面连杆机构

## 任务 设计牛头刨床摆动导杆机构

【学习目标】

1. 掌握曲柄存在的条件；
2. 了解铰链四杆机构急回特性与死点位置。

### 任务引入

如图 11-17 所示，已知牛头刨床摆动导杆机构中 $L_{AB}=600\text{mm}$，行程速比系数 $K=1.5$，设计此摆动导杆机构。

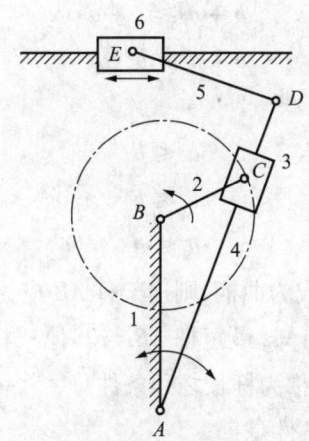

图 11-17 牛头刨床摆动导杆机构
1—机架 2—曲柄 3—滑块 4—导杆 5—连杆 6—刨头

### 任务分析

要设计牛头刨床的刨削运动机构，就要分析实现刨削运动的各构件的长度及运动特性。

### 相关知识

一、曲柄存在的条件

铰链四杆机构的三种基本形式的区别在于机构中是否存在曲柄和有几个曲柄，亦即两连架杆是否为曲柄，而两连架杆是否为曲柄又与各杆长度有关。

如图 11-18 所示为铰链四杆机构。设各杆长度分别为 $a,b,c,d$，$AD$ 为机架。由图可知，机构运动时 $B$ 点只能以 $A$ 为中心，作以 $a$ 为半径的圆周或圆弧运动，在运动中，$B$、$D$ 两点连线

的长度 $f$ 是变化的。若连架杆 $AB$ 能做整周转动,则机构在运动过程中三角形 $BCD$ 的形状是变化的,且必定存在三角形 $B'C'D$ 和三角形 $B''C''D$ 两种形态。

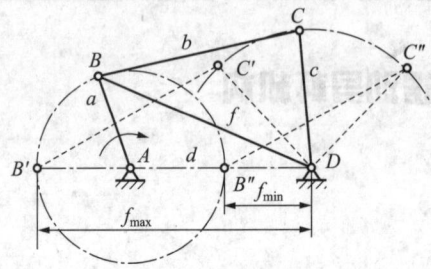

图 11-18　铰链四杆机构曲柄存在条件

根据三角形任意两边之和必大于(极限情况等于)第三边,在三角形 $B'C'D$ 中应有

$$b + c \geq a + d \tag{11-1}$$

在三角形 $B''C''D$ 中应有

$$b + d \geq c + a \tag{11-2}$$

$$c + d \geq b + a \tag{11-3}$$

将式两两相加并简化可得

$$a \leq b$$
$$a \leq c$$
$$a \leq d$$

由上述可知,欲使连架杆 $AB$ 成为曲柄,则连架杆 $AB$ 应为最短杆,亦即只有最短杆的两端才有可能具有整转副。根据上述可知,最短杆 $AB$ 与其他三杆中最长杆的长度之和必小于或等于其余两杆长度之和,这一关系称为杆长之和条件。

铰链四杆机构有一个曲柄的条件是:

(1)最短杆与最长杆之和小于或等于其余两杆长度之和;

(2)最短杆为连架杆。

由于平面四杆机构的自由度为1,故无论哪杆为机架,只要已知其中一个可动构件的位置,则其余可动构件的位置必相应确定。因此,我们可以选任一杆为机架,都能实现完全相同的相对运动关系,这称为运动的可逆性。

根据各杆件的长度关系可判断机构中是否存在曲柄,并且可以判别铰链四杆机构的基本类型:若机构满足杆长之和条件,则以最短杆 $AB$ 的邻边为机架时曲柄摇杆机构,如图 11-19(a)所示;以最短杆 $AB$ 为机架时为双曲柄机构,如图 11-19(b)所示;以最短杆 $AB$ 的对边为机架时为双摇杆机构,如图 11-19(c)所示。若机构不满足杆长之和条件,则只能为双摇杆机构。

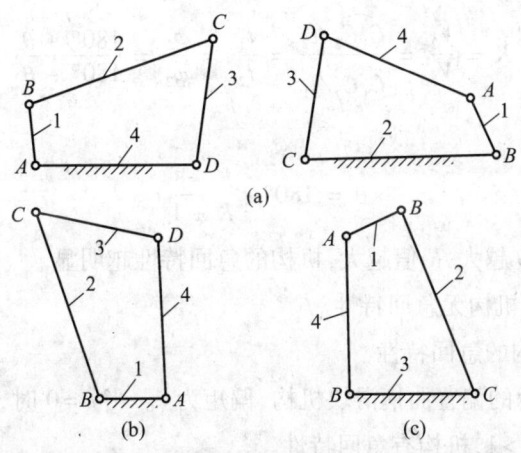

图 11-19 曲柄存在条件的推论

## 二、急回特性和行程速比系数

机构中做往复摆动(或移动)的构件,其往复行程的平均角速度(或平均速度)不相等,工程上常将平均角速度(或平均速度)较慢的行程作为工作行程,而将平均角速度(或平均速度)较快的行程作为空回行程,以缩短非生产时间,减小原动机功率,提高生产率,这种运动特性称为急回特性。

急回程度常用行程速度变化系数 $K$ 来度量。$K$ 定义为:

$$K = \frac{\text{从动件空回行程平均速度}}{\text{主动件工作行程平均速度}}$$

### 1. 曲柄摇杆机构的急回特性

如图 11-20 所示,曲柄 $AB$ 在回转一周的过程中有两次与连杆 $BC$ 共线,这时摇杆 $CD$ 分别处在左右两个极限位置 $C_1D$、$C_2D$。在此两极限位置时,曲柄所在直线所夹的锐角 $\theta$ 称为极位夹角。

从动件工作行程所花时间为 $t_1$,平均速度为 $V_1$,当曲柄以 $\omega$ 继续转过 $180° - \theta$ 时,摇杆从 $C_2D$ 摆到 $C_1D$,所花时间为 $t_2$,平均速度为 $V_2$,则因曲柄转角不同,导致摇杆来回摆动的时间不一样,平均速度也不等,且有 $t_1 > t_2, V_2 > V_1$,摇杆的这种特性称为急回特性。

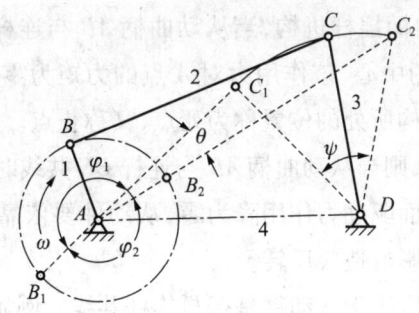

图 11-20 曲柄摇杆机构急回特性分析

若用行程速度变化系数 $K$ 表示急回程度,则有:

$$K = \frac{V_2}{V_1} = \frac{\widehat{C_1C_2}/t_2}{\widehat{C_1C_2}/t_1} = \frac{t_1}{t_2} = \frac{\varphi_1}{\varphi_2} = \frac{180° + \theta}{180° - \theta}$$

由上式可推出：

$$\theta = 180° \cdot \frac{K-1}{K+1}$$

当 $\theta > 0$，$K > 1$ 时，$\theta$ 越大，$K$ 值越大，机构的急回特性越明显。

当 $\theta = 0$ 或 $K = 1$ 时，机构无急回特性。

#### 2. 偏置曲柄滑块机构的急回特性

如图 11-21(a)所示的偏置曲柄滑块机构，偏矩为 $e$。当 $e = 0$ 时，$\theta = 0$，$K = 1$，机构无急回特性；当 $e \neq 0$ 时，$\theta \neq 0$，$K > 1$，机构有急回特性。

#### 3. 导杆机构的急回特性

如图 11-21(b)所示的导杆机构，其极位夹角等于导杆摆角，也有急回特性。在实际应用中四杆机构的急回特性可以节约空回时间，提高生产效率，例如，牛头刨床、往复式输送机等即利用了机构的急回特性。

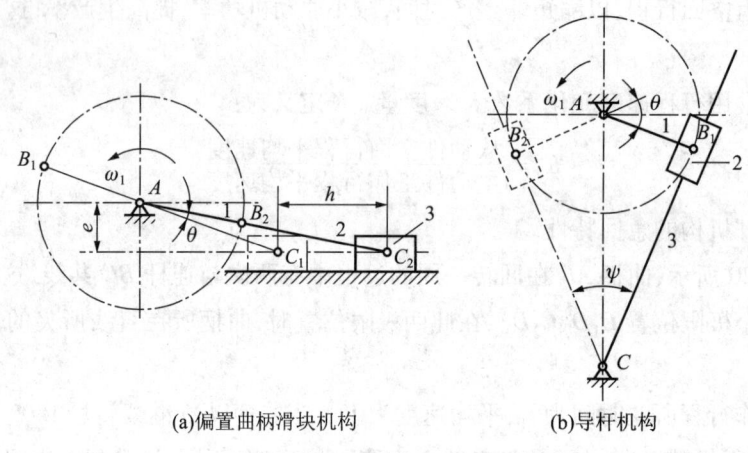

(a)偏置曲柄滑块机构　　　(b)导杆机构

**图 11-21　有急回特性的机构**

### 三、死点位置

如图 11-22(a)所示的曲柄摇杆机构，当从动曲柄 $AB$ 与连杆 $BC$ 共线时，通过连杆加于曲柄的力将经过固定铰链 $A$ 的中心，该作用力对 $A$ 点的力矩为零，所以曲柄 $AB$ 不会转动，整个机构处于静止状态，此时机构所处的位置称为死点，又称止点。如图 11-22(b)所示的曲柄滑块机构，如果以滑块作主动，则当从动曲柄 $AB$ 与连杆 $BC$ 共线时，外力无法推动从动曲柄转动。机构处于死点位置，一方面驱动力作用降为零，从动件要依靠惯性越过死点；另一方面是方向不定，可能因偶然外力的影响造成反转。

四杆机构是否存在死点，取决于从动件是否与连杆共线。例如，上述图 11-22(a)所示的曲柄摇杆机构，如果改摇杆主动为曲柄主动，则摇杆为从动件，因连杆 $BC$ 与摇杆 $CD$ 不存在共线的位置，故不存在死点。又如前述图 11-22(b)所示的曲柄滑块机构，如果改曲柄为主动，就不存在死点。

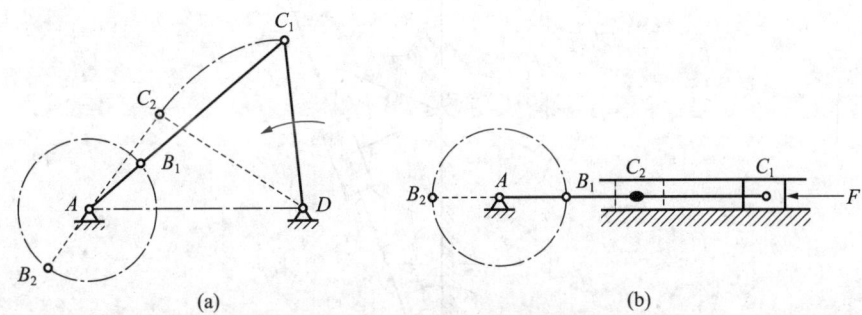

**图 11-22　平面四杆机构的止点位置**

死点的存在对机构运动是不利的,应尽量避免出现死点。当无法避免出现死点时,一般可以采用加大从动件惯性的方法,靠惯性帮助通过死点。例如,内燃机曲轴上的飞轮,也可以采用机构错位排列的方法,靠两组机构死点位置差的作用通过各自的死点。

在实际工程应用中,有许多场合是利用死点位置来实现一定工作要求的。如图 11-23 所示为一种快速夹具,要求夹紧工件后夹紧反力不能自动松开夹具,所以将夹头构件 1 看成主动件,当连杆 2 和从动件 3 共线时,机构处于死点,夹紧反力对摇杆 3 的作用力矩为零。这样,无论夹紧反力有多大,也无法推动摇杆 3 而松开夹具。当我们用手搬动连杆 2 的延长部分时,因主动件的转换破坏了死点位置而轻易地松开工件。

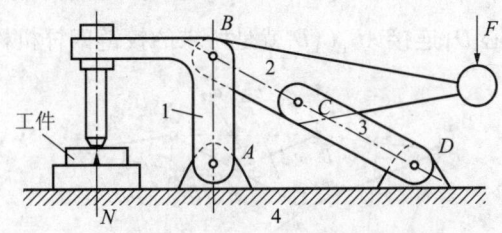

**图 11-23　机构止点位置的应用**
1—主动件　2—连杆　3—从动件

### 任务实施

(1) 由极位夹角公式可得极位夹角:$\theta = 180° \cdot \dfrac{K-1}{K+1} = 180° \cdot \dfrac{1.5-1}{1.5+1} = 36°$,导杆摆角与极位夹角相等,即 $\psi = \theta = 36°$。

(2) 取作图比例为 1:10。

(3) 任意取一点为固定铰链中心 $A$,作导杆摆角,并作其角平分线。再由 $A$ 点起按作图比例 $u$ 截取 $AB = \dfrac{600}{u}$ 得到另一个固定铰链中心 $B$,此点为曲柄的回转中心。

(4) 过点 $B$ 作导杆的两极限位置的垂线 $BC_1$(或 $BC_2$),量取该线段长度,按设定的比例尺可得曲柄的长度为 $L_{BC_1}$,如图 11-24 所示。

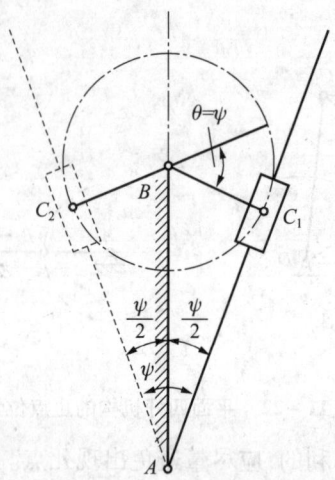

图 11-24 牛头刨床摆动导杆机构设计

### 知识链接

如图 11-25 所示,已知连杆的长度以及它所处的三个位置 $B_1C_1$、$B_2C_2$、$B_3C_3$,设计该铰链四杆机构。

分析:由于连杆上铰链点 $B(C)$ 是在以 $A(D)$ 为圆心的圆弧上运动,由 $B(C)$ 的三个已给定位置就可以求出圆心 $A(D)$,即分别作 $B_1B_2$ 和 $B_2B_3$ 连线的垂直平分线,其交点就是固定铰链中心 $A$;同理,求出铰链中心 $D$,连接 $AB_1C_1D$ 就是所求的铰链四杆机构。

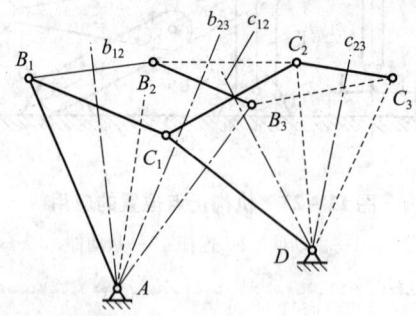

图 11-25 按给定连杆位置设计平面四杆机构

给定连杆的三个位置可以唯一确定机架的位置,但是,如果只给定连杆的两个位置,则机架的两铰链中心的位置可在垂直平分线上任意选择,有无穷多个解,此时,需要给定其他附加条件才能唯一确定铰链中心。

### 习题

1. 铰链四杆机构中曲柄存在的条件是什么?
2. 设计一铰链四杆机构,如图 11-26 所示,已知其摇杆 CD 的长度 $l_{CD}$ = 75mm,行程速

度变化系数 $K=1.5$，机架 AD 的长度 $l_{AD}=100\text{mm}$，摇杆的一个极限位置与机架间的夹角 $\varphi_3=45°$，求曲柄的长度 $l_{AB}$ 和连杆的长度 $l_{BC}$。

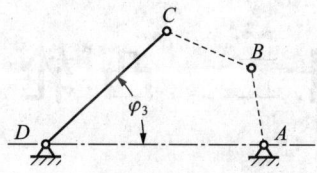

图 11-26　习题 2

# 项目十二 凸轮机构

## 课题一 认识凸轮机构

在自动化机器中,为实现各种复杂的运动要求,常采用凸轮机构,其设计比较简便,可实现从动件任意预期运动。凸轮机构已经在机床、纺织机械、轻工机械、印刷机械、机电一体化装配中大量应用。

### 任务 分析内燃机配气机构运动规律

【学习目标】

1. 熟悉凸轮机构的组成部分;
2. 了解凸轮机构的分类与应用。

### 任务引入

如图12-1所示为内燃机配气机构,试分析其运动规律。

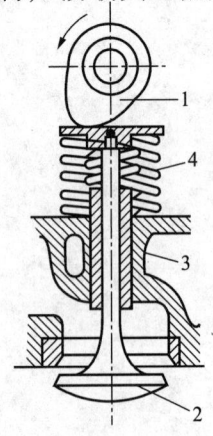

1—凸轮(主动件) 2—气阀杆(从动件) 3—机架(导套) 4—弹簧

图12-1 内燃机配气机构

## 📝 任务分析

内燃机配气机构是一个凸轮机构,它的运动规律完全符合凸轮机构的运动规律,因此,首先要学习分析凸轮机构的组成部分、工作原理和分类应用情况。

## 🔒 相关知识

### 一、凸轮机构的组成及特点

凸轮机构是由凸轮、从动件和机架三个基本构件组成的高副机构(见图12-2),其中凸轮通常为主动件。通过凸轮的连续转动或往复运动转化为从动件的往复移动或摆动,实现从动件按设计的运动规律工作。

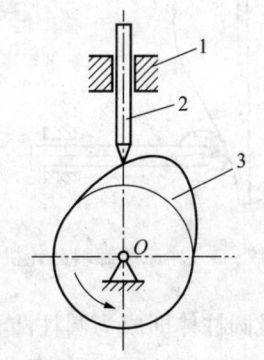

1—机架  2—从动件  3—凸轮

图 12-2　凸轮机构基本组成

凸轮机构的主要特点如下:

(1)不论从动件要求的运动规律多么复杂,都可以通过适当地设计凸轮轮廓来实现,而且设计比较简单。

(2)结构简单紧凑、构件少,传动累积误差很小,能够准确地实现从动件要求的运动规律。

(3)能实现从动件的转动、移动和摆动等多种运动要求,也可以实现间歇运动要求。

(4)工作可靠,非常适合于自动控制中。

(5)由于是高副机构,易磨损,只能用于传力不大的场合。

(6)与圆柱面和平面相比,凸轮轮廓的加工要复杂得多。

### 二、凸轮机构的分类与应用

凸轮机构的类型很多,通常按凸轮和从动件的形状、运动形式分类。

**1. 按凸轮的形状分类**

(1)盘形凸轮。它是凸轮的最基本形式,这种凸轮是一个绕固定轴转动并且具有变化半径的盘形零件。在盘形凸轮机构中,由于从动件的运动范围太大会引起凸轮径向尺寸变化过大,不利于机构的正常工作。因此,盘形凸轮机构一般用于从动件运动范围较小的场合。如图

12-1 所示的内燃机配气机构的凸轮即为一个盘形凸轮。

(2) 移动凸轮。当盘形凸轮的回转中心趋于无穷远时,凸轮相对机架作直线运动,这种凸轮称为移动凸轮。移动凸轮通常作往复直线移动,多用于靠模仿形机械中。如图 12-3 所示冲床装卸料凸轮机构中的凸轮固定于冲头上,当其随冲头往复上下运动时,通过凸轮高副驱动从动件以一定规律往复水平移动,从而使机械手按预期的输出特性装卸工件。

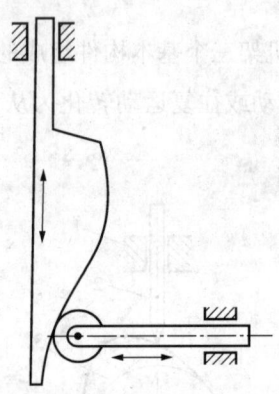

图 12-3 冲床装卸料凸轮机构

(3) 圆柱凸轮。将移动凸轮卷成圆柱体即成为圆柱凸轮。圆柱凸轮机构的从动件可以通过直径不大的柱体凸轮获得较大的运动范围。圆柱凸轮有两种类型:槽形圆柱凸轮(指圆柱体表面开有曲线沟槽的凸轮)和端面圆柱凸轮(指柱体端面上有曲线轮廓的凸轮)。

在图 12-4 所示的巧克力输送凸轮机构中,当带有凹槽的圆柱凸轮连续等速转动时,通过嵌于其槽中的滚子驱动从动件往复移动,凸轮每转动一周,从动件即从喂料器中推出一块巧克力并将其送至待包装位置。

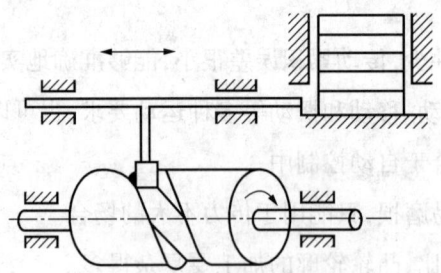

图 12-4 巧克力输送凸轮机构

2. 按从动件形状分类

(1) 尖顶从动件。如图 12-5(a) 所示,尖顶能与任意复杂的凸轮轮廓保持接触,因而能实现任意预期的运动规律。这种凸轮机构结构简单、运动灵敏、承载能力低。因为尖顶磨损快,所以只适宜用于受力不大的低速凸轮机构中。

(2) 滚子从动件。如图 12-5(b) 所示,在从动件的尖顶处安装一个滚子从动件,可以克服尖顶从动件易磨损的缺点。滚子从动件耐磨损,可以承受较大载荷,是最常用的一种从动件形式。但滚子轴处有间隙,运动规律有一定限制,故不适用于高速凸轮机构。

(3)平底从动件。如图12-5(c)所示,这种从动件与凸轮轮廓表面接触的端面为一平面,所以它不能与凹陷的凸轮轮廓相接触。这种从动件的优点是:当不考虑摩擦时,凸轮与从动件之间的作用力始终与从动件的平底相垂直,传动效率较高,且接触面易于形成油膜,利于润滑,故常用于高速凸轮机构。

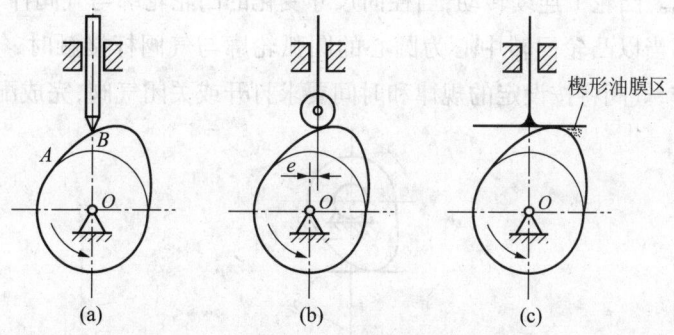

图12-5 按从动件形状分类的凸轮机构

3. 按从动件运动形式

可分为直动从动件(对心直动从动件和偏置直动从动件)和摆动从动件两种。

4. 其他形式

凸轮机构中,采用重力、弹簧力使从动件端部与凸轮始终相接触的方式称为力锁合,如图12-1所示的内燃机配气机构;采用特殊几何形状实现从动件端部与凸轮相接触的方式称为形锁合,如图12-4与图12-6所示的凸轮机构都为形锁合。

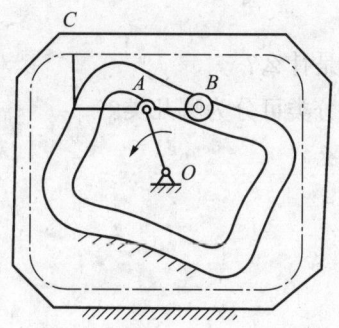

图12-6 形锁合的凸轮机构

按照不同的分类方法还可以将凸轮机构分成多种类型。若按运动空间分类可分为平面凸轮机构和空间凸轮机构。平面凸轮机构即从动件在垂直于凸轮轴线的平面内运动,如盘形凸轮机构、移动凸轮机构都为平面凸轮机构。空间凸轮机构的凸轮与从动件的相对运动是空间运动,即从动件在平行于凸轮轴线的平面内运动。

若按运动轴心偏置情况可分为对心凸轮机构与偏置凸轮机构。对心凸轮机构的从动件移动轴心通过凸轮机构的回转中心,而偏置凸轮机构的从动件移动轴心不通过凸轮机构的回转中心。

如果将不同类型的凸轮机构组合应用,那么凸轮机构又可分为多种形式,如对心尖底移动从动件盘形凸轮机构、偏置滚子移动从动件盘形凸轮机构等。

### 任务实施

如图 12-1 所示的内燃机配气机构是一种对心平底移动从动件盘形凸轮机构,其结构简图如图 12-7 所示。凸轮 1 连续转动,当径向尺寸变化的凸轮轮廓与气阀杆 2 的平底接触时,气阀杆上下移动。当以凸轮回转中心为圆心的圆弧轮廓与气阀杆接触时,气阀杆静止不动。通过连续循环动作,气阀将按设定的规律和时间要求打开或关闭气阀,完成配气动作。

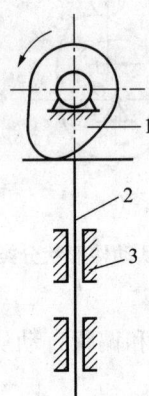

1—凸轮  2—气阀杆  3—机架

图 12-7  内燃机配气机构示意图

### 习 题

1. 凸轮机构的基本组成部分是什么?
2. 凸轮机构按从动件的形状分类可分为哪几类?
3. 凸轮机构的主要特点是什么?

# 课题二 设计凸轮轮廓曲线

## 任务 设计凸轮轮廓曲线

【学习目标】

1. 熟悉凸轮机构的工作过程；
2. 能够利用反转法设计凸轮轮廓曲线。

### 任务引入

如图12-8所示的偏置尖顶移动从动件盘形凸轮，已知该机构中的凸轮以等角速度 $\omega$ 顺时针转动，其基圆半径 $r_0 = 26\mathrm{mm}$，从动件导路的偏距 $e = 6\mathrm{mm}$，从动件的行程 $h = 18\mathrm{mm}$ 及从动件的位移线图，试设计该凸轮轮廓曲线。

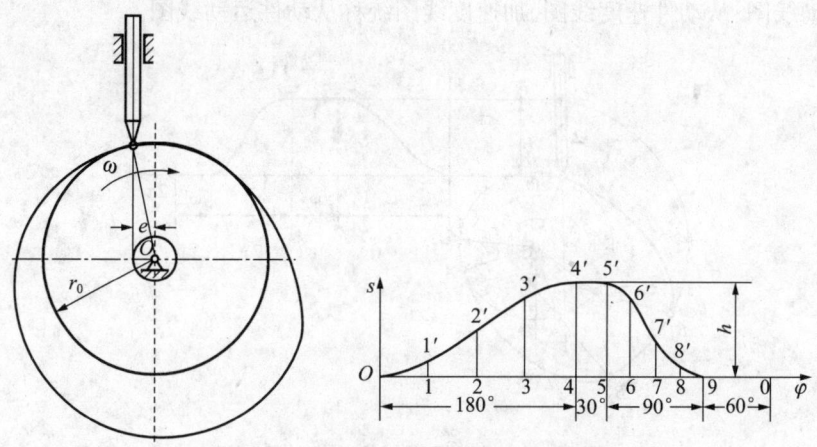

图12-8 盘形凸轮机构及从动件位移线

### 任务分析

如果要设计凸轮机构的凸轮轮廓曲线，必须先得学习凸轮机构的工作过程、从动件的运动规律及机构相关参数，并且要学习图解法设计凸轮轮廓曲线的基本原理。设计凸轮轮廓曲线有图解法与解析法，我们这里主要学习图解法中的一种方法：反转作图法。

### 相关知识

一、凸轮机构的工作过程和有关参数

1. 凸轮机构的工作过程

如图12-9所示的凸轮机构中的凸轮顺时针方向等速转动时，当凸轮转过曲线弧 $A_0B_1$ 时，从动件由最低位置向上移动到最高位置；当凸轮转过圆弧 $B_1B_2$ 时，从动件在最高位置静止不动;当凸轮转过圆弧 $B_2A_3$ 时,从动件同最高位置移动到最低位置;当凸轮转过圆弧 $A_3A_0$ 时,从动件在最低位置静止不动。当凸轮连续转动时,从动件将重复动作:上升,停止,下降,停止。

2. 凸轮机构的有关参数

(1)基圆:以凸轮理论轮廓曲线最小向径 $r_0$ 为半径所作的圆。

(2)偏矩圆:从动件移动导路与凸轮回转中心偏置距离为 $e$,以 $e$ 为半径,$O$ 为圆心所作的圆。

(3)行程:从动件由最低点到最高点的位移 $h$(或摆角 $\varphi$)。

(4)推程运动角:从动件由最低运行到最高位置,凸轮所转过的角 $\varphi_0$。

(5)回程运动角:从动件由最高运行到最低位置,凸轮所转过的角 $\varphi_0'$。

(6)远休止角:从动件到达最高位置停留过程中凸轮所转过的角 $\varphi_s$。

(7)近休止角:从动件在最低位置停留过程中所转过的角 $\varphi_s'$。

(8)从动件位移线图:从动件位移 $S$ 与凸轮转角 $\varphi$(或时间 $t$)之间的对应关系曲线。

(9)运动线图:从动件速度线图、加速度线图统称从动件运动线图。

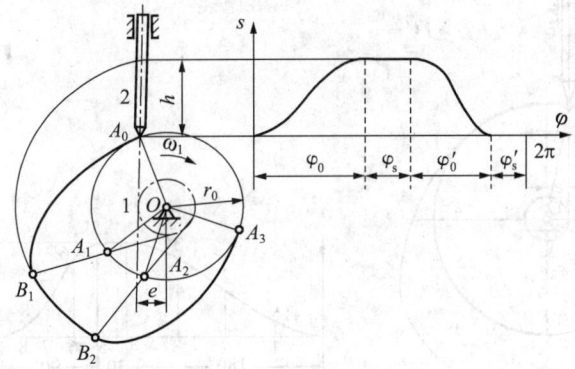

图 12-9 盘形凸轮机构工作过程分析

**二、从动件的运动规律**

从动件运动规律是指从动件的位移、速度、加速度与凸轮转角或时间之间的函数关系。凸轮机构从动件的常用规律有等速运动、等加速运动、等减速运动和余弦加速度(简谐)运动。

1. 等速运动规律

凸轮角速度 $\omega_1$ 为常数时,从动件速度 $v$ 不变,称为等速运动规律。位移方程可表达为 $s=\dfrac{h_1\varphi}{\varphi_0}$,如图 12-10 所示,为等速运动规律的位移、速度、加速度线图。对于等速运动规律,起点和终点瞬时的加速度 $a$ 为无穷大,因此,产生刚性冲击应用于中、小功率和低速场合。

推程时从动件的运动规律方程为:

$$s = \frac{h}{\varphi_0}\varphi$$

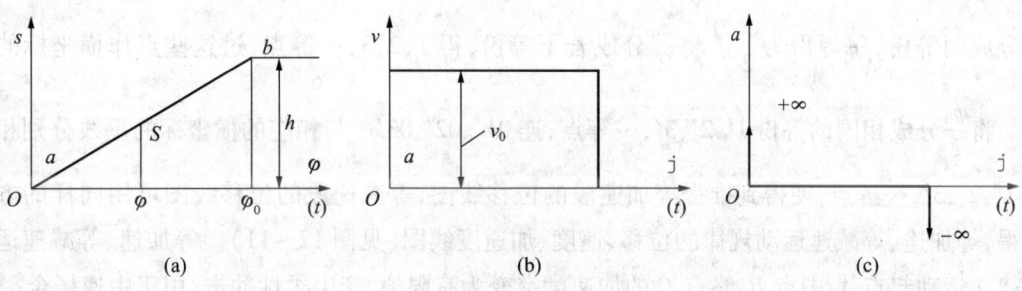

图 12-10 等速运动位移线图与运动线

$$v = \frac{h}{\varphi_0}\omega_1$$

$$a = 0$$

回程时从动件的运动规律方程为:

$$s_2 = h\left(1 - \frac{\varphi}{\varphi'_0}\right)$$

$$v_2 = -\frac{h}{\varphi'_0}\omega_1$$

$$a = 0$$

为避免由此产生的刚性冲击,实际应用时常用圆弧或其他曲线修正位移线图的始、末两端,修正后的加速度 $a$ 为有限值,此时引起的有限冲击称为柔性冲击。

2. 等加速、等减速运动规律

等加速、等减速运动规律,在前半程用等加速运动规律,后半程采用等减速运动规律,两部分加速度绝对值相等。对前半程运动方程为:

$$S_1 = \frac{2h}{\varphi_0^2}\varphi^2$$

$$v_2 = \frac{4h\omega_1}{\varphi_0^2}\varphi$$

$$a = \frac{4h\omega_1^2}{\varphi_0^2}$$

后半程运动方程为:

$$S_2 = h - \frac{2h}{\varphi_0^2}(\varphi_0 - \varphi)^2$$

$$v_2 = \frac{4h\omega_1}{\varphi_0^2}(\varphi_0 - \varphi)$$

$$a = -\frac{4h\omega_1^2}{\varphi_0^2}$$

等加速、等减速运动规律的位移线图的画法为将推程角 $\varphi_0$ 分成两等份,每等份为 $\frac{\varphi_0}{2}$;将行程分成两等份,每等份为 $\frac{\varphi_0}{2}$。将 $\frac{\varphi_0}{2}$ 分成若干等份,得 1,2,3,…等点,过这些点作横坐标的垂线。将 $\frac{\varphi_0}{2}$ 分成相同的等份 1′,2′,3′,…等点,连 01′、02′、03′…与相应的横坐标的垂线分别相交与 1″,2″,3″,…等点,便得到推程等加速段的位移线图,等减速段的位移线图可用同样的方法求得,等加速、等减速运动规律的位移、速度、加速度线图(见图 12 – 11)。等加速、等减速运动规律在运动起点 A、中点 B、终点 C 的加速度突变为有限值,产生柔性冲击,用于中速场合。

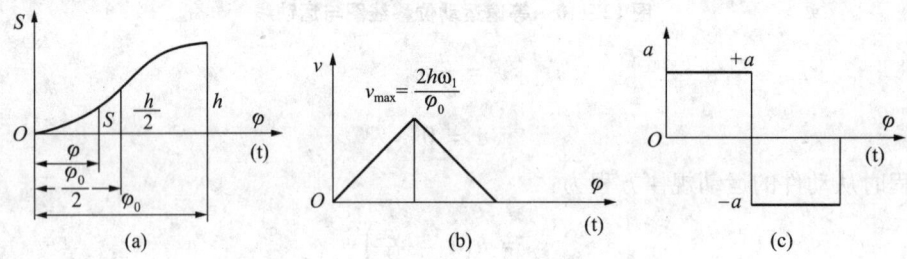

图 12 – 11　等加(减)速运动位移线图与运动线

3. 余弦加速度(简谐)运动规律

余弦加速度运动规律的加速度曲线为 $\frac{1}{2}$ 个周期的余弦曲线,位移曲线为简谐运动曲线(又称简谐运动规律),运动方程为:

$$s = \frac{h}{2}\left[1 - \cos\left(\frac{\pi}{\varphi_0}\varphi\right)\right]$$

$$v_2 = \frac{\pi h \omega_1}{2\varphi_0}\sin\left(\frac{\pi}{\varphi_0}\varphi\right)$$

$$a_2 = \frac{\pi^2 h \omega_1^2}{2\varphi_0^2}\cos\left(\frac{\pi}{\varphi_0}\varphi\right)$$

如图 12 – 12 所示为余弦加速度运动规律位移线图、速度线图和加速度线图。余弦加速度运动规律在运动起始和终止位置,加速度曲线不连续,存在柔性冲击,用于中速场合。但对于升→降→升型运动的凸轮机构,加速度曲线变成连续曲线,则无柔性冲击,可用于较高速场合。

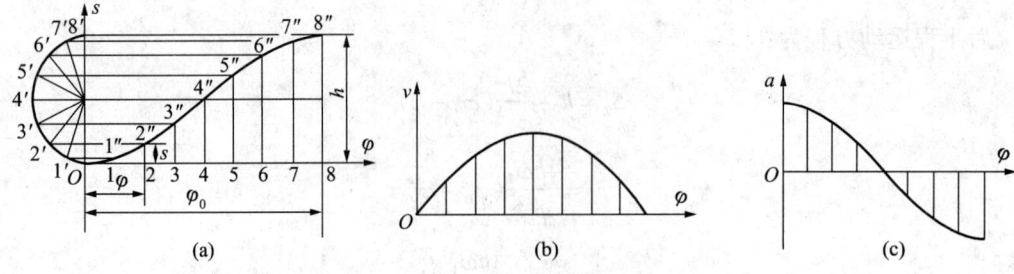

图 12 – 12　简谐运动位移线图与运动线

### 三、反转法基本原理

凸轮轮廓曲线设计的基本方法是反转法,所依据的是相对运动原理。如图 12-13 所示,以对心直动尖顶推杆盘形凸轮机构为例,在设计凸轮轮廓线时,设想给整个凸轮机构以一个与凸轮角速度 $\omega$ 大小相等而方向相反,即为 $-\omega$ 的角速度,使其绕轴心 $O$ 转动。这时凸轮将静止不动,而推杆一方面随机架相对凸轮以 $\omega$ 角速度反转运动,另一方面又以原有的运动规律相对于机架运动。由于推杆的尖顶始终与凸轮的轮廓保持接触,所以推杆在这种复合运动中,其尖顶的运动轨迹即为凸轮轮廓曲线。根据这一方法,求出推杆尖顶在推杆作这种复合运动中所占据的一系列位置点,并将它们连接成光滑曲线,即得所求的凸轮轮廓曲线。

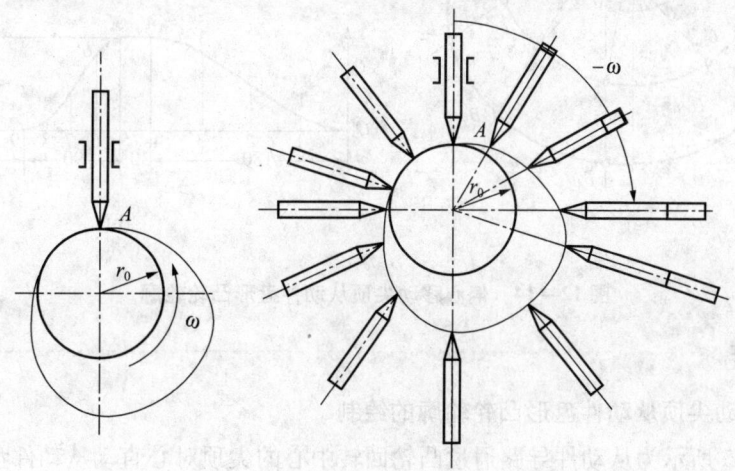

图 12-13　凸轮轮廓线设计的反转法原理

### 任务实施

如图 12-14 所示的偏置尖顶移动从动件盘形凸轮轮廓的设计步骤如下:

(1) 以 $r_0$ 为半径作基圆,$e$ 为半径作偏矩圆。

(2) 过 $K$ 点作从动件导路与偏距圆相切,导路与基圆的交点为 $B_0(C_0)$。

(3) 作位移线图,将推程运动角与回程运动角分成若干等份。自 $OC_0$ 开始,沿 $\omega$ 的相反方向取推程运动角(180°)、远休止角(30°)、回程运动角(90°)、近休止角(60°)在基圆上得 $C_4, C_5, C_9$ 点。

(4) 等分偏矩圆,在基圆上将推程运动角、远休止角、回转运动角、近休止角相应等分得 $C_1, C_2, C_3, C_6, C_7, C_8$ 各点。过 $C_1, C_2, C_3, \cdots, C_9$ 点作偏矩圆的切线,这些切线就是从动件反转后的相应位置。

(5) 应用反转法,量取从动件在各切线对应位置上的位移,由位移线图中量取从动件位移,得 $B_1, B_2, \cdots$,即 $C_1B_1 = 11'$ $C_2B_2 = 22' \cdots$

(6) 将 $B_0, B_1, \cdots$ 连成光滑曲线,即为所求凸轮轮廓曲线。

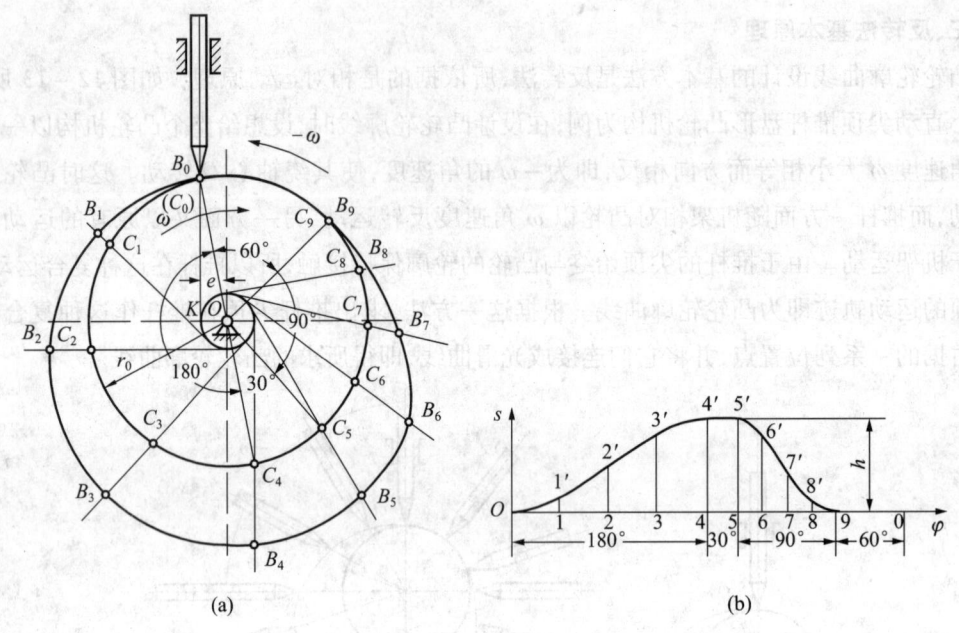

图 12-14 偏心移动尖顶从动件盘形凸轮轮廓

## 知识链接

### 一、对心移动尖顶从动件盘形凸轮轮廓的绘制

如图 12-15 所示为从动件导路通过凸轮回转中心的尖顶对心直动从动件盘形凸轮机构。根据已知条件从动件的位移线图,凸轮的基圆半径,以及凸轮以等角速度(顺时针转动,要求绘出此凸轮的轮廓。

根据"反转法"原理,可以作图如下:

(1)选择长度比例尺 $\mu_l$(实际线性尺寸/图样线性尺寸)和角度比例尺 $\mu_\varphi$(实际角度/图样线性尺寸),作从动件位移曲线;

(2)将曲线推程角和回程角分成若干等份;

(3)以基圆半径为半径作基圆,按长度比例尺 $\mu_l$ 作图,此基圆与导路的交点 A 便是从动件尖顶的起始位置;

(4)将位移线图的推程和回程所对应的转角分成若干等份;

(5)在基圆上,自 OA 沿 ω 的相反方向取角度,并将它们各分成推程回程及休止对应的若干等份得 1,2,3…点。连接 $O_1,O_2,O_3,…$,并延长各径向线,它们便是反转后从动件导路线的各个位置;

(6)在位移曲线中量取各个位移量,得反转后从动件尖顶的一系列位置 1′,2′,3′…

(7)将 1′,2′,3′,…,连成光滑的曲线,即是所要求的凸轮轮廓。

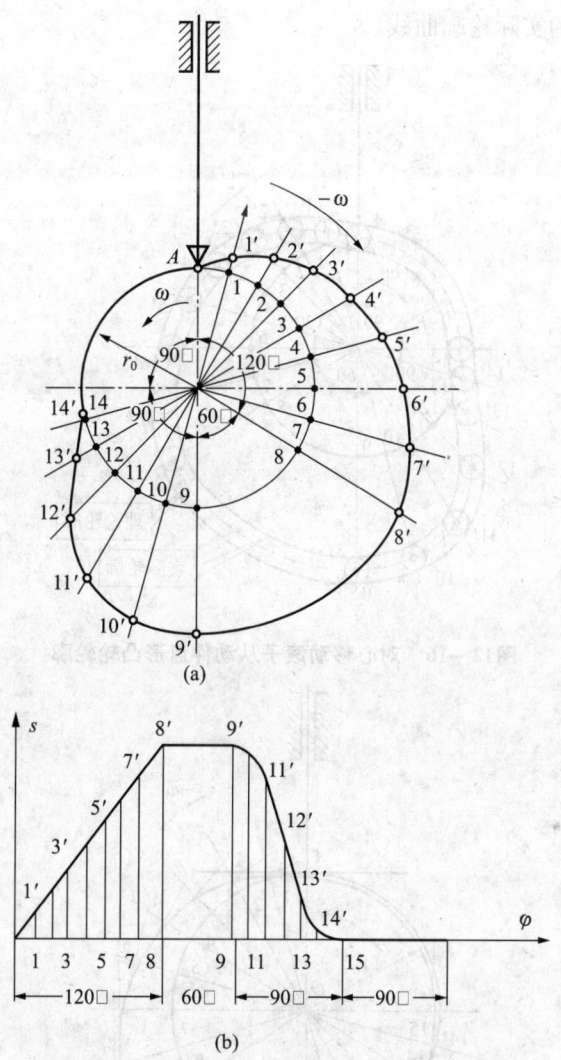

**图 12-15 对心移动尖顶从动件盘形凸轮轮廓**

### 二、对心移动滚子从动件盘形凸轮轮廓的绘制

掌握了对心直动尖顶从动件盘形凸轮轮廓的绘制技巧,如果从动件不是尖顶,而是滚子,凸轮轮廓又怎样绘制出来呢?对于滚子从动件盘形凸轮机构,设计尖顶从动件盘形凸轮方法与上相同,由上述方法得出的轮廓曲线称为理论轮廓曲线,然后以该轮廓曲线为圆心,滚子半径为半径画一系列圆,再画这些圆所包络的曲线,即为所设计的轮廓曲线,这称为实际轮廓曲线,如图 12-16 所示。

### 三、对心移动平底从动件盘形凸轮轮廓的绘制

绘制对心直动平底从动件盘形凸轮轮廓时,把从动件导路中心线与从动件平底的交点作为尖顶从动件的顶点,按尖顶从动件盘形凸轮轮廓的绘制方法可作出平底从动件盘形凸轮的理论轮廓曲线。如图 12-17 所示,首先在平底上选一固定点 $A$,按照尖顶从动件凸轮轮廓绘制的方法,求出理论轮廓上一系列点,过这些点画出代表从动件平底的直线,然后作这些平底

的包络线，便得到凸轮的实际轮廓曲线。

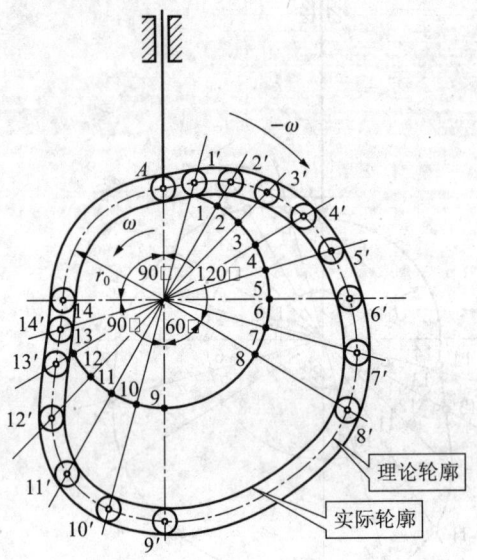

图12-16 对心移动滚子从动件盘形凸轮轮廓

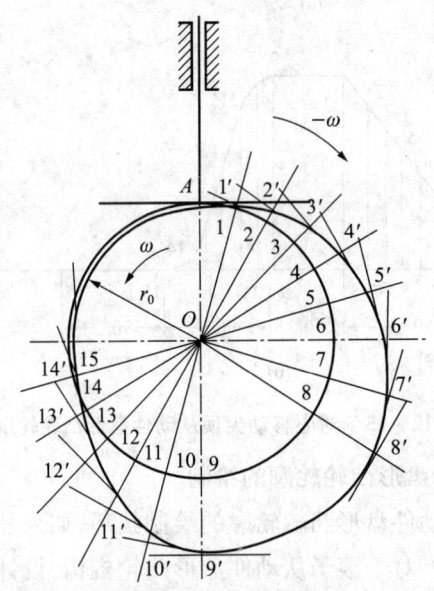

图12-17 对心移动平底从动件盘形凸轮轮廓

## 四、摆动从动件盘形凸轮轮廓的绘制

如图12-18所示，已知凸轮基圆半径$r_b$，中心距$a$，从动件摆杆长$l$，且已知从动件运动规律，求作凸轮轮廓曲线。设计步骤如下：

(1) 以$r_b$为半径作基圆，以中心距为$a$，作摆杆长为$l$与基圆交点于$B_0$点；

(2) 作从动件位移线图，并分成若干等份；

(3) 以中心矩$a$为半径，$O$为圆心作圆；

(4) 用反转法作位移线图对应等分点 $A_0, A_1, A_2, \cdots$；

(5) 以 $l$ 为半径，$A_1, A_2, \cdots$，为原心作一系列圆弧 $C_1 D_1$ 等，交于基圆 $C_1$ 等点；

(6) 以 $A_1 C_1, A_2 C_2$ 向外量取对应 $\psi_1, \psi_2, \psi_3$ 的 $A_1 B_1, A_2 B_2, \cdots$；

(7) 将点 $B_0, B_1, B_2, \cdots$ 连成光滑曲线。

若存在从动杆与轮廓干涉，可将摆杆作成曲杆，避免干涉，或使摆杆与凸轮轮廓不在一个平面内仅靠头部伸出杆与轮廓接触。对于滚子和平底同样是画出理论轮廓曲线为参数至运动轨迹，作出一系列位置的包络线即为实际轮廓曲线。

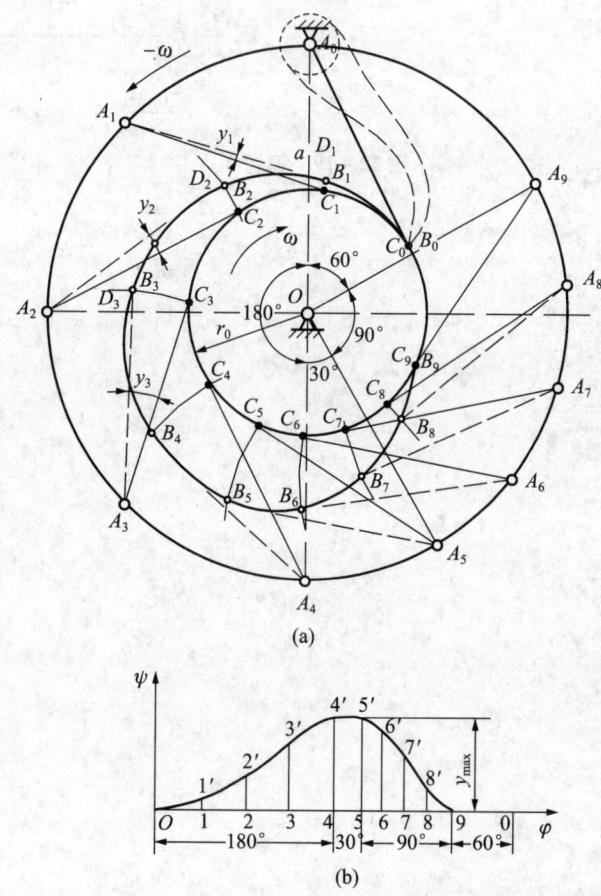

图 12 - 18 摆动从动件盘形凸轮轮廓的绘制

## 习 题

1. 常见的从动件运动规律有哪几种？

2. 根据图 12 - 19 所示的位移曲线和有关尺寸，试用作图法求解该盘形凸轮轮廓线的坐标值。（仅要求计算凸轮转过 60°、150°、270° 时的凸轮廓线坐标值。）

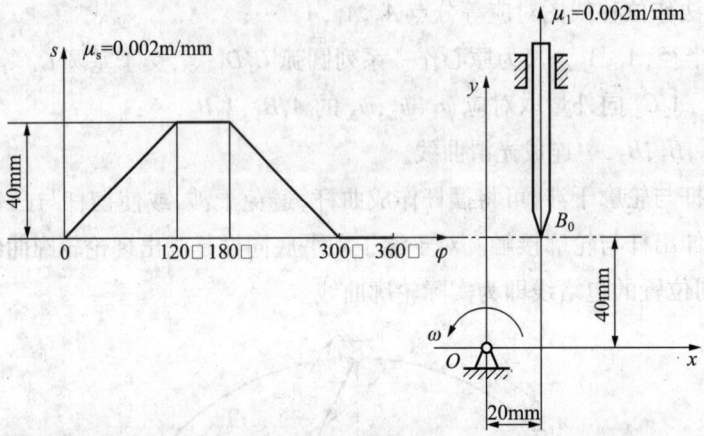

图 12-19 习题 2

# 项目十三　步进运动机构

步进运动机构是输出具有周期性停歇间隔单向运动特性的一类机构,它们广泛地应用在自动化机械中,用来满足送进、制动、转位、分度、超越等工作要求。步进运动机构的种类很多,如棘轮机构、槽轮机构和不完全齿轮机构等,我们这里主要学习常用的棘轮机构与槽轮机构。

## 课题一　棘　轮　机　构

### 任务　计算牛头刨床棘轮的最小转动角及进给量

【学习目标】

1. 掌握棘轮机构的特点及参数计算;
2. 能够合理应用棘轮机构解决实际问题。

#### 任务引入

牛头刨床工作台横向进给机构(见图13-1)的工作过程是:曲柄转动经连杆带动摇杆做往复摆动,摇杆上装有双向棘轮机构的棘爪,棘轮又与丝杠固连,棘爪带动棘轮作单方向间歇转动,从而使工作台作间歇进给运动。试分析牛头刨床中棘轮机构的运动特性,若给出牛头刨床工作台的横向进给螺杆的导程及棘轮齿数,试计算棘轮的最小转动角以及牛头刨床的最小横向进给量。

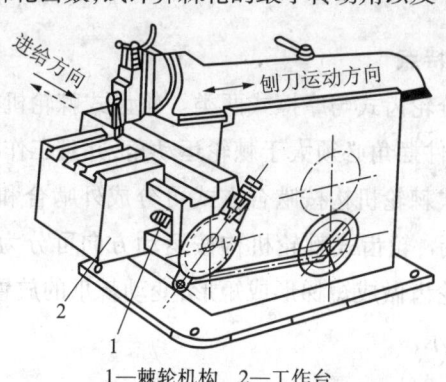

1—棘轮机构　2—工作台

图13-1　牛头刨床工作台横向进给机构

## 📝 任务分析

牛头刨床工作台横向进给机构是一典型的步进运动机构,因此,首先要分析棘轮机构的运动原理及运动特点,其次要分析棘轮机构的主要性能参数与几何尺寸的确定方法。

## 🔒 相关知识

### 一、棘轮机构的工作原理

棘轮机构基本结构如图13-2所示,由主动摆杆1、棘爪2、棘轮3、止回棘爪4和弹簧5组成。通常的主动件是摆杆1,从动件是棘轮3。主动摆杆1空套在与棘轮3固连的从动轴上,驱动棘爪2与主动摆杆1用转动副相连,止回棘爪4与机架用转动副连接,弹簧5保证棘爪与棘轮啮合。

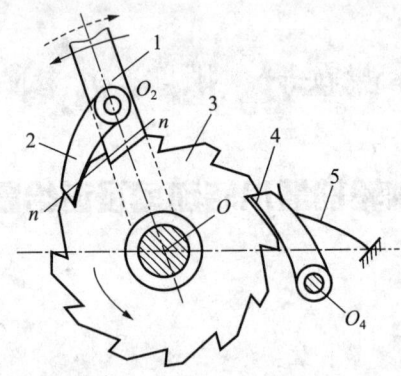

1—主动摆杆 2—棘爪 3—棘轮 4—止回棘爪 5—弹簧

**图13-2 棘轮机构的基本结构**

当主动摆杆1逆时针摆过一个角度时,棘爪2推动棘轮3相应地转动,当主动摆杆1顺时针摆回时,棘爪2在棘轮的齿背上滑过,而止回棘爪4由于弹簧5的作用卡紧在棘轮齿槽中,阻止棘轮顺时针转动,使棘轮保持静止。当主动摆杆如此连续往复地摆动,棘轮3将进行周期性逆时针地步进运动。

### 二、棘轮机构的类型与特点

棘轮机构的类型主要分轮齿式与摩擦式两类。轮齿式棘轮机构易于制造,运动可靠,但棘轮转角只能有级调节,主动件摆角必须大于棘轮运动角,并且工作时有噪声,容易磨损,不适合在高速的场合应用。轮齿式棘轮机构按啮合方式可分成外啮合和内啮合两类棘轮机构,分别如图13-2和图13-3所示;轮齿式棘轮机构按运动方向可分为单向式和双向式棘轮机构。双向式棘轮机构可将棘轮轮齿做成短梯形或矩形,变动棘爪的放置位置或方向,即可改变棘轮的转动方向,如图13-4所示。

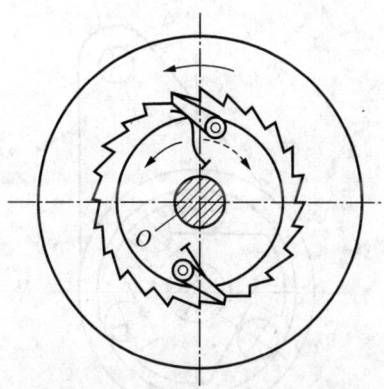

图 13-3　内啮合式棘轮机构

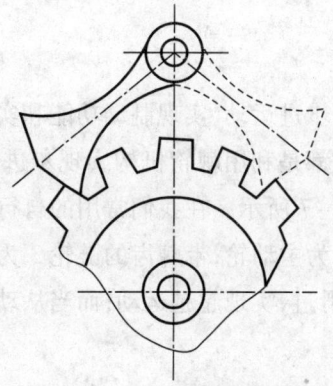

图 13-4　双向式棘轮机构

摩擦式棘轮机构难以避免打滑现象,运动不准确,但是转角可无级调节,工作时噪声小,适用于低速轻载的场合。常用的摩擦式棘轮机构有楔块式和滚子式两种,分别如图 13-5 和图 13-6 所示。

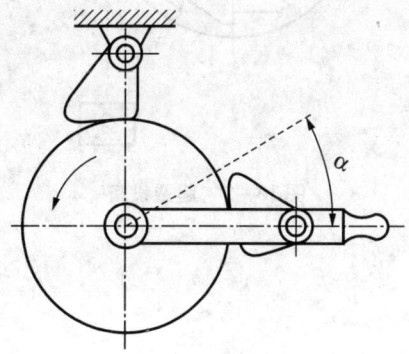

图 13-5　楔块摩擦式棘轮机构

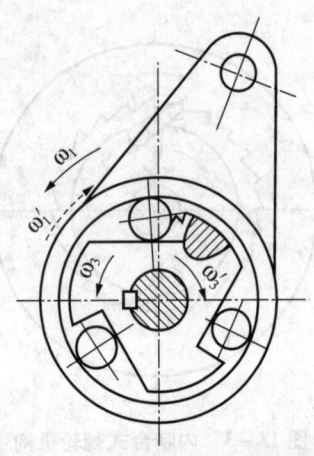

图13-6 滚子摩擦式棘轮机构

### 三、棘轮机构的应用

棘轮机构的典型应用是实现步进运动、实现制动功能和实现超越功能。例如,自动机床的进给机构、分度机构、送料机构等都是利用棘轮机构实现步进运动。在起重设备中,棘轮机构常被用于制动防止逆转,如图13-7所示。在我们常用的自行车后轮轴上也采用了棘轮机构,如图13-8所示。自行车链轮1为主动轮,带棘齿的链轮3为从动轮,当从动轮的内圈转速快于外圈时,棘爪4将在棘齿背上滑过,实现超越运动;而当从动轮的外圈转速快于内圈时,棘爪将卡紧棘齿槽推动内圈转动。

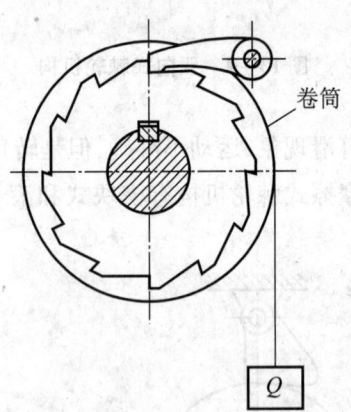

图13-7 起重设备

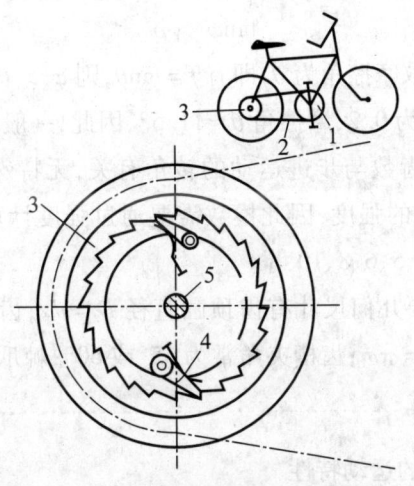

1—链轮 2—链条 3—带棘齿链轮 4—棘爪 5—后轮轴

**图 13-8 自行车后轴上的超越式棘轮机构**

### 四、棘轮机构的参数计算

(1) 齿面倾角 $\varphi$。图 13-9 中,$\varphi$ 为棘轮齿工作齿面法线与径向线间的夹角,称齿面倾角,$L$ 为棘爪长,$O_2$ 为棘爪轴心,$O_1$ 为棘轮轴心,啮合力作用点为 $A$,当传递相同力矩时,$O_1A$ 垂直于 $O_2A$ 时,棘爪轴受力最小。当棘爪与棘轮开始在齿顶 $A$ 啮合时,棘轮工作齿面对棘爪的总反力 $F_n$ 可分解为切向力 $F_t$ 和径向力 $F_r$。力 $F_n$ 使棘爪滑入棘轮齿根,而齿面摩擦力 $f$ 有阻止棘爪滑入棘轮齿根的作用。为使棘爪顺利滑入棘轮齿根并啮紧齿根,必须使径向力大于摩擦力,即:

$$F_r > f\cos\varphi$$

而又存在 $F_r = F_n\sin\varphi$;$f = F_n\rho$,因此:

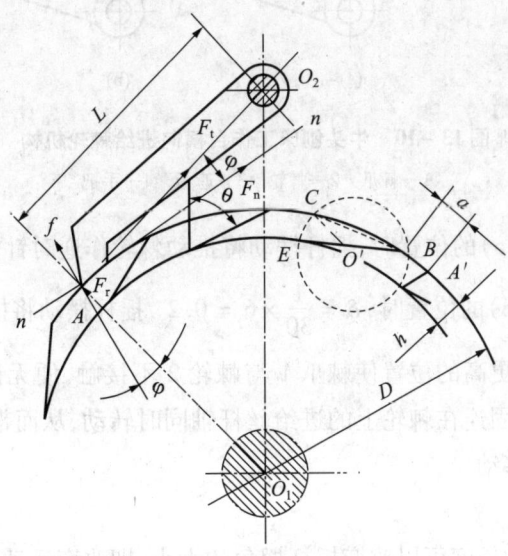

**图 13-9 棘爪受力分析**

$$\tan\varphi > \rho$$

式中,$\rho$ 为摩擦系数,若取摩擦角为 $\theta$,即有 $f = \tan\theta$,则 $\varphi > \theta$。

由于钢材的摩擦系数约为 0.2,摩擦角 $\theta \approx 11.5°$,因此,一般取 $\varphi$ 为 20°。

(2)齿数 $z$ 与模数 $m$。齿数与步进运动的转角有关,无特殊要求,一般取齿数为 8~30。模数的大小决定了棘轮轮齿的强度,因此模数需要通过强度计算确定,然后查手册选用标准值,如 1、1.5、2、2.5、3、3.5、4、5、6、8、10 等。

(3)主要几何尺寸。主要几何尺寸有齿顶圆直径 $D = mz$;齿高 $h = 0.75m$;齿根圆直径为 $D - 2h$;齿顶厚 $a = m$;齿距 $p = \pi m$;齿槽夹角常为 55° 或 60°;棘爪长度 $L = 2p$。

### 📝 任务实施

1. 牛头刨床的棘轮机构的运动特性

图 13-1 所示为用于控制牛头刨床工作台横向进给的棘轮机构为双向轮齿式棘轮机构,可实现工作台双向步进运动。牛头刨床工作台横向进给棘轮机构的结构图如图13-10 所示。

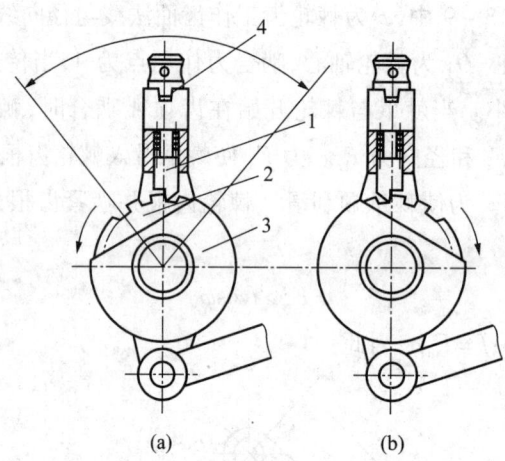

图 13-10  牛头刨床工作台横向进给棘轮机构
1—棘爪  2—棘轮  3—遮板  4—手把

当棘爪在图 13-10(a)的位置时,摇杆摆动将推动棘轮作逆时针方向转动,而当提起手把 4 将棘爪 1 置于 13-10(b)的位置时,$\delta = \frac{1}{30} \times 6 = 0.2$,摇杆摆动将推动棘轮 2 作顺时针方向转动,如果将手把 4 提至更高的位置使棘爪 1 与棘轮 2 不接触,便无论摇杆如何摆动,棘轮都将静止。当棘轮转动时,固连在棘轮上的进给丝杆轴同时转动,从而带动丝杆螺母和固连在丝杆螺母上的工作台横向移动。

2. 参数计算

改变牛头刨床曲柄的长度可以改变摇杆摆角的大小,即改变运动过程中棘轮转过的齿数,实现进给量的调节。若改变遮板 3 相对棘轮 2 的位置,可以罩住部分棘轮轮齿,这样就可以减少或增多棘爪拨动棘轮转过的齿数。

假设轮齿齿数为30,横向进给螺杆导程为6,则棘轮的最小转动角度$\beta$是:

$$\beta = \frac{1}{30} \times 360° = 12°$$

最小的横向进给量$\sigma$是:

$$\sigma = \frac{1}{30} \times 6 = 0.2\text{mm}$$

## 习 题

1. 已知一棘轮机构,其齿数$z=16$,顶圆直径$D=96\text{mm}$,求模数$m$和齿高$h$。
2. 棘轮机构有哪些类型,特性如何?

## 课题二 槽轮机构

### 任务 槽轮机构的设计

【学习目标】

1. 掌握槽轮机构的特点及参数计算;
2. 能够合理设计常用槽轮机构。

#### 任务引入

如图13-11所示,某型车床的刀架转位机构是单圆销六槽槽轮机构,已知它的中心距为60mm,试设计这个槽轮机构。

#### 任务分析

多把刀具放在可旋转的刀架上,可以通过刀架的周期性步进运动实现快速有序地换刀,从而避免了多次装卸刀具、试刀及试切等工作,节约加工零件的时间,提高了生产效率。如图13-11中拨盘1每旋转一周,圆销进出一次槽轮径向槽,即驱动槽轮2转过60°,实现下一工序刀具的准备工作。当拨盘1依次转动6周后,安装在刀架上的6把刀具即被依次有序更换,快速完成零件的加工过程。如果要设计这一槽轮机构,我们就必须理解槽轮机构的结构特点、工作原理和相关参数计算。

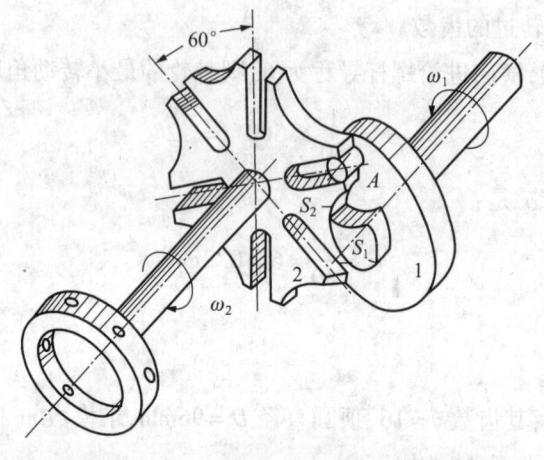

1—拨盘　2—槽轮

图 13－11　刀架转位机构

## 相关知识

### 一、槽轮机构的结构与工作原理

槽轮机构又称马尔他机构，如图 13－12 所示。它是由槽轮 2、带有圆柱销的拨盘 1 和机架组成。当拨盘 1 做匀速转动时，驱使槽轮 2 作间歇运动。

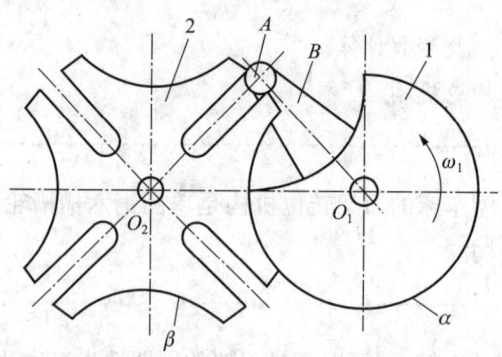

1—拨盘　2—槽轮

图 13－12　单圆柱销外啮合槽轮机构

在拨盘 1 的圆销 A 尚未进入槽轮的径向槽时，槽轮内凹锁住弧 β 被拨盘 1 的外凸圆弧 α 卡住，因而槽轮静止不动。如图 13－12 所示是拨盘 1 的圆销开始进入槽轮径向槽的位置，这时锁住弧被松开，因此圆销开始驱使槽轮 2 转动。当圆销开始脱出径向槽时，槽轮的另一内凹锁住弧又被拨盘 1 的外凸锁住弧卡住，致使槽轮静止不动，直到圆销在进入另一径向槽时，两者又重复上述的循环运动。图 13－12 所示的具有四个槽的槽轮机构，当主动件拨盘回转一周时，从动件槽轮只转 1/4 周。同理，具有 $n$ 个槽的槽轮机构，当主动件回转一周时，槽轮将转过 $1/n$ 周。如此重复循环，使槽轮实现单向间歇地步进运动。

槽轮机构可分为平面槽轮机构和空间槽轮机构,平面槽轮机构按照啮合的方式又可分为外啮合与内啮合两种槽轮机构。图 13 – 12 所示为外啮合式槽轮机构,图 13 – 13 所示为内啮合式槽轮机构,图 13 – 14 所示为空间球面槽轮机构。

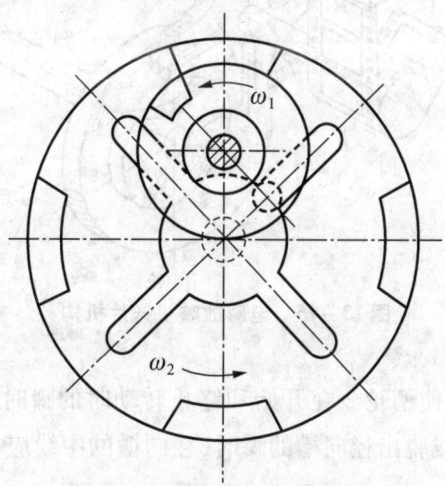

图 13 – 13　内啮合式槽轮机构

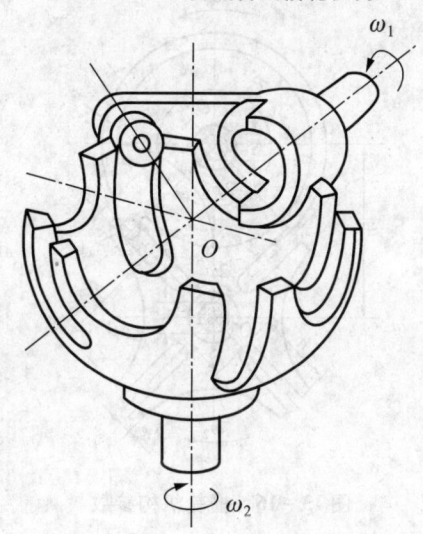

图 13 – 14　空间球面槽轮机构

　　槽轮机构结构简单,易于制造,工作可靠,机械效率较高,同时具有分度和定位的功能,因而,它被广泛地应用在要求间歇地转过一定角度的装置中,如转塔车床的刀架转位机构,电影放映机的送片机构,如图 13 – 15 所示。

　　但是,槽轮机构的拨盘上锁住弧定位精度有限,当要求精确定位时,还应设置定位销;在分度数确定以后,槽轮机构运动系数也随之确定而不能改变;虽然振动和噪声比棘轮机构小,但槽轮机构在启动和停止的瞬间加速度大,有冲击。

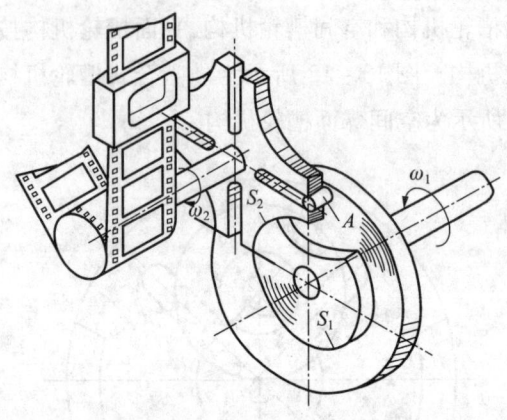

图 13-15 电影放映机送片机构

## 二、槽轮机构的参数

如图 13-16 所示,为了使槽轮 2 在开始和终止转动时的瞬时角速度为零,以避免圆销 $A$ 与槽轮发生撞击,圆销进入或脱出径向槽的瞬时,径向槽的中线应与圆销中心相切,即 $O_2A$ 应与 $O_1A$ 垂直。

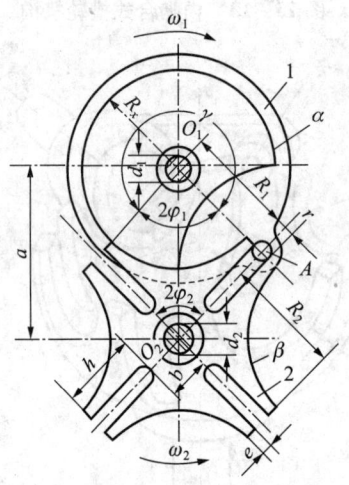

图 13-16 槽轮机构参数

设 $z$ 为均匀分布的径向槽数,当槽轮 2 转过 $2\varphi_2 = \dfrac{2\pi}{z}$ 弧度时,拨盘 1 相应转过的转角为:

$$2\varphi_1 = \pi - 2\varphi_2 = \pi - \dfrac{2\pi}{z}$$

在一个运动循环内,槽轮 2 的运动时间 $t$ 与主动拨盘转一周的总时间 $T$ 之比,称为槽轮机构的运动系数,用 $\tau$ 表示。槽轮停止时间 $t'$ 与主动拨盘转一周的总时间 $T$ 之比,称为槽轮的静止系数,用 $\tau'$ 表示。当拨盘匀速转动时,时间之比可用槽轮与拨盘相应的转角之比来表示。如图 13-16 所示,只有一个圆销的槽轮机构,$t$、$t'$、$T$ 分别对应于拨盘的转角为 $2\varphi_1$、$(2\pi - 2\varphi_1)$、$2\pi$。因此,该槽轮机构的运动系数和静止系数分别为:

$$\tau = \frac{t}{T} = \frac{2\varphi_1}{2\pi} = \frac{\pi - \frac{2\pi}{z}}{2\pi} = \frac{z-2}{2z} = \frac{1}{2} - \frac{1}{z}$$

$$\tau' = \frac{t'}{T} = \frac{T-t}{T} = 1 - \tau = \frac{z+2}{2z} = \frac{1}{2} + \frac{1}{z}$$

为了保证该类槽轮运动,其运动系数必须大于零且槽轮的径向槽数 $z$ 应等于或大于 3。由式还可以看出,这种槽轮机构的运动系数 $\tau$ 恒小于 0.5,即槽轮的运动时间 $t$ 总小于静止时间 $t'$。

如果使槽轮机构的运动系数 $\tau$ 大于 0.5,可在拨盘上装多个圆销,但是运动系数还必须小于 1,因为当 $l=1$ 时表示槽轮 2 与拨盘 1 一样作连续转动,不能实现间歇运动。假设拨盘上均匀分布的圆销数为 $K$,当拨盘转一整周时,槽轮将被拨动 $K$ 次。因此,槽轮的运动时间为单圆销时的 $K$ 倍。即:

$$0 < \tau = \frac{K(z-2)}{2z} < 1$$

故由上式得:

$$K < \frac{2z}{z-2}$$

由上式可知,当 $z=3$ 时,圆销的数目可取 1~5,当 $z=4$ 或 5 时,圆销数目可取 1~3,而当 $z>6$ 时,圆销的数目为 1 或 2。从节约加工时间的角度考虑,希望槽数 $z$ 越小越好,因为,此时 $l$ 也相应减小,槽轮静止时间增大,但是从动力学特性角度考虑,槽数 $z$ 适当增大较好,因为,此时槽轮角速度减小,可减小振动和冲击,有利于槽轮机构正常工作。

但是,如果槽轮槽数过多,则槽轮机构尺寸较大,并且转动时惯性力矩也增大,由公式可知,当 $z>9$ 时,槽数虽然增加,运动系数 $l$ 的变化却不大,因此,$z$ 通常取 4~8。

对于外啮合槽轮机构的常用几何参数计算,见表 13-1。

表 13-1　　　　　　　　　　外啮合槽轮机构的几何参数

| 名称 | 符号 | 单位 | 公式与说明 |
| --- | --- | --- | --- |
| 圆销转动半径 | $R_1$ | mm | $R_1 = a\sin(\pi/z)$,$a$ 为中心距 |
| 圆销半径 | $r$ | mm | $r$ 约为 $R_1/6$ |
| 槽顶高 | $R_2$ | mm | $R_2 = a\cos(\pi/z)$ |
| 槽底高 | $b$ | mm | $b \leq a - R_1 - r$ |
| 槽深 | $h$ | mm | $h = R_2 - b$ |
| 槽顶口壁厚 | $e$ | mm | $e = R_1 - (r + R_x)$ |
| 锁住弧张开角 | $\gamma$ | (°) | $\gamma = 2\pi/K - 2\varphi_1 = 2\pi(1/K + 1/z - 1/2)$ |
| 锁住弧半径 | $R_x$ | mm | $R_x = K_x R_2$<br>其中,当 $z=3、4、5、6、8$ 时<br>$K_x = 1.4、0.7、0.48、0.34、0.2$ |

**任务实施**

计算槽轮机构的各个几何参数如下:

圆销转动半径 $R_1 = a\sin(\pi/z) = 60 \times \sin(\pi/6) = 30$mm

圆销半径 $r = R_1/6 = 30/6 = 5$mm

槽顶高 $R_2 = a\cos(\pi/z) = 60 \times \cos(\pi/6) = 51.96$mm

槽底高 $b \leqslant a - R_1 - r = 60 - 30 - 5 = 25$,取 $b = 25$mm

槽深 $h = R_2 - b = 51.96 - 25 = 26.96$mm

锁住弧半径 $R_x = K_x R_2 = 0.34 \times 51.96 = 17.67$mm,取 $R_x = 18$mm

槽顶口壁厚 $e = R_1 - (r + R_x) = 30 - 5 - 18 = 7$mm

锁住弧张开角 $\gamma = 2\pi(1/K + 1/z - 1/2) = 2\pi(1 + 1/6 - 1/2) = 240°$

绘制所设计的槽轮机构简图(略)。

 **习 题**

1. 何谓槽轮机构的运动系数 $\tau$? 槽轮的槽数常取多少?

2. 有外啮合式槽轮机构,已知槽轮的槽数 $z = 4$,槽轮的停歇时间为每转 0.5s,槽轮的运动时间为 2s/r,试求该槽轮的运动系数 $\tau$;该槽轮所需的圆销数 $K$。